धरा और उदधि : उपयोगी संसाधन

(Earth and Ocean : Useful Resources)

डॉ॰ दुर्गादत्त ओझा

SCIENTIFIC
PUBLISHERS

प्रकाशक

साईन्टिफिक पब्लिशर्स (इंडिया)
5–ए, न्यू पाली रोड़, पो.बॉ. नं. 91
जोधपुर – 342 001
टेलिफोन – 0291 2433323
फैक्स – 0291 2624154
E-mail: info@scientificpub.com

साईन्टिफिक पब्लिशर्स (इंडिया)
4806/24, अंसारी रोड़,
दरियागंज
नई दिल्ली – 110 002 (भारत)

ISBN: 978-81-7233-946-3

ISBN:9788172339463
9 788172 339463
Price: 550/-

लेजर टाईपसेट – राजेश ओझा
भारत में मुद्रित

परम पूज्यपाद गुरुवर

आचार्य महामण्डलेश्वर

श्री स्वामी महेशानन्दजी गिरि महाराज

के

श्रीचरणों में सादर समर्पित

प्राक्कथन

भारत एक प्राचीन राष्ट्र है। यहाँ के ऋषि–मुनियों ने अपने तपोबल एवं साधना से ज्ञान–विज्ञान की समस्त जानकारियाँ प्राप्त कर उसे वेदों–पुराणों एवं अन्य माध्यमों से आम जन तक पहुँचाया है। परन्तु विगत कुछ कालखण्ड ने कुछेक कारणों से इस धरोहर को छिन्न–भिन्न कर दिया। इसका परिणाम यह हुआ कि आज हम विश्व के पश्चिमी देशों के वैज्ञानिकों के अल्पज्ञान के बल पर ही अपना विकास कर रहे हैं। परन्तु स्वतंत्रता के पश्चात् भारतीय वैज्ञानिकों ने विज्ञान के विभिन्न क्षेत्रों में अपनी दक्षता को उजागर कर अंतरराष्ट्रीय पटल पर अपना प्रभुत्व दिखाया है।

वस्तुतः सभी वैज्ञानिक उपलब्धियों का आधार भी मुख्यतः प्राकृतिक संसाधन ही होते हैं। अतः किसी भी देश की सम्पन्नता में प्राकृतिक संसाधनों की संरक्षा एवं सुरक्षा होना नितान्त आवश्यक है। इन संसाधनों में भूमि या धरा तथा उदधि (सागर) की प्रधानता है। पृथ्वी जो हमें अन्न, जल, खनिज, तेल, गैस आदि प्रदान करती है – अपने गर्भ में अनगिनत रहस्यों को छिपाये हुए हैं। पता नहीं कब–कहाँ भूकम्प, सुनामी आ जावे, कब कहीं ज्वालामुखी निकल आवे, यह सदैव भय बना रहता है। क्योंकि पृथ्वी के अन्दर क्या प्रक्रियाएं हो रही हैं, यह रहस्य का विषय बना हुआ है। भू भौतिकीय विधियों से जल, ऊर्जा, खनिजों की खोज तथा भूकम्प जैसी प्राकृतिक आपदाओं का मूल्यांकन भी संभव हो चुका है। पृथ्वी के रहस्यों के बारे में विश्व के वैज्ञानिकों ने कई तथ्य उजागर किए हैं।

वस्तुतः धरा या पृथ्वी तथा उदधि या सागर हमारे लिए प्रमुख प्राकृतिक संसाधन है तथा हमारे आश्रय के अक्षुण्ण स्रोत हैं। भू–गर्भ से खनन द्वारा खनिज प्राप्त होते हैं, जो बहुपयोगी हैं। वर्तमान में पृथ्वी पर हमें ऊर्जा भी विभिन्न रूपों में मिलती है जिनमें कहीं खनिज संसाधनों से तो कहीं भौतिक क्रियाओं आदि से मिलती है। इसके अतिरिक्त वन एवं जल संसाधन भी पृथ्वी के उपांग है।

ऐसा आकलन किया गया है कि मानव के लिए जब धरा या पृथ्वी पर संसाधन समाप्त हो जायेंगे, सभी आवश्यकताओं को पूर्ण करने हेतु, समुद्रीय भंडार तब भी उपलब्ध रहेगा। आज हम सागर से सीमित मात्रा में तेल, गैस, ऊर्जा, खनिज व रसायन प्राप्त करते हैं। परन्तु शायद कभी सम्पूर्ण निर्भरता समुद्र पर ही हो सकती है। आज हम पीने का पानी बहुत ही सीमित मात्रा में समुद्र से लेते हैं। परन्तु हो सकता है कि पेयजल समस्या के निराकरण में समुद्र की सहायता लेनी पड़े। इनके अतिरिक्त समुद्र हमारे पर्यावरण को नियंत्रण करता है, मानसून में भी अहम् भूमिका निभाता है तथा खुशहाली का उन्नयन करता है।

हमारे देश में धरा और उदधि (पृथ्वी और सागर) विषयक सम्पूर्ण एकीकृत अनुसंधान पृथ्वी विज्ञान मंत्रालय के अधीन होता है। यह मंत्रालय भली प्रकार से एकीकृत कार्यक्रमों के माध्यम से देश को मानसून तथा अन्य मौसम/जलवायु प्राचलों (पैरामीटरों), समुद्र स्थिति, भूकंपों, सुनामियों और पृथ्वी प्रणाली से संबंधित अन्य परिघटनाओं के पूर्वानुमानों के बारे में यथासंभव उत्कृष्ट सेवाएँ उपलब्ध करवाता है। यह मंत्रालय समुद्री संसाधनों (सजीव एवं निर्जीव) के अन्वेषण और दोहन हेतु विज्ञान एवं प्रौद्योगिकी पर भी कार्य करता है। तथा अंटार्कटिक/ आर्कटिक तथा दक्षिणी महासागर अनुसंधान हेतु नोडल भूमिका भी निभाता है।

वस्तुतः हमारे देश में महासागर के क्षेत्र में हो रहे अनुसंधान कार्यों ने अंतरराष्ट्रीय स्तर पर देश का नाम उजागर किया है। अतः ऐसे महान् कार्यों की जनमानस में जानकारी होना नितान्त आवश्यक है। इसी उद्देश्य को दृष्टिगत रखते हुए मैंने **धरा और उदधि : उपयोगी संसाधन (Earth and Ocean : Useful Resources)** पुस्तक का प्रणयन किया है। इस पुस्तक में पृथ्वी और महासागर विषयक अनेक तकनीकी पहलुओं, यथा – संसाधन की अवधारणा, प्राकृतिक संसाधनों का वर्गीकरण, पृथ्वी की उत्पत्ति, इसकी आंतरिक संरचना, पृथ्वी से संबंधित रोचक तथ्य, अथर्ववेद का पृथ्वी सूक्त, भूकम्प एवं इससे बचाव, खनिज संसाधन, ऊर्जा संसाधन, पृथ्वी के गरमाने से मंडराता संकट, पृथ्वी को बचाने में हमारी भूमिका, समुद्र की उत्पत्ति, प्रसार एवं विभाजन, विभिन्न समुद्री अनुसंधान संस्थानों की देश के विकास में अहम भूमिका, मौसम का पूर्वानुमान, मानसून, चक्रवात, मौसम सेवाओं की उपयोगिता, मानव समाज के लिए समुद्र का महत्व, मानवीय कार्यकलापों का समुद्र पर प्रभाव, सागर की प्रदूषण से रक्षा, जलवायु परिवर्तन, इसके खतरे एवं रोकने के उपाय आदि महत्वपूर्ण जनोपयोगी विषयों पर बहुत ही सरल एवं बोधगम्य भाषा में यथोचित चित्रों एवं सारणियों सहित जानकारी प्रदान करने का प्रयास किया गया है।

इस पुस्तक का सफल लेखन कार्य **परम पूज्यपाद, अनन्त श्रीविभूषित, आचार्य महामण्डलेश्वर श्री स्वामी महेशानन्दजी गिरि महाराज** के आशीर्वाद से ही सम्पन्न हुआ है। अतः यह पुस्तक उन्हीं के श्रीचरणों में समर्पित है। इस पुस्तक के लेखन कार्य में **श्री स्वामी स्वयंप्रकाश गिरिजी महाराज** ने बहुमूल्य सुझाव देकर इसे लोकोपयोगी बनाया। अतः लेखक उनका हृदय से कृतज्ञता ज्ञापित करता है। पृथ्वी विज्ञान मंत्रालय के सभी शीर्षस्थ अधिकारियों ने, यथा – डॉ॰ शैलेष नायक, सचिव, पृथ्वी विज्ञान मंत्रालय, डॉ॰ लक्ष्मणसिंह राठौड़, महानिदेशक, भारतीय मौसम विभाग, डॉ॰ एस॰एस॰सी॰ शैनॉय, निदेशक इंकॉइस, हैदराबाद, डॉ॰ एम॰ए॰ आत्मानंद, निदेशक एन॰आई॰ओ॰टी॰ चैन्नई, डॉ॰ एम॰ रविचन्द्रन, कार्यवाहक निदेशक, एनसीएओआर॰ गोवा, डॉ॰ ई॰एन॰ राजगोपाल, निदेशक, एनसीएमआरडब्ल्यूएफ, नोएडा, डॉ. माधवननायर राजीवन, निदेशक, आईआईटीएम, पुणे, डॉ॰ एम॰ समसुद्दीन, निदेशक, एनसीएसएस, तिरूवनतपुरम् तथा डॉ॰ एम॰ सुधाकर, निदेशक, सीएमएलआरआई, कोच्चि ने इस पुस्तक के प्रकाशन में बहुपयोगी तकनीकी सहयोग प्रदान किया। अतः लेखक उन्हें साधुवाद देता है। डॉ॰ रामकुमार गुर्जर, डॉ॰ शिवगोपाल मिश्र, डॉ॰ हरिनारायण श्रीवास्तव एवं उन सभी विद्वान कृतिकारों का भी लेखक आभारी है जिनकी कृतियों का यत्किंचित उपयोग इस लोकोपयोगी पुस्तक में लोगों के ज्ञान में अभिवृद्धि करने में तथा विज्ञान के लोकप्रियकरण में किया गया है। आशा है पुस्तक में प्रदत्त तकनीकी जानकारी से प्रबुद्ध पाठकगण अवश्य लाभान्वित होंगे।

डॉ॰ दुर्गादत्त ओझा

अनुक्रम

संसाधन की अवधारणा

वस्तुतः संसाधन शब्द अंग्रेजी भाषा के Resource शब्द का पर्याय है जो दो शब्दों Re तथा Source से मिलकर बना है, जिनका आशय क्रमशः Re = दीर्घ अवधि या पुनः (Again) तथा Source = साधन या उपाय (Device) है। अर्थात् प्रकृति में उपलब्ध वे साधन जिन पर कोई जैविक समुदाय दीर्घ अवधि पर निर्भर रह सके तथा पुनः पूर्ति या पुनर्निर्माण की क्षमता हो। उदाहरण के तौर पर प्रकृति में वायु तथा सूर्य का प्रकाश दीर्घ अवधि तक मिलते रहेंगे, जबकि वनस्पति को पुनः उत्पादित किया जा सकता है। स्पष्ट है संसाधन प्रकृति में पाया जाने वाला ऐसा पदार्थ, गुण या तत्व होता है जो मानवीय आवश्यकताओं की पूर्ति करने की क्षमता रखता हो। वस्तुतः संसाधन दृष्टिगत (Visible) तथा अदृश्य (Invisible) दोनों रूपों में पाये जाते हैं। दृश्यमान संसाधनों में जल, धरा या भूमि, खनिज, वनस्पति आदि प्रमुख हैं। मानव जीवन, उसका स्वास्थ्य, इच्छा, ज्ञान, सामाजिक सामंजस्य, आर्थिक उन्नति आदि महत्वपूर्ण अदृश्य संसाधन हैं।

मानव जीवन जिन आधारभूत साधनों पर आधारित है और जिनसे उसकी भौतिक और सांस्कृतिक आवश्यकताओं की पूर्ति होती है, वे सभी 'संसाधन' कहलाते हैं, क्योंकि ये सभी प्रकृति से विरासत में मिले हैं और पर्यावरण के मुख्य घटक हैं, अतः इन्हें प्राकृतिक संसाधन (Natural Resources) कहते हैं। मुख्य प्राकृतिक संसाधनों में सौर ऊर्जा, वायु, जल, भूमि, वनस्पति, पृथ्वी का तापमान, जीवाश्म ईंधन, खनिज, जन्तु व सूक्ष्मजीव (Microbes) आदि सम्मिलित हैं। निस्संदेह ये सभी आवश्यक होते हैं और इनकी कम या अधिक उपलब्धता, इनकी निरापदता,

प्रदूषणता और इनकी सापेक्ष उपयोगिताएं मानव के सुख–दुख, विलासिता और अभावों की स्थितियों से जुड़ी हैं। इसी से कुछ देश अधिक सम्पन्न और कुछ अभावग्रस्त श्रेणी में विभाजित कर दिए जाते हैं।

वस्तुतः सभी वैज्ञानिक उपलब्धियों का आधार भी मुख्यतः प्राकृतिक संसाधन ही होते हैं। विश्व में ऐसे अनेक उदाहरण हैं कि केवल वन संपदा अथवा पानी के बाहुल्य ने देशों को प्रगति के शीर्ष चोटी पर पहुँचाया है। अतः किसी भी देश की सम्पन्नता में प्राकृतिक संसाधनों की संरक्षा एवं सुरक्षा होना नितान्त आवश्यक है।

प्राकृतिक संसाधनों का वर्गीकरण

प्राकृतिक संसाधनों का वर्गीकरण विभिन्न आधारों पर अलग–अलग किया गया है। जिससे इनके बारे में और अधिक विस्तृत रूप से जाना जा सके। पर्यावरण के घटकों के रूप में इन्हें दो भागों में विभक्त किया गया है।

1. जैविक (Biotic) – इनमें उन सभी को सम्मिलित किया गया है जिनमें जीवन होता है, अतः पेड़–पौधे, वनस्पति, पशु और सूक्ष्मजीव इस वर्ग में आते हैं।

2. अजैविक (Abiotic) – इस श्रेणी में जल, मिट्टी, वायु एवं ऊर्जा आदि सम्मिलित हैं।

प्राकृतिक संसाधनों की उपलब्धता एवं उपयोग की दृष्टि से इन्हें दो प्रमुख भागों में विभाजित किया गया है।

(अ) नवीकरणीय संसाधन (Renewable Resources)

ये वे संसाधन हैं जो पुनः उपयोग में लिए जा सकते हैं अर्थात् इनका निर्माण निरन्तर होता रहता है। प्राकृतिक क्रियाओं के फलस्वरूप ये संसाधन बनते रहते हैं और उनका निरन्तर उपयोग होता रहता है। इनकी आवश्यकता के अनुपात में आपूर्ति को देखते हुए इन्हें व्यवस्थित किया जा सकता है। ये संसाधन पांच प्रकार के होते हैं – वायु, जल, मिट्टी, वनस्पति एवं सौर ऊर्जा।

(आ) अनवीकरणीय संसाधन (Non-Renewable Sources)

इन्हें निवर्तनीय यानी Exhaustible संसाधन भी कहते हैं, वे संसाधन हैं, जिनका पुनः निर्माण निकट भविष्य में संभव नहीं है और जिनका एक बार उपयोग कर लेने से वे नष्ट हो जाते हैं। सभी प्रकार के

धात्विक, अधात्विक, खनिज, पेट्रोलियम एवं कोयला आदि इसी प्रकार के संसाधन हैं, जिनका निरन्तर उपयोग उन्हें समाप्त कर सकता है। इस प्रकार के संसाधनों को लेकर आज विश्व के सभी राष्ट्र चिन्तित हैं और अनेक प्रकार से उनके संरक्षण के लिए प्रयत्नशील हैं।

प्राकृतिक संसाधनों के संदर्भ में निम्न बातें ध्यान देने योग्य हैं –

1. पृथ्वी पर के संसाधनों का न तो हर जगह समान वितरण है और न ही उपयोग।
2. संसाधनों की मात्रा की उपलब्धता, उसे प्राप्त करने की क्षमता, तरीका तथा तकनीकी योग्यता पर निर्भर है।
3. संसाधनों का मूल्य उसकी उपलब्धता और मांग पर निर्भर करता है।
4. संसाधनों की कमी से उसका मूल्य बढ़ जाता है, अथवा जब किसी संसाधन की बहुत मांग हो तो भी मूल्य में वृद्धि होती है।
5. संसाधनों की कमी के कारण उसकी उपलब्धता हेतु देश के भीतर या देश–विदेशों में परस्पर अनेक विवाद हो जाते हैं।
6. संसाधनों के असमान उपयोग से भी विवादास्पद स्थिति होती है।
7. बढ़ती जनसंख्या के कारण संसाधनों के भंडारों में कमी आई है।
8. संसाधनों के अंधाधुंध उपयोग अथवा दुरुपयोग ने भी इनकी मात्रा को प्रभावित किया है। यहाँ तक कि कुछ संसाधन प्रायः समाप्त हो रहे हैं। अतः उनके विकल्प खोजने की आवश्यकता है।
9. संसाधनों के प्राप्त करने में पर्यावरण विकृति की संभावनाएँ भी रहती हैं।

प्राकृतिक संसाधनों का उपयोग कैसे?

अब यह प्रश्न उठता है कि हम प्राकृतिक संसाधनों का उपयोग कैसे करें? जिससे मानव स्वार्थों की पूर्ति भी हो सके और संसाधनों को उचित संरक्षण भी मिल सके। इस दिशा में हमारे राष्ट्रपिता महात्मा गांधीजी ने कहा था कि ''प्रकृति में सभी की आवश्यकताओं की पूर्ति करने की क्षमता है परन्तु किसी के भी लालच की नहीं।''

अतः यह स्पष्ट है कि प्राकृतिक संसाधनों का संरक्षण और उनके उपयोग में कहीं विवाद नहीं है। अंतर मात्र इतना है कि हम उतना ही

प्रकृति से लें, जितना आवश्यक है। प्राकृतिक संसाधनों का बुद्धिमत्तापूर्ण एवं आवश्यकतानुसार उपयोग ही हमारी कार्यशैली होनी चाहिए। प्राकृतिक संसाधनों के उचित उपयोग के कुछ मूल सिद्धान्त निम्नवत् हैं।

(i) प्राकृतिक संसाधनों का उपयोग पर्यावरणीय स्थितियों को ध्यान में रखकर किया जाय तथा यह ध्यान रखा जावे कि इस उपयोग से पर्यावरण विकृत अथवा प्रदूषित न हो।

(ii) प्राकृतिक संसाधनों के उपयोग से दूसरों को हानि न पहुँचे।

(iii) नवीकृत होने वाले संसाधनों का इस प्रकार उपयोग हो जिससे उनके पुनः उत्पन्न होने की संभावना बनी रहे।

(iv) अनवीकरणीय प्राकृतिक संसाधनों का कम से कम एवं बुद्धिमत्तापूर्वक तथा आवश्यकतानुसार ही उपयोग किया जाय।

संरक्षण का अर्थ एवं उद्देश्य

वस्तुतः संरक्षण शब्द का मूल अंग्रेजी पर्याय Conservation, लैटिन भाषा के 'Con' अर्थात् Together (साथ) तथा Servare अर्थात् 'guard' (रक्षा) से बना है जिसका सामान्य अर्थ सुरक्षा या संरक्षण है। संरक्षण शब्द का उपयोग पर्यावरण एवं पारिस्थितिकी अध्ययन में विशेष रूप से संसाधनों एवं पर्यावरण संरक्षण के संदर्भ में किया जाता है। मानव अनादि काल से प्राकृतिक साधनों का उपयोग करता आया है और आज भी कर रहा है। निरन्तर उपयोग से किसी भी वस्तु अथवा पदार्थ की कमी हो जाना अथवा समाप्त हो जाना स्वाभाविक है। यदि उसका पुनः निर्माण नहीं हो रहा है तो अन्त अवश्यंभावी है। यही नहीं अपितु कुछ संसाधनों का अनियमित तथा अवैज्ञानिक दोहन प्राकृतिक संतुलन में व्यवधान उपस्थित कर सकता है।

प्रकृति हमें अनेक संसाधन प्रदान करती है किन्तु यदि उनका यथोचित उपयोग नहीं किया गया तो न केवल विकास की गति रूक जायेगी वरन् हमारी भावी पीढ़ी का भविष्य अंधकारमय हो जायेगा। यह विचार प्रारंभ में मानव के मस्तिष्क में नहीं आया क्योंकि उस समय संसाधन उपयोग सीमित था। परन्तु संरक्षण की आवश्यकता के मूल कारण रहे हैं – तीव्र गति से जनसंख्या वृद्धि, प्रदूषण, उपलब्ध संसाधनों का अधिकतम उपयोग। इन सभी तथ्यों के विचार से पूर्व संरक्षण का वास्तविक अर्थ जानना आवश्यक है।

प्राकृतिक संसाधनों के विभिन्न घटकों का रेखांकन इस प्रकार है –

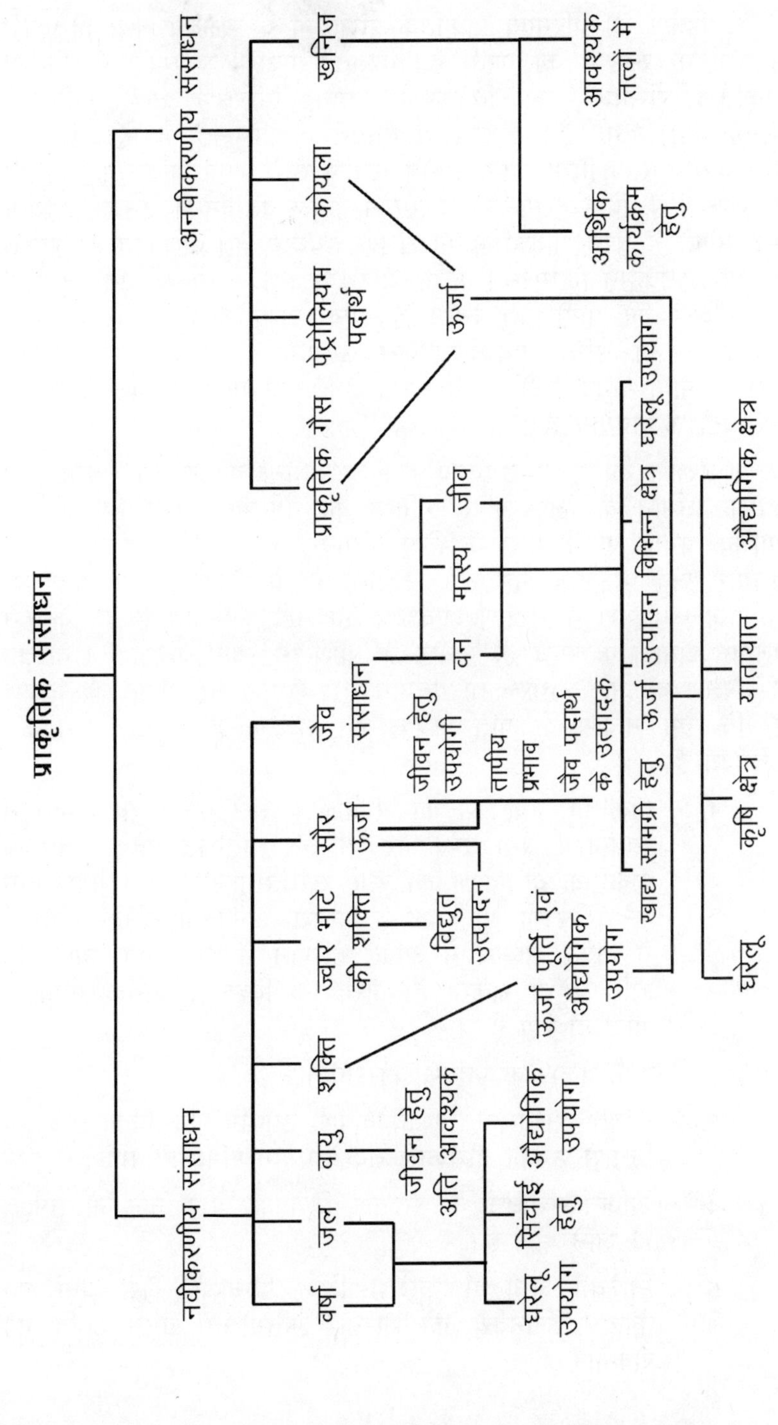
प्राकृतिक संसाधन
अनवीकरणीय संसाधन
खनिज
कोयला
पेट्रोलियम पदार्थ
प्राकृतिक गैस
ऊर्जा
आवश्यक तत्वों में
आर्थिक कार्यक्रम हेतु
नवीकरणीय संसाधन
वर्षा
जल
वायु
शक्ति
ज्वार भाटे की शक्ति
सौर ऊर्जा
जैव संसाधन
वन
मत्स्य
जीव
घरेलू उपयोग
सिंचाई हेतु
औद्योगिक उपयोग
जीवन हेतु अति आवश्यक
ऊर्जा पूर्ति एवं औद्योगिक उपयोग
विद्युत उत्पादन
जीवन हेतु उपयोगी
तापीय प्रभाव
जैव पदार्थ के उत्पादक
खाद्य सामग्री हेतु ऊर्जा उत्पादन विभिन्न क्षेत्र घरेलू उपयोग
घरेलू
कृषि क्षेत्र
यातायात
औद्योगिक क्षेत्र

संरक्षण की परिभाषा प्राकृतिक संसाधनों के दक्षतम तथा हितकारी उपयोग के रूप में की जाती है। वस्तुतः संरक्षण वे प्रयास हैं, जिनसे प्राकृतिक संसाधनों का विवेकपूर्ण दोहन, परिरक्षण तथा नवीकरण (Renewal) संभव है। संरक्षण से तात्पर्य कदापि नहीं है कि संसाधनों का उपयोग रोक दिया जाय, अपितु उनका उचित एवं आवश्यक उपयोग ही संरक्षण है, जिसके माध्यम से हम न केवल वर्तमान में उनका उपयोग कर सकते हैं वरन् भविष्य में भी उनके उपयोग हेतु आश्वस्त हो सकते हैं। प्रसिद्ध विद्वान जिम्मरमेन के अनुसार ''संरक्षण से तात्पर्य वर्तमान पीढ़ी का भविष्य की पीढ़ी हेतु त्याग है। एक अन्य वैज्ञानिक के अनुसार ''संसाधनों का उचित एवं नियोजित उपयोग ही संरक्षण है। वस्तुतः संरक्षण, भावी मानव पीढ़ी को दृष्टिगत रखते हुए सावधानीपूर्वक किए गए संसाधनों के उपयोग हैं।

संरक्षण का मुख्य उद्देश्य है – संसाधनों का उचित उपयोग, न केवल वर्तमान के लिए अपितु भविष्य को दृष्टिगत रखते हुए करना। आर्थिक प्रगति एवं विकास के लिए संसाधनों का उपयोग होता है, यह उपयोग जब प्रतिस्पर्धा का रूप ले लेता है तो विनाशक हो जाता है। सामाजिक परिवेश में संरक्षण आवश्यक ही नहीं, अनिवार्य है क्योंकि हमें वर्तमान समाज के साथ ही भविष्य के साथ भी न्याय करना है। वास्तव में संरक्षण के प्रति जागरूकता वर्तमान युग में एक नई आशा की किरण है, कि हम भविष्य के प्रति सचेष्ट है। संरक्षण के प्रमुख निम्नांकित उद्देश्य हैं –

1. प्राकृतिक पर्यावरण का संरक्षण, जिससे मानव एवं प्रकृति में सामंजस्य बना रहे और पारितंत्र संतुलित रहे। संक्षेप में प्राकृतिक वातावरण की रक्षा, उसे संतुलित एवं मानवोपयोगी बनाये रखना आवश्यक है अन्यथा अनेक प्राकृतिक आपदाएं न केवल भविष्य में अपितु वर्तमान में भी मानव जाति को हानि पहुँचा सकती है, जैसा कि विश्व के अनेक भागों में आज हो रहा है।
2. सभी प्रकार के प्रदूषण को रोकना।
3. वस्तुतः संसाधनों के विवेकपूर्ण उपयोग का विकास करना जिससे उनका दीर्घकाल तक उपयोग संभव हो सके।
4. खजिन संसाधनों का संरक्षण, विशेषकर वे खनिज जो समाप्त हो जाने वाले हैं।
5. निश्चित क्षेत्रों में कुछ आर्थिक क्रियाओं, जैसे वनों का काटना, जानवरों को मारना, अनियंत्रित खनन आदि को रोकना।

6. नवीकरणीय योग्य संसाधनों का उचित उपयोग जिससे उनका पुनः उपयोग संभव हो सके।
7. नवीकरणीय संसाधनों का संरक्षण अति आवश्यक हैं। क्योंकि उनको पुनः प्राप्त करना संभव नहीं है।
8. मृदा का उचित संरक्षण आदि।

वस्तुतः संरक्षण प्रकृति एवं प्राकृतिक संसाधनों के उचित उपयोग का मार्ग प्रशस्त करता है। आज विश्व के सभी राष्ट्र एक मत है कि संसाधनों का उचित उपयोग एवं संरक्षण आवश्यक हैं। वे संसाधन जो पुनः स्थापित हो सकते हैं उन्हें भी इस प्रकार से उपयोग में लाया जाय कि उनको निर्माण का समय प्राप्त हो अर्थात् आनुपातिक रूप से उपयोग में आनेवाले तथा समाप्त होनेवाले संसाधनों का संरक्षण तो अत्यन्त आवश्यक है। इस संबंध में अनेक सम्मेलन होते रहते हैं, राज्य सरकारें नियम बनाती रहती हैं, परन्तु वास्तव में जब तक यह जन आन्दोलन नहीं बन जाता, संसाधनों का संरक्षण संभव नहीं हो सकता है। भविष्य के लिए हमें वर्तमान की पूर्ति को अवश्य कम करना होगा अन्यथा आने वाली पीढ़ियाँ न केवल विभिन्न धातुओं तथा पेट्रोलियम जैसे पदार्थों के लिए तरसेंगी वरन् पानी भी उनको कठिनाई से ही उपलब्ध हो सकेगा एवं हमारा पर्यावरण भी इतना प्रदूषित हो चुका होगा कि जीवन भी कठिन हो जायेगा। आज न केवल विकसित अपितु विकासशील देश भी संरक्षण के संबंध में सचेष्ट है। संसाधन संरक्षण आज वर्तमान विश्व की प्रमुख आवश्यकता है।

पृथ्वी है सचमुच अनोखी

वस्तुतः पृथ्वी के माँ के अलावा कई नाम हैं, यथा – धरा, धरित्री, वसुधा, वसुन्धरा, रत्नगर्भा आदि। क्योंकि 'विस्मयो न च कर्तव्यो, बहुरत्ना वसुन्धरा'।

हमारे पुराणों में पृथ्वी लोक का वर्णन मिलता है जो एक ग्रह का सूचक है। आधुनिक भौगोलिक सिद्धान्त भी इसी बात का पक्ष लेते हैं। सौर परिवार के नौ ग्रहों में से पृथ्वी भी एक है जो सूर्य के चारों ओर चक्कर लगाती है। न केवल पृथ्वी अपितु अन्य ग्रह भी सूर्य का चक्कर लगाते हैं। इस प्रकार देखा जाय तो सूर्य जगत का केन्द्र है। चक्कर लगाती हुई पृथ्वी सूर्य से दूर क्यों नहीं चली जाती? कारण यह है कि खगोलीय पिंडों के बीच आकर्षण बल होता है, जिसके द्वारा पृथ्वी भी सूर्य से बंधी है। न्यूटन द्वारा प्रतिपादित दो पिंडों के बीच गुरुत्वाकर्षण का सिद्धान्त इस संबन्ध में महत्वपूर्ण है।

पृथ्वी के गोल होने की बात सर्वप्रथम पाइथागोरस ने 600 ई॰पू॰ चलाई। इसके बाद अन्य विद्वानों ने भी यही बात दुहराई। एक नाविक मेगलेन पृथ्वी का चक्कर लगाकर अपने स्थान पर पुनः पहुँच गया। ऐसा करके उसने यह निष्कर्ष निकाला कि पृथ्वी गोल है। इस बात की पुष्टि भी अनेक विद्वानों ने की है। परन्तु आधुनिक विद्वान पृथ्वी की गोल आकृति के बारे में सहमत नहीं है। आधुनिक खोज के अनुसार पृथ्वी पूर्णतः गोल नहीं है। पृथ्वी की भूमध्यरेखीय त्रिज्या तथा ध्रुवीय त्रिज्या में 21 1/2 किलोमीटर का अन्तर है। इस दृष्टि से पृथ्वी को पूर्ण गोल न कहकर लगभग गोलाकार कह सकते हैं। रूसी उपग्रह स्पूतनिक–2 तथा अमरीकी उपग्रह वैन्गार्ड – 1 द्वारा लिए गए प्रेक्षणों के अनुसार पृथ्वी का चपटापन 1/298 है। इस आधार पर पृथ्वी को नाशपाती के आकार का कुछ लम्बोत्तरी बताया जाता है। पृथ्वी की यह आकृति भी गुरुत्वाकर्षण के कारण ही है और इसी कारण से विषुवत् रेखा तथा ध्रुवों की परिधि में भी 71 किलोमीटर का अन्तर है।

वैसे हम तो यही अनुभव करते हैं कि पृथ्वी अचल है, अडिग है, परन्तु सत्य कुछ और ही है। पृथ्वी गतिशील है। इसकी गतिशीलता भी कई प्रकार की है। पृथ्वी से संबंधित गतियों के दो प्रकार है – परिक्रमण (रेवोल्यूशन) तथा परिभ्रमण (रोटेशन) तो सभी जानते हैं। परिक्रमण सूर्य के चारों ओर पृथ्वी द्वारा की जाने वाली परिक्रमा है जो 365 दिन, 5 घंटे, 48 मिनट तथा 46 सेकेन्ड में पूरी होती है। इस अवस्था में इसकी गति काफी तीव्र 10620 किलोमीटर/घंटा होती है। पृथ्वी द्वारा सूर्य की इसी परिक्रमा से ऋतुओं में परिवर्तन होता है। आश्चर्य यह है कि इतनी तीव्र गति हमें महसूस भी नहीं होती। पृथ्वी अपनी धुरी पर भी लट्टू के समान घूमती रहती है। इस गति को परिभ्रमण कहते हैं। इसी गति के कारण क्रमशः दिन और रात होते हैं। वैसे पृथ्वी को प्रारम्भिक दिनों में अपनी धूरी पर चक्कर लगाने में केवल चार घंटे का समय लगता था। उस समय से पृथ्वी का परिभ्रमण अब इतना धीमा पड़ गया है कि अब एक परिभ्रमण में 23 घंटे, 56 मिनट, 40.1 सेकेण्ड लगते हैं। गणितज्ञों के अनुसार यह धीमापन तब तक बढ़ता जायेगा जब तक कि पृथ्वी का एक दिन आज का पचास गुना न हो जाय। वर्तमान में परिभ्रमण की यह चाल परिक्रमण की चाल से लगभग 64 गुनी कम है।

पृथ्वी की एक तीसरी गति भी है। यह आकाश गंगा के चारों ओर चक्कर लगाती है। आकाश गंगा करोड़ों तारों का समूह है जिनमें सूर्य भी शामिल है। इस आकाश गंगा के चारों ओर पृथ्वी की गति 69200 किलोमीटर प्रति घंटा है अर्थात् परिक्रमण की गति की दो तिहाई।

एक चौथे प्रकार की गति की संभावना कुछ वैज्ञानिकों ने व्यक्त की है। ऐसा माना जा रहा है कि उस ब्रह्मांड का विस्तार हो रहा है, जिसमें

पृथ्वी स्थित है। इस अर्थ में भी पृथ्वी की गति है। इस तरह कुल मिलाकर पृथ्वी की दो नहीं बल्कि चार प्रकार की गतियाँ हैं।

पृथ्वी के अपने धुरी पर घूमते समय उसके ऊपर अन्य पिंडों – सूर्य तथा चन्द्रमा का आकर्षण बल कार्य करता है। इस गुरुत्वाकर्षण के कारण पृथ्वी अपने केन्द्र पर सीधे न चलकर डगमगाती है। यह डगमगाहट अति अल्प है– 25800 वर्षों में केवल एक चक्कर।

पृथ्वी की विभिन्न प्रकार की गतियाँ, डगमगाहट तथा अन्य पिंडों का गुरुत्वाकर्षण आदि यह सिद्ध करते हैं कि पृथ्वी अपने स्थान पर किसी आलम्ब से नहीं जुड़ी है, बल्कि ब्रह्मांड में लटकी हुई है।

पृथ्वी अपने आप में एक बहुत बड़ा चुम्बक है। इस पृथ्वी रूपी विशाल चुम्बक का उत्तरी ध्रुव दक्षिण दिशा की ओर और दक्षिणी ध्रुव उत्तर दिशा की ओर होता है। फलतः एक विस्तृत चुम्बकीय क्षेत्र का निर्माण होता है। ऐसे चुम्बकीय क्षेत्र का निर्माण पृथ्वी में निहित पदार्थों (विशेषतया लोह) के कारण है।

नदियाँ प्रति वर्ष महाद्वीपों के अपरदन से 100 लाख टन अवसाद एकत्र करती हैं। फलस्वरूप पृथ्वी की एक मीटर परत की क्षति प्रति 25000 वर्षों में संभव है। इस गणना से इस निष्कर्ष पर पहुँचा गया कि पृथ्वी की आयु 400 लाख वर्ष से अधिक होनी चाहिए। आधुनिक अनुमानों के आधार पर इसकी आयु 4.5×10^9 वर्ष (450 करोड़ वर्ष) है। पृथ्वी जितनी ही पुरानी है, उतना ही अधिक इसका क्षेत्रफल 510073270 वर्ग किलोमीटर है। इसका क्षेत्रफल लम्बाई तथा चौड़ाई का गुणा करके नहीं अपितु गोलक की त्रिज्या के आधार पर निकाला जाता है।

एक जानकारी के अनुसार मध्य डिवोनियम युग में एक वर्ष में लगभग 400 दिन होते थे। उपरिकार्बनिफेरस युग में 385 दिन हो गये और आज केवल 365 दिन होते हैं। स्पष्ट है कि दिन लम्बे होते चले जा रहे हैं। दिन की लम्बाई बढ़ने का मुख्य कारण – पृथ्वी की घूर्णन गति का कम होता जाना है। घूर्णन गति कम होने की दर 2.2 सेकेन्ड प्रति लाख वर्ष आंकी गई है। इसके अनुसार पृथ्वी की त्रिज्या प्रति वर्ष 0.85 मि॰मी॰ के हिसाब से बढ़ती रही है यदि इसकी गणना मध्य डिवोनियम युग से की जाय। पृथ्वी सूर्य से 14.9 करोड़ कि॰मी॰ की दूरी पर है। सूर्य से प्रकाश केवल 8 मिनट में धरती पर पहुँचता है, जबकि पृथ्वी से परे ग्रहों तक प्रकाश पहुँचने में अधिक समय लगेगा। जैसे– मंगलग्रह तक 12.7 मिनट, शनि – 79.3, नेपच्यून तक 4 घंटे 16 मिनट, प्लूटो तक 5 घंटे 28 मिनट। प्रकाश के पहुंचने की इन अवधियों का अर्थ है कि यदि इन ग्रहों के पास स्थित अन्तरिक्ष यात्रियों से बात की जाय तो उनसे उत्तर पाने में दुगुना समय लगेगा।

पृथ्वी का ऊपरी भाग भूपर्पटी (भू–पपड़ी) कहलाता है। इसे हम पृथ्वी की त्वचा कह सकते हैं। इस त्वचा की मोटाई कुछ से॰मी॰ से लेकर 15 से 20 किलोमीटर तक है। इस पपड़ी में केवल दो तत्व, ऑक्सीजन और सिलिकॉन, हैं जो कुल तत्वों का लगभग 75% हैं। इस पपड़ी में उपस्थित अनेक तत्व आपसी क्रिया द्वारा विभिन्न प्रकार के खनिजों का निर्माण करते हैं।

इसी भू–पपड़ी का ऊपरी भाग अपक्षय की क्रिया से मृदा निर्माण करता है। यह मृदा जीवित है। इसका अपना संसार है। वह हमारी ही तरह सांस लेती है। इसमें उपस्थित सूक्ष्मजीव इसी बात के प्रमाण है। इसी मिट्टी में पौधे तथा सूक्ष्मजीव निरन्तर सक्रिय रहते हैं जिससे मिट्टी में लगातार परिवर्तन होते रहते हैं। इसलिए मृदा को जीवित गतिशील प्राकृतिक पिंड माना जाता है। इस सजीव मिट्टी में प्रति ग्राम औसतन 1 अरब जीवाणु, 1 करोड़ एक्टिनोमाइसिटीज, 10 लाख कवक तथा 1 लाख शैवाल आंके गये हैं। एक ग्राम उर्वर कृषि योग्य मृदा में 2.5 बिलियन से अधिक जीवाणु, 40,000 कवक, 50000 शैवाल तथा 30,000 प्रोटोजोआ पाये जाते हैं। इसके अलावा विभिन्न प्राणियों, पौधों का निवास यह मिट्टी ही है।

पृथ्वी की उत्पत्ति

हमारे मन में एक प्रश्न उठता है कि इस लीलामय पृथ्वी माता का जन्म कब और किन परिस्थितियों में हुआ होगा? इसके लिए खगोल विज्ञानियों एवं अन्य वैज्ञानियों ने पृथ्वी पर पाये जाने वाले रेडियम, यूरेनियम आदि पदार्थों की छानबीन के बाद यह निष्कर्ष निकाला कि हमारी पृथ्वी का जन्म आज से लगभग पाँच खरब वर्ष पूर्व किसी सुदूर अतीत में हुआ होगा। इसका प्रारंभिक रूप होगा जो तप्त गैसों से लिप्त रहा होगा। यह प्रचंडता के साथ अपनी धुरी पर कुंडलाकार रूप में नृत्य करते हुए तेजी से आकाश में दौड़ रहा होगा। उसकी सतह पर से असंख्य लपटें जलती हुई आकाश में लपक कर उसी के आस–पास बार–बार लिपट सी जाती होंगी। बाद में, लट्टू की तरह नृत्य करती हुई इस वायव्य पिंड का आकार नारंगी का सा रूप धारण करने लगा होगा और उसका ताप भी पहले की अपेक्षा कम हो गया होगा। फिर उसका केन्द्र सिमट कर ठोस व भारी होता चला गया होगा और सतह पर वह सोने की तरह चमक उठी होगी। अनुमान है ऐसा रहा होगा पृथ्वी का प्रारंभिक रूप। पृथ्वी की उत्पत्ति की विभिन्न अवस्थाओं को चित्र–1 में दर्शाया गया है।

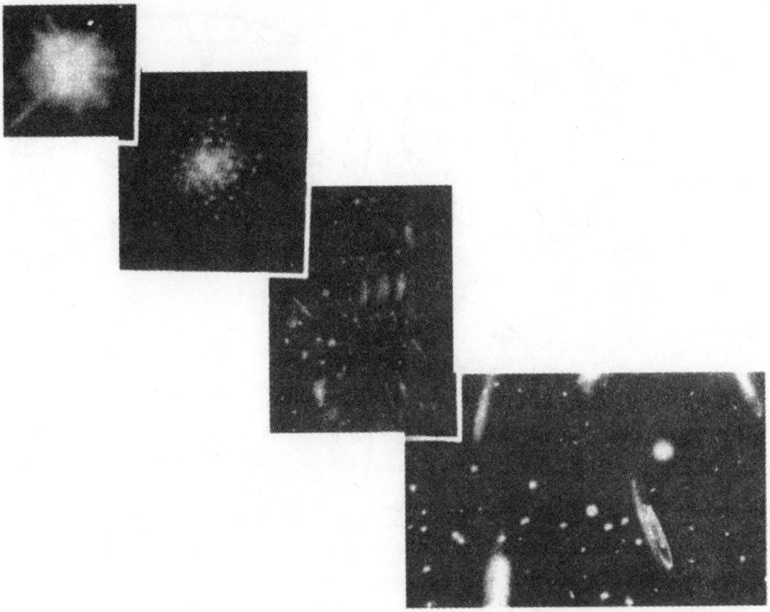

चित्र – 1. पृथ्वी की उत्पत्ति से संबंधित अवस्थाएँ

पृथ्वी सौरमंडल का एक ग्रह है। अतः खगोलशास्त्रियों का मत है कि पृथ्वी की उत्पत्ति उसी विधि से हुई है, जैसे सम्पूर्ण सौरमंडल की। कुछ वैज्ञानिक तो सम्पूर्ण ब्रह्मांड की उत्पत्ति एक ही तरीके से मानते हैं। फिर भी पृथ्वी की उत्पत्ति के विषय में विभिन्न विद्वानों ने बहुत समय पूर्व ही अनुमान लगाना शुरू कर दिया था। पृथ्वी की उत्पत्ति से संबंधित दो परिकल्पनाएँ हैं।

एकतारक संकल्पना (Monolistic Concept) तथा द्वितारक संकल्पना (Dualistic Concept)।

ऐसा माना गया है कि 200 मिलियन वर्ष पूर्व समूचा स्थल एक विशाल महाद्वीप के रूप में था, जिसे भूगर्भ विज्ञानी पैंजिया (Pangea) कहते हैं। यह महाद्वीप दो खंडों में टूटा – लारेशिया (Laurasia) तथा गोंडवाना लैंड (Gondwana Land) तथा ये दोनों उत्तर दिशा की ओर सरकने लगे। ये दोनों छोटे–छोटे खंडों में टूटते गए और अंत में वर्तमान सात महाद्वीपों के रूप में हो गए। यह सरकना महाद्वीपीय विस्थापन (Continental Drift) कहलाता है और यह आज भी चालू है।

एल्फ्रेड वेगेनर की कल्पना में महाद्वीपीय विस्थापन को चित्र–2 में दर्शाया गया है।

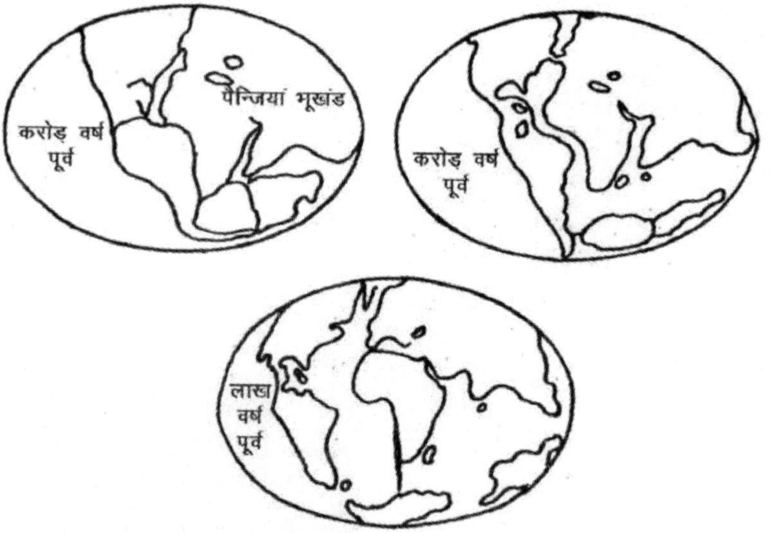

एल्फ्रेड वैगेनर की कल्पना में महाद्वीपीय विस्थापन का रूप और क्रम

चित्र – **2.** एल्फ्रेड वेगेनर की परिकल्पना में महाद्वीपीय विस्थापन

सर्वप्रथम पृथ्वी की पपड़ी ने टूटकर कठोर प्लेटों को जन्म दिया। पृथ्वी के मैंटल (Mantle) के शक्तिशाली बलों के द्वारा ये प्लेटें गतिशील हैं।

प्लेट विवर्तनिकी सिद्धान्त

प्लेट विवर्तनिकी के अनुसार पृथ्वी का ऊपरी धरातल कई दृढ़ भूखंडों या प्लेटों में विभाजित है, जो विभिन्न दिशाओं में गतिशील हैं और इन्हीं प्लेट गतियों के कारण धरातल पर पर्वत निर्माण, ज्वालामुखी और भूकंप की घटनाएँ घटित होती हैं। वस्तुतः 'प्लेट' शब्द का प्रयोग सर्वप्रथम टूजो विल्सन ने 1965 ई॰ में किया।

प्रसिद्ध भूविज्ञानी डब्ल्यू॰ जे॰ मार्गन के अनुसार, धरातल पर बीस प्लेटें है, जिनमें छः प्रमुख हैं – अमेरिकी प्लेट, प्रशांत प्लेट, यूरेशियायी प्लेट, अफ्रीकी प्लेट, भारतीय प्लेट तथा अंटार्कटिका प्लेट। ये सभी प्लेटें अपने उत्पत्ति काल से ही गतिशील रही हैं, परन्तु इनकी दशा भिन्न–भिन्न रही है। प्लेटों की इसी गतिशीलता पर प्लेट विवर्तनिकी सिद्धान्त आधारित है। प्लेटों की गतिशीलता को प्रमाणित करने के लिए दो महत्वपूर्ण प्रमाण हैं।

(i) पृथ्वी के पुराचुम्बकत्व के प्रमाण (ii) सागर नितल प्रसरण के प्रमाण।

(i) **पुराचुम्बकत्व** – डॉ॰ बिल्वॉड के अनुसार पृथ्वी का केन्द्र एक चुंबकीय दंड की तरह व्यवहार करता है; अर्थात् पृथ्वी के केन्द्र में एक द्विध्रुवीय दंड चुंबक है। इसे भूविज्ञानी 'भूकेन्द्रिक अक्षीय द्विध्रुव दंड चुंबक' कहते हैं। सामान्य भाषा में जिसे उत्तर दिशा कहते है। पृथ्वी के भूकेन्द्रिक अक्षीय द्विध्रुव दंड चुंबक का दक्षिणी ध्रुव हमारे भौगोलिक उत्तर की ओर स्थित है, परन्तु इसे हम उत्तरी चुंबकीय ध्रुव के रूप में दर्शाते हैं। इसी प्रकार भौगोलिक दक्षिण की तरफ इस दंड चुंबक का उत्तरी ध्रुव है, परन्तु इसे हम दक्षिणी चुंबकीय ध्रुव कहते हैं। यदि हम कंपास को उत्तरी चुंबकीय ध्रुव पर ले जाएँ तो उसकी सुइयाँ बिल्कुल नीचे की ओर झुक जाती हैं, जो इस बात का पुष्ट प्रमाण है कि उत्तरी चुंबकीय ध्रुव पर दक्षिणी चुंबकत्व पाया जाता है। पृथ्वी के चुंबकीय तथा भौगोलिक ध्रुव को चित्र – 3 में दर्शाया गया है।

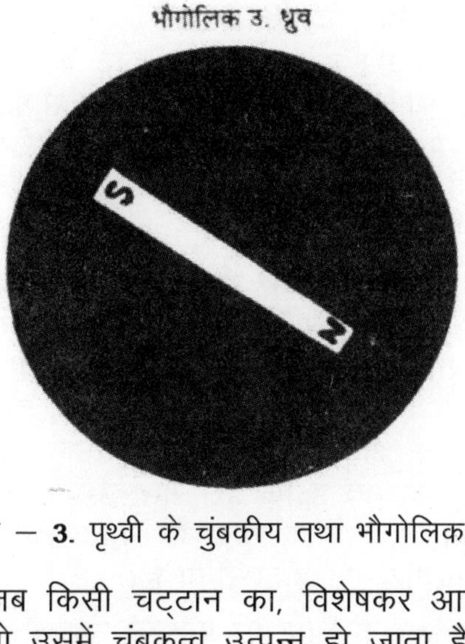

चित्र – 3. पृथ्वी के चुंबकीय तथा भौगोलिक ध्रुव

पृथ्वी पर जब किसी चट्टान का, विशेषकर आग्नेय चट्टान का, निर्माण होता है तो उसमें चुंबकत्व उत्पन्न हो जाता है और चट्टान के इस चुंबकत्व की दिशा उस समय के पृथ्वी के आंतरिक दंड चुंबक के क्षेत्र की दिशा के समरूप ही होती है। इसे ही पुराचुंबकत्व कहते हैं।

प्लेटों की भौगोलिक स्थिति को कोष्टक में दिए गए नम्बर से चित्र – 4 में दर्शाया गया है। वैज्ञानिक सर्वेक्षणों से प्राप्त आँकड़ों के अध्ययन से तीन प्रकार की प्लेट सीमाओं का पता लगा है। ये सीमाएँ हैं – रचनात्मक सीमा, विनाशात्मक या अभिसरण सीमा तथा संरक्षी सीमा।

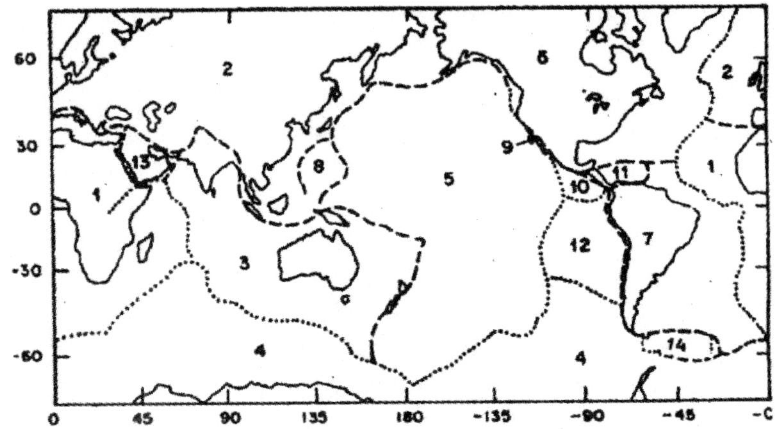

चित्र – 4. प्लेटों की भौगोलिक स्थिति

रचनात्मक सीमा – इस सीमा पर संवहन धाराओं द्वारा मैंटिल से लाया गया लावा विपरीत दिशागामी दो प्लेटों के संपर्की किनारों का निरन्तर निर्माण करता है। इसके अंतर्गत प्लेट का नव निर्मित किनारा पुराने किनारे को विस्थापित करता रहता है। यह सीमा ही मध्य सागरीय कटक का निर्माण करती है। इसी कारण मध्यसागरीय कटक के पास प्लेट की आयु कम होती है तथा कटक से दूरी के साथ–साथ बढ़ती जाती है।

अभिसरण सीमा – इस सीमा पर दो विपरीत दिशाओं से आनेवाली जब दो प्लेटें टकराती हैं तो अधिक घनत्ववाले पदार्थों से निर्मित प्लेट कम घनत्ववाले पदार्थों से निर्मित प्लेट के नीचे सरकती हुई अधिक गहराई (लगभग 100 कि॰मी॰) में जाकर नष्ट होती रहती है। प्लेट विवर्तनिक सिद्धान्त के अनुसार पृथ्वी का आयतन लगभग एक समान रहता है। वैज्ञानिकों का मत है कि इस संतुलन को बनाए रखने के लिए प्लेट का जितना भाग रचनात्मक सीमा पर बनता है उसी के बराबर का भाग अभिसरण सीमा पर नष्ट होता रहता है।

संरक्षी सीमा – इस सीमा पर एक प्लेट दूसरी प्लेट के किनारे के समानान्तर सरकती जाती है। यहाँ पर न तो प्लेट का निर्माण होता है न ही विनाश।

प्लेटों को गति प्रदान करने वाला बल लिथोस्फीयर के नीचे मैंटिल में सक्रिय संवहन धाराओं के प्रवाह से मिलता है। मध्य सागरीय कटक के नीचे ये संवहन धाराएँ विपरीत दिशाओं में मुड़कर क्षितिज दिशा में प्रवाहित होती है। इसके परिणामस्वरूप ऊपर की प्लेटें भी विपरीत

दिशाओं में गतिशील रहती हैं। जहाँ पर विपरीत दिशाओं से आने वाली संवहन धाराएँ मिलकर नीचे की ओर मुड़ जाती है, वहाँ पर ऊपर की प्लेटें भी संवहन धाराओं द्वारा उत्पन्न खिंचाव के कारण नीचे की ओर मुड़कर गहराई में जाकर नष्ट होती रहती हैं। संवहन धाराओं की गति को चित्र – 5 में दर्शाया गया है।

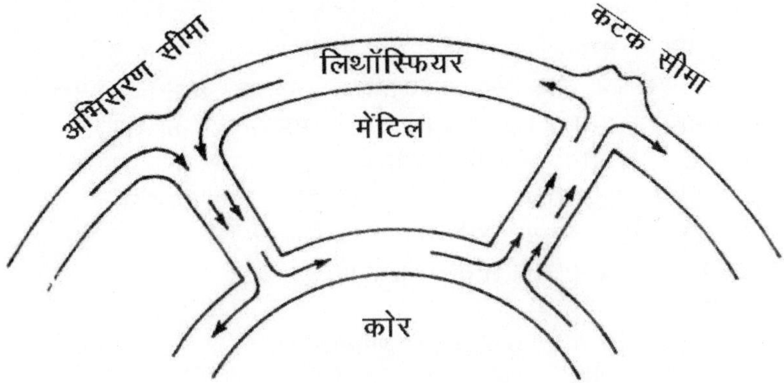

चित्र – **5.** संवहन धाराओं द्वारा प्लेट विवर्तनी

सागर नितल प्रसरण – प्लेट विवर्तनिकी सिद्धान्त के समर्थन में यह एक अत्यन्त महत्वपूर्ण प्रमाण है। इस संकल्पना का प्रतिपादन प्रिंस्टन विश्वविद्यालय के हैरी हेस ने 1960 ई० में किया। उन्होंने विभिन्न भू भौतिकविदों और भूविज्ञानियों द्वारा किए गए सागर नितल के अध्ययनों के आधार पर यह मत प्रतिपादित किया कि सागर की तली स्थिर नहीं है, वरन् उसमें निरंतर फैलाव हो रहा है। प्रायः सभी महासागरों की तली में मध्य महासागरीय कटक (ridges) पाए जाते हैं; परन्तु अपवादस्वरूप प्रशांत महासागर में यह उत्तर–पूर्व दिशा में स्थित है। बेसाल्ट चट्टानों से निर्मित इन महासागरीय तली के पुराचुंबकत्व का अध्ययन करने पर भू–विज्ञानियों को आश्चर्यजनक परिणाम प्राप्त हुए।

यह पाया गया कि मध्य महासागरीय कटक के दोनों ओर बराबर चौड़ाई की कई पट्टियाँ स्थित होती हैं, जिनमें समान दिशा के चुंबकीय क्षेत्र पाए जाते हैं; परन्तु दो एकांतर पट्टियों में विपरीत चुंबकत्व होता है। अर्थात् दूसरे शब्दों में, महासागरीय तली में मध्य महासागरीय कटक के दोनों ओर धनात्मक एवं ऋणात्मक चुंबकत्ववाली पट्टियों की एकांतर विसंगति पाई जाती है।

जैसे–जैसे हम मध्यसागरीय कटक से दूर होते जाते हैं वैसे–वैसे चट्टानें पुरानी होती जाती है। अर्थात् जो चट्टान कटक से जितनी निकट स्थित होगी वह उतनी ही नवीन होगी और जो चट्टान जितनी

दूर स्थित होगी वह उतनी ही प्राचीन होगी। मध्य महासागरीय कटकों के सहारे दो प्लेटें विपरीत दिशा में गति करती हैं, फलतः वहाँ दाब में कमी आने से मैग्मा की उत्पत्ति होती है और इस कटक के सहारे लावा बाहर निकलता रहता है। यही लावा कटक के दोनों ओर फैलकर जमता रहता है और बेसाल्ट चट्टानों का रूप धारण कर लेता है। परन्तु इन चट्टानों की कटक से दूरी बढ़ने के साथ बढ़ती आयु के आधार पर स्पष्ट हो जाता है कि ये बेसाल्ट चट्टानें बनती तो कटक के निकट हैं, परन्तु ये कटक से दूर की ओर खिसक जाती हैं। कटक के निकट पुनः नई चट्टानें बनने लगती हैं। अतः स्पष्ट हैं कि महासागरों की तली स्थिर न होकर कटक के दोनों ओर फैल रही है, जिसे सागर तल प्रसरण कहते हैं। अटलांटिक महासागर में 1 से॰मी॰ तथा हिन्द महासागर में 1.5 से॰मी॰ प्रतिवर्ष की गति से सागर तली का दोनों ओर फैलाव हो रहा है। पृथ्वी की प्लेटों को चित्र–6 में दर्शाया गया है।

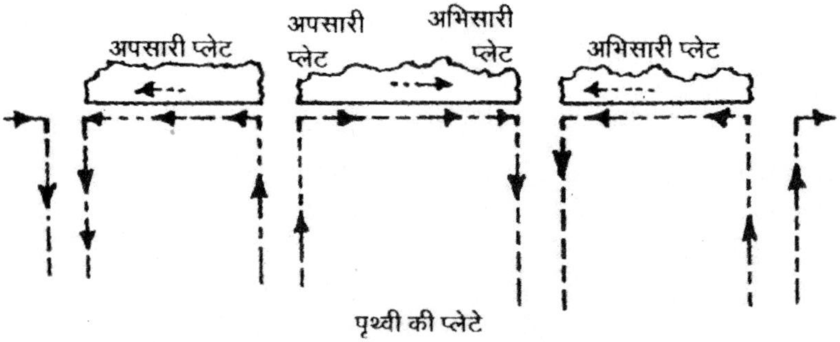

चित्र–6. पृथ्वी की प्लेटें

इस प्रकार उपर्युक्त दोनों प्रमाणों के आधार पर यह स्पष्ट हो जाता है कि पृथ्वी की सतह स्थिर नहीं है, अर्थात् प्लेटें निरंतर गतिशील हैं।

पृथ्वी की आंतरिक संरचना

पृथ्वी की सबसे ऊपरी परत स्थलमंडल (Lithosphere) है। इसकी मोटाई 30–40 कि॰मी॰ है। इसके आधार पर चट्टानों का तापमान 1100 सें॰ रहता है। इसके नीचे की परत प्रावार (Mantle) कहलाती है, जिसकी मोटाई 2900 कि॰मी॰ है। इसमें 1100–3700 सें॰ तापमान रहता है।

पृथ्वी की सबसे भीतरी परत कोड (Core) कहलाती है। इसका ऊपरी भाग लौहमय है। इसका तापमान 4300 सें॰ रहता है। पृथ्वी के

कोड का ताप अत्युच्च होने से लोहा संगलित अवस्था में रहता है। पृथ्वी की आंतरिक संरचना को चित्र – 7 में दर्शाया गया है।

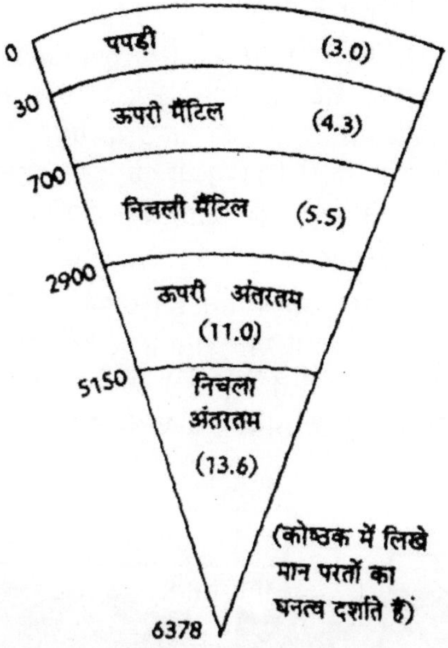

पपड़ी की छः प्रमुख प्लेटें

चित्र – 7. पृथ्वी की आंतरिक रचना

पृथ्वी के ऊपरी पटल, स्थलमंडल, जिसे लिथॉस्फियर भी कहते है, पर महाद्वीप तथा समुद्र स्थित है। महाद्वीपीय क्षेत्रों में इसकी सर्वाधिक मोटाई 40 कि॰मी॰ है; जबकि समुद्री भागों में इसकी न्यूनतम मोटाई 10–12 कि॰मी॰ है। यह स्थलमंडल पृथ्वी के सम्पूर्ण आयतन का 7 और कुल द्रव्यमान का केवल 0.4 प्रतिशत है।

चूँकि स्थलमंडल का उपयोग केवल भूमितल को दर्शाने के लिए होता है, अतएव इस दृष्टि से स्थलमंडल के केवल 3/10 भाग पर पृथ्वी है और शेष 7/10 भाग पर समुद्र है। इसका घनत्व 5.6 है तथा इसमें ग्रेनाइट चट्टानों की बहुलता हैं।

स्थलमंडल की तीन परतों में सबसे ऊपरी सतह को पृथ्वी की पपड़ी (Earth Crust) कहते हैं। यह पृथ्वी की त्वचा है जो सबसे हलकी है। यह अवसादी शैलों से बनी है। इसके नीचे की परत ग्रेनाइट शैलों की बनी है। इसमें सिलिका तथा एलुमिनियम तत्वों का महत्वपूर्ण

योगदान है। इसीलिए यह परत SIAL कहलाती है, इसका घनत्व 2.9 है। इसके नीचे सिलिका तथा मैग्नीशियम से निर्मित बेसाल्ट चट्टानें हैं – यह परत SIMA कहलाती है, इसका घनत्व 2.9 – 4.7 तक होता है। इससे समुद्र तट का निर्माण होता है।

पृथ्वी की दूसरी परत तापमंडल (Pyrosphere) है। यह 100–2880 किलोमीटर गहराई तक है और तीसरी परत गुरुमंडल (Barysphere) कहलाती है। यह पृथ्वी का केन्द्रीय भाग है। यह लौह तथा निकेल का बना होता है (NIFE)। पृथ्वी के इसी भीतरी भाग में प्रचंड गरमी तथा उच्च तापमान रहता है। लौह की उपस्थिति से चुंबकत्व का गुण भी विद्यमान रहता है।

भूपटल पृथ्वी की त्वचा के समान है। जार्ज एवरेस्ट ने पता लगाया कि यह भूपटल बाहर से जितना एक समान दृष्टिगोचर होता है, उतना है नहीं। उनके अनुसार हिमालय तथा पर्वतों की रचना जिन द्रव्यों से हुई है, उनका घनत्व आस–पास के प्रदेश के शैलों से कम है।

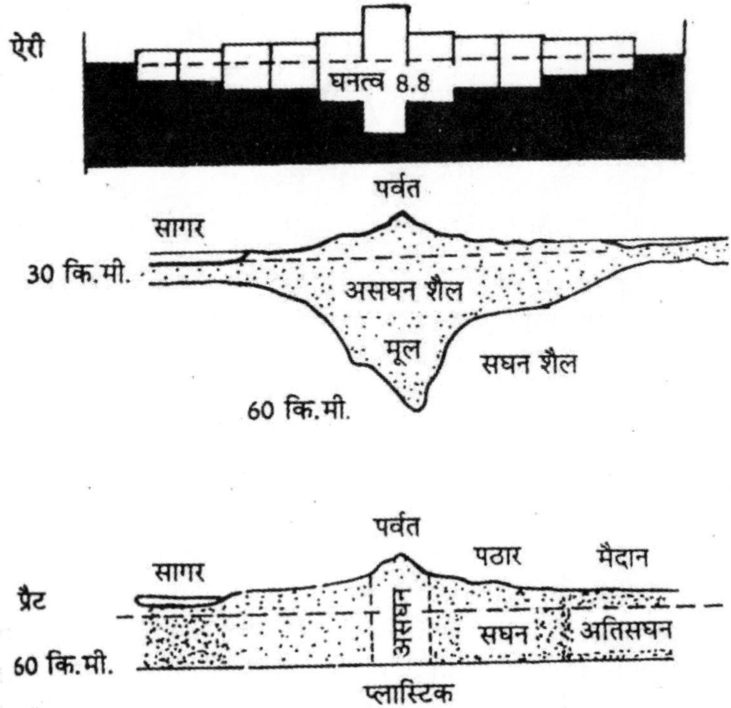

चित्र – 8. ऐरी तथा प्रैट की संकल्पनाओं में भूपटल का स्वरूप

प्रैट (1855) के अनुसार, भूपटल का घनत्व परिवर्तनशील है। वह ऐसे खंडों से बना है जिनका घनत्व भिन्न–भिन्न है। पर्वतों की रचना सबसे हलके द्रव्यों वाले खंडों से हुई; जबकि सागरों के नीचे सबसे भारी खंड हैं। इन खंडों के नितल प्लास्टिक मैंटल में 64 किलोमीटर की गहराई तक घुसे हुए हैं। परंतु ऐरी (1855) ने इस मत का खंडन किया। उसके अनुसार, भूपर्पटी में ऊपर हलके द्रव्य और नीचे भारी द्रव्य हैं। जिन द्रव्यों से पर्वत बने हैं, वे धरातल से आकाश की ओर उभरे हैं; किंतु साथ ही काफी गहराई तक प्रविष्ट भी हैं। ऐरी तथा प्रैट की संकल्पनाओं में भूपटल के स्वरूप को चित्र – 8 में दर्शाया गया है।

मिट्टी हमारी सभ्यता की प्रतीक

मिट्टी एक ऐसा बुनियादी साधन है जिसे खींचतान कर बढ़ाया नहीं जा सकता है। सघन खेती द्वारा सीमित भू–भाग से अधिक से अधिक फसलें लेने से मिट्टी की उर्वरता में कमी आई। क्योंकि हमनें परती छोड़ने की प्रथा को आवश्यक नहीं समझा और प्राकृतिक रूप से मिट्टी को स्वउर्वरीकरण करने का मौका ही नहीं दिया। यही नहीं मिट्टी के क्षरण द्वारा भी जो पोषक तत्व नष्ट हो रहे हैं उनकी रोकथाम की समुचित व्यवस्था भी नहीं हो रही है।

उपजाऊ मिट्टी की मात्र एक सेंटीमीटर मोटी ऊपर की परत बनने में प्रकृति को लगभग 300 वर्ष लगते हैं, जबकि हमारे यहाँ हर वर्ष 6 अरब टन मिट्टी कटाव के कारण बह जाती है और उसके साथ ही बह कर चले जाते हैं लगभग 84 लाख टन पोषक तत्व। भूमि की प्रति व्यक्ति उपलब्धता में भी कमी आ रही है। भूमि की प्रति व्यक्ति उपलब्धता जहां वर्ष 1950–51 में 0.34 हैक्टर थी, वह वर्ष 2025 तक घटकर 0.12 हैक्टर होने वाली है। यही नहीं, जो भी उपलब्ध है उसका भी प्रतिवर्ष 16.35 टन प्रति हैक्टर की दर से कटाव होता जा रहा है। यह दर भूमि कटाव की 12.5 टन प्रति हैक्टर की अधिकतम उचित दर से काफी ज्यादा है।

सच कहा जाए तो मिट्टी की उपलब्धता पर ही कृषि निर्भर करती है। मनुष्य के भोजन के लिए भी कृषि सर्वाधिक आवश्यक है। विश्व की महान सभ्यताएं नदियों के मैदानों में, जहाँ उपजाऊ मिट्टी उपलब्ध है, में विकसित हुईं। इसलिए वैज्ञानिक विलकॉक्स ने कहा है – "मानव सभ्यता का इतिहास मिट्टी का इतिहास है तथा प्रत्येक व्यक्ति की शिक्षा मिट्टी से प्रारंभ होती है।" नील नदी, दजला–फरात, सिंधु–गंगा तथा व्हांग–हो नदियों के मैदानों की सभ्यता इन मैदानों की उपजाऊ मिट्टी का ही प्रतिफल है। आज विश्व की आधी से अधिक जनता कृषि व्यवसाय में संलग्न है और यही उसकी जीविका का आधार है। मिट्टी पर ही किसी

देश का राष्ट्रीय ढांचा निर्भर करता है। यदि इसका दुरुपयोग या अपरदन होता है तो उस देश का सारा आधार व जीवन ही अस्त–व्यस्त हो जाएगा।

आज हम मिट्टी को जिस रूप में देख रहे हैं वह अनगिनत वर्षों के तमाम भौतिक, रासायनिक तथा जैविक प्रभावों का प्रतिफल है। मिट्टी की ऊपरी छः इंच की परत पर ही हम सभी निर्भर हैं। इसके अतिरिक्त यह ''रत्नगर्भा'' अपने अंदर तमाम बहुमूल्य रत्नों को समेटे हुए है। मिट्टी कृषि का आधार तो है ही, साथ ही यह हमारी सभ्यता की भी प्रतीक है प्रत्यके जीवधारी का प्रत्यक्ष या अप्रत्यक्ष संबंध मिट्टी से है। सभ्यता के प्रथम प्रभात से ही मिट्टी का उपयोग खेती करने के लिए होता रहा है और आगे भी होना है, इसलिए मिट्टी की सुरक्षा पर विशेष ध्यान देने की अविलम्ब आवश्यकता है। बढ़ती आबादी को भोजन तथा अन्य आवश्यक वस्तुओं को उपलब्ध कराने की क्षमता बहुत कुछ मिट्टी के अच्छे स्वास्थ्य पर निर्भर है।

इसे एक विडंबना ही कहा जाएगा कि सारी दुनिया में उस उपजाऊ मिट्टी की महीन परत के साथ के महत्वपूर्ण संबंध को कभी–कभी भुला दिया जाता है जो भोजन, कपड़ा, इमारती सामान, मनोरंजन व सौंदर्य और ऊर्जा का कुछ अंश उपलब्ध कराती है। वास्तव में सभ्यता के विकास के साथ–साथ मनुष्य की भोगवादी प्रवृत्ति का विकास हुआ। अपनी सुख–सुविधा के लिए उसने जंगलों का सफाया करना प्रारम्भ किया। फलस्वरूप भू–क्षरण की स्थिति उत्पन्न हो गई। मिट्टी को जीवित, कार्यशील और उत्पादक बनाए रखने के लिए इसका क्षरण रोकना एवं पोषण करना अति आवश्यक है। भारत में विभिन्न कारणों से होने वाले भूमि कटाव के क्षेत्रफल को सारणी – 1 में दर्शाया गया है।

सारणी – 1: भारत में विभिन्न कारणों से होने वाले भूमि कटाव का क्षेत्रफल

क्षेत्र	**करोड़ हैक्टर**
कुल भौगोलिक क्षेत्र	32.90
क्षेत्र जिसमें जल और वायु क्षरण होता है	15.00
क्षेत्र जिसमें वायुरक्षण अथवा सूखापन है	3.87
रेत के टीलों से प्रभावित क्षेत्र	0.70
क्षेत्र जिसका विशेष समस्याओं के कारण अपघटन हुआ	2.50
जलमग्न क्षेत्र	0.60

क्षारीय मिट्टियां	0.25
लवणीय मिट्टियां जिसमें तटीय बलुई क्षेत्र आते हैं	0.55
घाटियां और नालियां	0.39
झूम खेती वाले क्षेत्र	0.43
छोटी नदियाँ और जल धारा	0.27

जनसंख्या में हो रही निरन्तर वृद्धि के परिणामस्वरूप कृषि जोत का आकार (यानी प्रति व्यक्ति भूमि उपलब्धता) छोटा होना स्वाभाविक है। बढ़ती जनसंख्या के भरण–पोषण के लिए उत्पादन लक्ष्य भी बढ़ेगा जिसे प्राप्त करने के लिए प्रति इकाई क्षेत्र से अधिकतम उत्पादन करना अनिवार्य हो जाता है। भविष्य में कृषि योग्य भूमि का क्षेत्रफल बढ़ाना संभव नहीं है। सघन कृषि प्रणाली में उर्वरकों के असंतुलित उपयोग का मिट्टी के स्वास्थ्य पर प्रतिकूल प्रभाव पड़ा है। अतः टिकाऊ खेती के लिए मृदा–उर्वरता–अनुरक्षण पर विशेष ध्यान देने की आवश्यकता है।

पृथ्वी से संबंधित कुछ रोचक तथ्य

1. पृथ्वी का जन्म लगभग 450 करोड़ वर्ष पूर्व हुआ।
2. अतिघनत्व वाले कोर (Core) तथा मध्यम घनत्व वाले प्रावर लगभग 400 करोड़ वर्ष पूर्व बने। कम घनत्व वाली बाह्य पर्पटी लगभग 380 करोड़ वर्ष पूर्व बनी।
3. जल का व वायुमंडल का वर्तमान स्वरूप लगभग 200 करोड़ वर्ष पूर्व बना।
4. इसके बाद ही चट्टानों के अपरदन और अवसादों का शैल के रूप में जमा होने का चक्र प्रारंभ हुआ।
5. महाद्वीपों व समुद्रीय पर्पटी का जन्म इसके साथ प्रारंभ हुआ।
6. जीवन व उसके उपयुक्त परमाणुओं का जन्म 360 से 190 करोड़ वर्ष पूर्व हुआ। जीवाणु व शैवाल 300 करोड़ वर्ष पूर्व शैलों में पाए गए।
7. लगभग 80 करोड़ वर्ष पूर्व समुद्रीय जीवों का प्रादुर्भाव हुआ।
8. भूमि पर जीव का आगमन लगभग 40 करोड़ वर्ष पूर्व व मानव ने लगभग 1 लाख वर्ष पूर्व ही जन्म लिया।
9. पृथ्वी की त्रिज्या भूमध्य रेखा पर 6378 किलोमीटर एवं ध्रुवों पर 6357 किलोमीटर है।

10. पृथ्वी का द्रव्यमान 6×10^{27} ग्राम या 6×10^{19} टन है।
11. पृथ्वी का आयतन 1.1×10^{27} है।
12. पृथ्वी का औसत घनत्व 5.5 ग्राम/सेमी^{3} है। परंतु इसके मुख्य संघटक सिलिकेटों का घनत्व 2.7 ग्राम/सेमी^{3} है। पृथ्वी का घनत्व ऊपर से नीचे की ओर बढ़ता जाता है।
13. पृथ्वी की सतह का क्षेत्रफल 5.1×10^{18} (सेमी)^2 है। इसका 29 प्रतिशत भाग महाद्वीपीय है।
14. महाद्वीपों की सतह की औसत ऊँचाई 1 कि॰मी॰ है। सबसे ऊँची सतह 8.8 कि॰मी॰ है।
15. महासागरों की औसत गहराई 4 कि॰मी॰ है। सबसे अधिक गहराई 11.0 कि॰मी॰ है।
16. पृथ्वी/चंद्रमा का द्रव्यमान का अनुपात 81.303 है।
17. पृथ्वी व चंद्रमा के बीच की औसत दूरी 3.844×10^5 कि॰मी॰ है।
18. उष्णकटिबंधीय वर्ष 365 दिन 5 घंटे 48 मिनट 46 सेकेंड है।
19. नक्षत्रीय दिवस 365 दिन 6 घंटे 9 मिनट 10 सेकेंड है।
20. अयनीय कोण (Precessional angle) 23.5° है।
21. अयनीय अवधि (Precessional Period) 26,000 वर्ष है।
22. महाद्वीपीय लिथॉस्फीयर की औसतन मोटाई 110 कि॰मी॰ है।
23. महासागरीय लिथॉस्फीयर की औसतन मोटाई 75 कि॰मी॰ है।
24. विवर्तनिक सक्रिय क्षेत्रों में प्राप्त लिथॉस्फियर की मोटाई 20 कि॰मी॰ है।

ज्वालामुखी – पृथ्वी के आग उगलते टीले

पृथ्वी के आग उगलते पर्वतों को ज्वालामुखी (Volcano) कहा जाता है। प्लेट विवर्तनिक सिद्धान्त के अनुसार ज्वालामुखी की उत्पत्ति मध्य सागरीय कटकों तथा अभिसरण सीमाओं पर होती हैं। कटक के पास प्लेट की मोटाई कम होती है तथा इसके सहारे दो प्लेटें एक दूसरे से दूर विपरीत दिशाओं में खिसकती रहती हैं। इस कारण कटक के पास दबाव कम हो जाता है। दबाव कम होने से मैंटिल पिघल जाता है जिसे संवहन धाराएँ अपने साथ ऊपर लाकर ज्वालामुखी द्वीपों का निर्माण करती है। अभिसरण सीमा पर जब दो प्लेटों के भूखंडीय किनारे या एक प्लेट का भूखंडीय किनारा दूसरी प्लेट के समुद्रीय किनारे से टकराते हैं

तो कम घनत्व वाली प्लेट अधिक घनत्व वाली प्लेट के नीचे क्षेपित हो जाती है। जब वह बेनीऑफ मंडल में पहुँचती है तो पिघलकर लावा के रूप में परिवर्तित हो जाती है। यही लावा ऊपर प्रवाहित होता हुआ अभिसरण सीमा से दूर ज्वालामुखी के रूप में प्रस्फुटित होता है। पर्वतों तथा ज्वालामुखी की उत्पत्ति को चित्र – 9 में दर्शाया गया है।

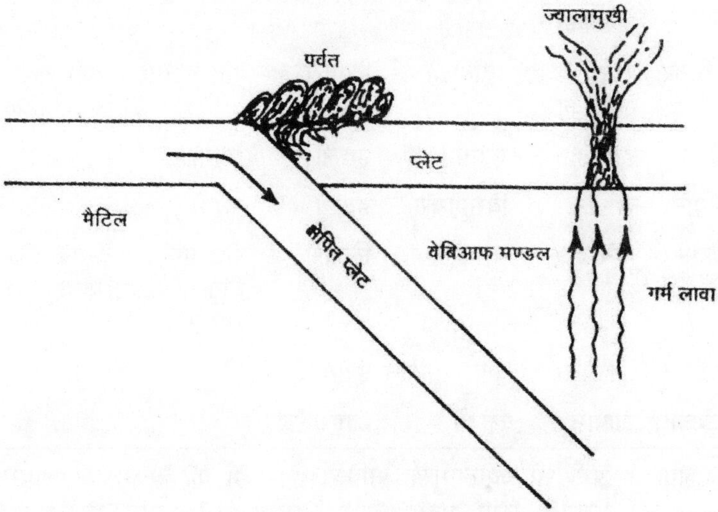

चित्र – 9. पर्वतों और ज्वालामुखी की उत्पत्ति

विश्व में कुल 540 सक्रिय ज्वालामुखी हैं। इनमें से 360 ज्वालामुखी प्रशांत महासागर के चारों ओर की पट्टी – अग्निवलय (Ring of Fire) में स्थित हैं, 68 कमचटका प्रायद्वीप तथा क्यूराइन द्वीपसमूहों में स्थित हैं।

अर्वाचीन खोजों के अनुसार, समुद्री फर्श पर और अधिक ज्वालामुखियों के होने की संभावना है। अकेले मध्य प्रशांत सागर में कम से कम दो लाख ज्वालामुखी हो सकते हैं। विश्व के प्रमुख ज्वालामुखी को सारणी – 2 में दर्शाया गया है।

यह देखा गया है कि औसतन एक सामान्य ज्वालामुखी फूटने से जितनी ऊर्जा निकलती है, वह 4 लाख टन ईंधन से उत्पन्न ऊर्जा के समान आँकी गई हैं। एक बड़े विस्फोट में 50 लाख टन कोयले के जलाने से उत्पन्न ऊर्जा के समतुल्य ऊर्जा निकलती है। ये ज्वालामुखी न केवल पृथ्वी में फूटते हैं अपितु पृथ्वी जैसे अन्य ग्रहों में भी एक सामान्य घटना है। उदाहरणार्थ, पृथ्वी के सबसे निकट स्थित उपग्रह चंद्रमा की उबड़–खाबड़ सतह के लिए ऐसे विस्फोट ही उत्तरदायी हैं।

सारणी – 2. विश्व के प्रमुख ज्वालामुखी

परिप्रशांत मेखला		**मध्य महाद्वीपीय मेखला**		**मध्य अटलांटिक**	
ज्वालामुखी का नाम	**स्थिति**	**ज्वालामुखी का नाम**	**स्थिति**	**ज्वालामुखी का नाम**	**स्थिति**
मा॰ रेनियर	स॰रा॰ अमेरिका	हेकला	आइसलैंड	एजोर द्वीप	
मा॰ रेनियर	स॰रा॰ अमेरिका	स्ट्रांबोली	लिपारी (इटली)	सेंट हेलेना	सभी मध्य अटलांटिक
चिंबोरेजो	इक्वेडोर	एटना	इटली	फ्यूगो	
फ्यूजीयामा	जापान	विसूवियस	इटली	फ्यूगो	
मा॰ रैंजल	कनाडा	बलकैनो	लिपारी	सेंट पॉल टॉक आशैशन	कटक के सहारे
क्राकाटोआ	इंडोनेशिया	कोह सुल्तान	ईरान		
मा॰ उंटजेन	जापान	लाकी	आइसलैंड		

शुक्र में अभी भी ज्वालामुखी सक्रिय हैं। वहाँ की सतह का तापमान 500° सें॰ है, जिसके लिए गरम लावा जिम्मेदार है। यदि केवल तरल लावा शांतिपूर्वक, अपेक्षाकृत मंद गति से छिद्र या विवर से निकलकर धरातल पर फैल जाए जो ढाल के आकार के पठार विकसित होंगे। पश्चिमी भारत के पठार की तुलना इस कोटि से की जा सकती है। इसे ज्वालामुखी की प्रारंभिक स्थिति कहते हैं। द्वितीय अवस्था में यदि मैग्मा अंतभौम कोटरों में कुछ समय के लिए ठहरा रहे तो गैसों के लगातार संचयन होने से स्थिति अंत में विस्फोटक हो जाती है। अत्यन्त गैसयुक्त झागयुक्त लावा, धूल व शैलखंडों सहित अवरोध के क्षीण भाग से विस्फोट के साथ बाहर निकलता है।

दूसरे प्रकार का प्रारूप है – प्लीनियन ज्वालामुखी; जिसमें गैसों का गुब्बार आकाश में कई किलोमीटर की ऊँचाई तक कुकुरमुत्ते की भाँति फैलकर छत्राकार मेघमंडल की रचना करता है।

प्रचंड ज्वालामुखी विस्फोट से उनके शीर्ष फटकर उड़ जाते हैं और गर्त (Crater) बन जाते हैं, (चित्र – 10) तथा बाद में इनमें जल भर जाता है। ऐसे गर्तों का व्यास 15–20 किमी तक तथा गहराई कई हजार मीटर तक हो सकती है। पुराना ज्वालामुखीय द्वीप क्राकातोआ सन् 1883 में भयंकर विस्फोट से पूर्णतः विनष्ट हो गया। इस विस्फोट से उत्पन्न

धूल की घनी आँधी यूरोप तक पहुँच गई और वहाँ का आकाश इतना धुंधला हो गया कि सूर्य भी मंद पड़ गया। जहाँ पहले द्वीप था, वहाँ पर विशाल झील लहराने लगी। ज्वालामुखी से उत्सर्जित गैसों का अनुपात सारणी–3 में दिया गया है।

सारणी – 3. ज्वालामुखी से उत्सर्जित गैसें

जलवाष्प (H_2O)	79.30%
कार्बन डाइ ऑक्साइड (CO_2)	11.61%
सल्फर डाइ ऑक्साइड (SO_2)	6.48%
नाइट्रोजन (N_2)	1.29%
हाइड्रोजन (H_2)	0.58%
कार्बन मोनो ऑक्साइड (CO)	0.37%
गंधक (S_2)	0.24%
क्लोरीन (Cl_2)	0.05%
आर्गन (Ar)	0.04%

चित्र – 10. ज्वालामुखी विस्फोट के बाद बना क्रेटर

विश्व के समस्त ज्वालामुखी बहुत बड़ी मात्रा में गैसें बाहर निकालते हैं। इसका सहज अनुमान इस तथ्य से लगाया जा सकता है

कि अलास्का के 'वैली ऑफ टेन थाउजैंड स्मोक' के ज्वालामुखी 1912 ई० में दिन–रात प्रति सेकंड 60 लाख गैलन गैसें उगलते थे।

पृथ्वी की आंतरिक हलचल और ज्वालामुखी के विस्फोट भूकंप को जन्म देते हैं। आपको विदित होगा कि हर मिनट छोटे बड़े भूकंप पृथ्वी के किसी न किसी क्षेत्र में आते रहते हैं। इनमे से कई तो इतने मंद होते हैं कि उनकी उपस्थिति का अनुभव केवल अत्यन्त संवेदनशील यंत्र ही कर सकते हैं।

भारत के ज्वालामुखी

हमारे देश में भी अनेक ज्वालामुखियों का उद्‌भव हो चुका है। प्रसिद्ध भूगर्भ विज्ञानी डॉ० छिब्बर ने भारत में छः ज्वालामुखियों क्षेत्रों का उल्लेख किया है।

(i) डालमा क्षेत्र (बिहार के जमशेदपुर में)

(ii) राजमहल – अबोर पहाड़ी क्षेत्र (बिहार से असम तक)

(iii) कडप्पा – विजावर, ग्वालियर क्षेत्र (मध्यप्रदेश व कर्नाटक)

(iv) मलानी – किटाना क्षेत्र (राजस्थान)

(v) निम्न हिमालय क्षेत्र, तथा

(vi) दक्कन लावा क्षेत्र।

आज से 7–8 करोड़ वर्ष पूर्व पश्चिमी भारत में हजारों ज्वालामुखी आग उगल रहे थे; जिनसे निकले लावा से 15 लाख वर्गमील क्षेत्र ढक गया था।

ज्वालामुखी – ऊर्जा का स्रोत

ज्वालामुखी से उत्सर्जित गैसें आर्थिक दृष्टि से महत्वपूर्ण होती हैं। भाप की मात्रा से विद्युत् शक्ति उत्पन्न की जाती है तथा इन गैसों से कई प्रकार के रासायनिक उत्पाद प्राप्त होते हैं। इटली में ज्वालामुखीजन्य भाप से टरबाइन चलाकर प्रायः 2,65,000 किलोवाट विद्युत् उत्पन्न की जाती है। इसके अलावा इन गैसों से बोरिक अम्ल, अमोनियम, सल्फेट, अमोनियम बाईकार्बोनेट, अमोनियम क्लोराइट, बोरेक्स एवं विभिन्न अन्य रासायनिक उत्पाद भी प्राप्त किए जाते हैं।

ज्वालामुखी विस्फोट के फलस्वरूप ठोस पदार्थ प्रचुर मात्रा में बहिस्रावित होते हैं, जो ज्वालामुखक्षिप्त पदार्थ कहलाते हैं। ये ज्वालामुखक्षिप्त पदार्थ विभिन्न आकारों के होते हैं। 2.5 सेमी० से कई मीटर व्यास तक के इन शैलखंडों को ज्वालामुखी बम कहते हैं। कई

स्थानों में प्रायः 20 से 30 मीटर व्यास तक के ज्वालामुखी बम भी पाए गए हैं।

पैन्जियां (Pangea) का विघटन

(i) लगभग 22 करोड़ वर्ष पूर्व, 6 महाद्वीप एक साथ थे। उस समय इनका क्षेत्रफल 200,000 कि॰मी॰ था।

(ii) लगभग 20 करोड़ वर्ष पूर्व इनमें विघटन प्रारंभ हुआ। इससे उत्तर अटलांटिक एवं हिंद महासागरों का बनना प्रारंभ हुआ।

(iii) लगभग 18 करोड़ वर्ष पूर्व भारत उपमहाद्वीप अंटार्कटिका से अलग हुआ।

(iv) 13.5 करोड़ वर्ष से 180 वर्ष से पूर्व के बीच इन महाद्वीपों के बीच की दूरी बढ़ती गई। इसके अलावा उत्तर अटलांटिक महासागर 1000 कि॰मी॰ चौड़ा बना। इसी समय दक्षिण अमेरिका अफ्रीका से अलग हुआ।

(v) लगभग 6.5 करोड़ वर्ष पूर्व उत्तर व दक्षिण अमेरिका के बीच का अलगाव पूरा हुआ तथा दक्षिण अटलांटिक 3000 कि॰मी॰ चौड़ा बना। 6.5 करोड़ वर्ष पूर्व के बाद भी महाद्वीपों का विघटन चलता रहा तथा उसके फलस्वरूप आज की महाद्वीपीय स्थितियों का निर्माण हुआ।

(vi) इन पिछले 6.5 करोड़ वर्षों में तीन प्रमुख घटनाएँ हुई –

  (अ) पनामा के पास दोनों अमेरिकन महाद्वीप जुड़े।

  (ब) भारत का उर्ध्व दिशा में अपवाह सम्पूर्ण हुआ एवं

  (स) आस्ट्रेलिया, अंटार्कटिका से अलग होकर उत्तर दिशा में गतिमान हुआ।

(vii) उत्तर–अमेरिका लगभग 8000 कि॰मी॰ पश्चिम–उत्तर– पश्चिम में विस्थापित हुआ।

(viii) अफ्रीका व यूरेशिया दोनों का प्रत्यावर्तन क्रमशः पूर्व से पश्चिम तथा पश्चिम से पूर्व विपरीत दिशाओं में हुआ।

भारत का अपोढ़ (ड्रिफ्ट)

(1) लगभग 18 करोड़ वर्ष पूर्व भारत, अंटार्कटिका से अलग होकर उत्तर पूर्व दिशा में गतिमान हुआ।

(2) लगभग 6.5 करोड़ वर्ष पूर्व भारत, गरम लावा के स्रोत पर से (7° दक्षिण व 72° पूर्व) गुजरा और यह लावा पृथ्वी की

सतह पर आकर जमा हुआ जिसके फलस्वरूप दक्षिण के पठार की उत्पत्ति हुई जिसमें ऊपरी सतह पर बेसाल्ट की परत है।

(3) इसी दौरान चेगाँस लकाद्वीप का निर्माण हुआ। भारत का उत्तरी–पूर्व दिशा में गतिमान होना जारी रहा। भारत 9000 किमी॰ की दूरी चलकर आज की वर्तमान स्थिति में आया। इसके लिए उसे 18 करोड़ वर्ष का समय लगा तथा यह 60° पश्चिम से पूर्व की दिशा में प्रत्यावर्तित भी हुआ।

(4) दक्षिण का पठार एक विशिष्ठ स्थान रखता है। इसके रेडियोमैट्रिक विधि से निकाली गई आयु लगभग 4 करोड़ से 6 करोड़ वर्ष तक की पायी गई। इसका आयतन 2×10^5 $(\text{मील})^3$ अनुमानित है। बेसाल्ट की ऊपरी परतों में लगभग 48 प्रकार के लावा विभिन्न समयों पर जमा हुए, पाये गए।

(5) ऐसा अनुमान है कि लगभग 6 करोड़ वर्ष पूर्व भारत का ड्रिफ्टिंग उत्तर की दिशा में था। उस समय यूरेशिया लगभग 100 किमी॰ दक्षिण में था तथा भारत की उत्तरी सीमा यूरेशिया से लगभग 1000 किमी॰ दक्षिण में थी। इन 6 करोड़ वर्ष पूर्व से ही हिमालय के जन्म प्रारंभ हुआ तथा इसी दौरान इसको यह स्वरूप मिला।

पृथ्वी की संरचना मैग्नेटोटेल्युरिक विधि द्वारा

मैग्नेटोटेल्युरिक (एम॰टी॰) एक ऐसी प्राकृतिक विद्युत् चुम्बकीय भूभौतिकीय विधि है जिससे पृथ्वी की भीतरी सतहों की अवरोधकता मापी जाती है। इसके लिए पृथ्वी के वायुमंडल के बाहर अंतरिक्ष से प्राप्त की जानेवाली विद्युत् चुंबकीय तरंगों का प्रयोग किया जाता है। इन संकेतों को मैग्नेटिक पल्सेशन या चुंबकीय कंपन कहा जाता है। ये कंपन सौर वायु और पृथ्वी के चुंबक मंडल तथा चुंबक मंडल और आयनमंडल के बीच परस्पर प्रभाव के कारण उत्पन्न होते है। इनकी आवृत्ति 5 हट्र्ज से लेकर कई मिली हट्र्ज तक हो सकती है। प्राकृतिक विद्युत् चुंबकीय तरंगों की शक्ति बहुत अधिक होती है और वे 1000 कि॰मी॰ तक पहुँच सकती है। पृथ्वी के अंदर इन तरंगों का पहुँचना और विभिन्न अवरोधों के द्वारा आनेवाले परिवर्तन के तीन प्रमुख कारण हैं – संरचना, तापमान तथा तरल पदार्थ की उपस्थिति।

एम॰टी॰ का मूल सिद्धान्त परतदार माध्यम में सीधे सपाट विद्युत् चुंबकीय तरंगों के फैलाव तथा प्रसार से संबंधित है। इस परतदार माध्यम को सीधा, एक रूप तथा समदैशिक मान लिया जाता है। पृथ्वी की सतह

पर चुंबकीय तथा विद्युत् क्षेत्र में उत्पन्न होने वाले परिवर्तनों के बीच के संबंधों अथवा अनुपात को मानने के लिए उपयोग में लाए जाने वाले प्राचल को इंपीडेन्स कहते हैं, जिन्हें फिर अवरोधकता और प्रावस्था मूल्यों में परिवर्तित किया जाता है। यह पृथ्वी की अधोसतही चालकता के वितरण के बारे में प्राथमिक सूचनाएँ प्रदान करती है।

हमारे देश के राष्ट्रीय भू भौतिकीय अनुसंधान संस्थान, हैदराबाद में विगत् दो दशकों से इस विधि का प्रयोग किया जा रहा है। सन् 1987 में संस्थान ने नवीनतम उपकरण, डिजिटल वाइड बैंड स्टेट ऑफ आर्ट सिस्टम्स का आयात किया। इन्हीं दिनों तकनीकी प्रगति के कारण से एम॰टी॰ का विकास हुआ और विदेश में भी इस विधि का तेल तथा गैस की खोज में प्रयोग किया जा रहा था। सन् 1988–91 में गुजरात के सौराष्ट्र में किए गए एम॰टी॰ मापन से भारत में प्रथम बार एम॰टी॰ द्वारा हाइड्रोकार्बन की खोज की गयी।

हमारे देश के वैज्ञानिक देश में भूतापीय ऊर्जा की संभावनाओं के बारे में पता लगाने के लिए एम॰टी॰ विधि का प्रयोग कर रहे हैं। वस्तुतः एम॰टी॰ एक ऐसी प्रभावी भूभौतिकीय विधि है, जिसे अनेक प्रकार के कार्यों के लिए उपयोग में लाया जाता है।

भूकम्प : पृथ्वी की विनाशकारी हलचल

पृथ्वी सौरमण्डल का एक अंग है जिसकी उत्पत्ति 450 करोड़ वर्ष पूर्व हुई थी। सौरमण्डल के अन्य ग्रहों की भाँति पृथ्वी भी घूमती है। सौरमण्डल के ज्ञात ग्रहों में पृथ्वी ही एक ऐसा ग्रह है जिस पर उन्नत प्राणी जीवन देखा जाता है। पृथ्वी की कार्य प्रणाली एवं प्रकृति के अनेक रहस्य अभी तक विज्ञान की सही समझ एवं पकड़ से दूर है। क्योंकि पृथ्वी ही मानव जीवन से लेकर सारे पशु–पक्षी, जीव–जन्तु, कीड़े–मकोड़े के जीवन की सारी आवश्यकताओं की पूर्ति करती है। पृथ्वी एक तरफ मानव–जीवन को आधुनिक बनाने की सारी सामग्रियाँ, जैसे – लोहा, जस्ता, एलुमिनियम, सोना, चाँदी, हीरा, मोती, यूरेनियम, थोरियम, तेल, गैस एवं कोयले का भण्डार अपने आँचल में छिपाये रखती है, दूसरी तरफ इसी पृथ्वी पर अनेक प्रकार के प्राकृतिक उपद्रव भी हुआ करते हैं। कभी बिजली चमकती है, कभी बादल गरजते हैं, कभी तूफान आता हैं, कभी नदियों में बाढ़ आती है तथा कभी ज्वालामुखी उद्‌गार से भयंकर अग्निवर्षा होती है। अधिकांश अवसरों पर इन कार्यों से मनुष्य अपनी रक्षा का उपाय खोज लेता है। परन्तु पृथ्वी की विनाशकारी प्राकृतिक हलचल भूकम्प से सुरक्षित रहने का अभी तक कोई उपाय नहीं खोजा जा सका है, जिसका बिल्कुल अचानक स्वरूप बड़ा ही भीषण और प्रभाव

महानाशक होता है। मिनटों में ही हजारों वर्षों की कमाई धूल में मिल जाती है, लाखों मकान ध्वस्त हो जाते हैं, अनगिनत व्यक्ति काल के मुँह में चले जाते हैं, अरबों रुपयों का नुकसान होता है, पृथ्वी में दरारें पड़ जाती हैं, नदियाँ अपना मार्ग बदल देती हैं, समुद्र का पानी उबलने लगता है, नये–नये टापू निकल आते हैं, जल के स्थान पर स्थल एवं स्थल के स्थान पर जल क्षेत्र की उत्पत्ति हो जाती है जिसे हम पृथ्वी की एक विनाशकारी प्राकृतिक आपदा – 'भूकम्प' कहते हैं।

भूकम्प का अर्थ

भूकम्प का साधारण अर्थ होता है, पृथ्वी का हिलना या कम्पन करना। पृथ्वी के गर्भ में होने वाली किसी भी हलचल के कारण जब धरातल का कोई भाग अकस्मात काँप उठता है तो उसे भूकम्प कहते हैं। प्रख्यात भूवैज्ञानिक सेलीसवरी के अनुसार, 'भूकम्प' धरातल के वे प्रकम्प अथवा कम्प हैं जो मानव के असम्बन्धित क्रियाओं के फलस्वरूप होते हैं।

प्राचीन धारणायें

भूकम्प के कारणों के सम्बन्ध में प्राचीन समय में भिन्न–भिन्न देशों में विचित्र धारणायें प्रचलित थी। प्रारम्भ में अधिकांश लोग भूकम्प को दैवी प्रकोप मानते थे। कुछ लोगों की मान्यता थी कि जब पृथ्वी पर पाप बढ़ जाता है तो पापों के भार से पृथ्वी हिल उठती है। बाद में सभी देशों के निवासियों को यह विश्वास हो चला कि कोई जानवर पृथ्वी को उठाए हुए है और उसके हिलने से ही पृथ्वी में भूकम्प होता है। भारत के लोगों में यह विश्वास था कि पृथ्वी 'शेषनाग' पर ठहरी हुई है, जब शेषनाग हिलते हैं तो पृथ्वी भी हिलती है।

भूकम्प के कारण एवं सिद्धान्त

वैज्ञानिकों ने विभिन्न भूकम्प क्षेत्रों के सर्वेक्षण एवं अध्ययन के आधार पर दो प्रचलित सिद्धान्त तथा अनेकों कारणों को बताया है। पहले दो प्रचलित सिद्धान्त निम्नवत् हैं।

एलास्टिक रिबाउण्ड सिद्धान्त

प्रमुख भू–वैज्ञानिक प्रो॰ एच॰एफ॰ रीड ने भूपटल भ्रंश पर आधारित एलास्टिक रिबाउण्ड सिद्धान्त का प्रतिपादन किया। तथा भूगर्भ की चट्टानों के अध्ययन के आधार पर बताया कि भूकम्प की क्रिया भूमिगत चट्टानों के लचीलेपन पर निर्भर करती है। उनके अनुसार भूगर्भ की

चट्टानें अधिकांश स्थानों पर रबर की तरह लचीली होती है। इसलिए उनमें बढ़ने एवं घटने का गुण होता है। जब किसी स्थान पर पृथ्वी के अन्दर तापमान एवं दबाव बढ़ता है तो चट्टानों पर दबाब पड़ता है और चट्टानें अपने लचीलेपन के कारण उसे काफी समय तक सहन करती रहती हैं। किन्तु जब तनाव चट्टानों के लचीलेपन की सीमा से अधिक हो जाता है तो चट्टानें टूट जाती हैं और खण्ड एक दरार द्वारा अलग–अलग हो जाते हैं। इस भ्रंश क्रिया से चट्टान का तनाव समाप्त हो जाता है तथा चट्टान के दोनों खण्ड अपने–अपने स्थान पर आने की चेष्टा करते हैं। इस प्रकार तनाव द्वारा उत्पन्न दबाव भ्रंश क्रिया से समाप्त हो जाता है और दरार के सहारे सघर्षण से मिलकर भूकम्प उत्पन्न करते हैं (चित्र – 11)।

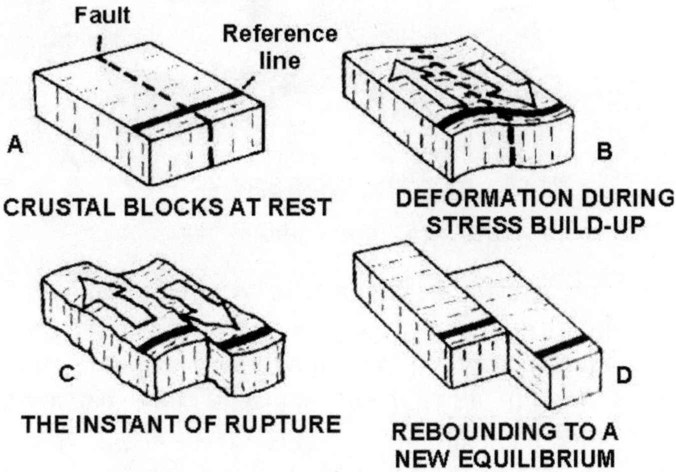

चित्र – 11. एलास्टिक रिबाउण्ड सिद्धान्त के अनुसार भूकम्प चक्र प्रदर्शित करता ब्लाक रेखा चित्र

भूकम्प का प्लेट टेक्टॉनिक सिद्धान्त

विश्व में सात प्रमुख प्लेटें है जिसे अफ्रीकन प्लेट, उत्तरी अमेरिकन, दक्षिणी अमेरिकन, अंटार्कटिक, यूरेसियन, भारतीय एवं पेसिफिक प्लेट कहते हैं। इसके अलावा छः छोटी प्लेटें भी हैं जिसे अरेबिया, चाइना, कोकस, नाजका, फिलिपीन्स एवं कैरेबियन प्लेटें कहते हैं। और भी अनेक बहुत छोटी–छोटी प्लेटें भी हैं। वैज्ञानिकों ने अफ्रीकन प्लेट को स्थिर माना है। अन्य सभी प्रमुख प्लेटें 5 सेमी॰ प्रतिवर्ष चित्र–12 में दिखाई हुई तीर की तरफ घूमती हुई खिसक रही हैं, फलस्वरूप जब दो प्लेटें आपस में टकराती हैं तो भूकम्प एवं ज्वालामुखी उत्पन्न करती हैं।

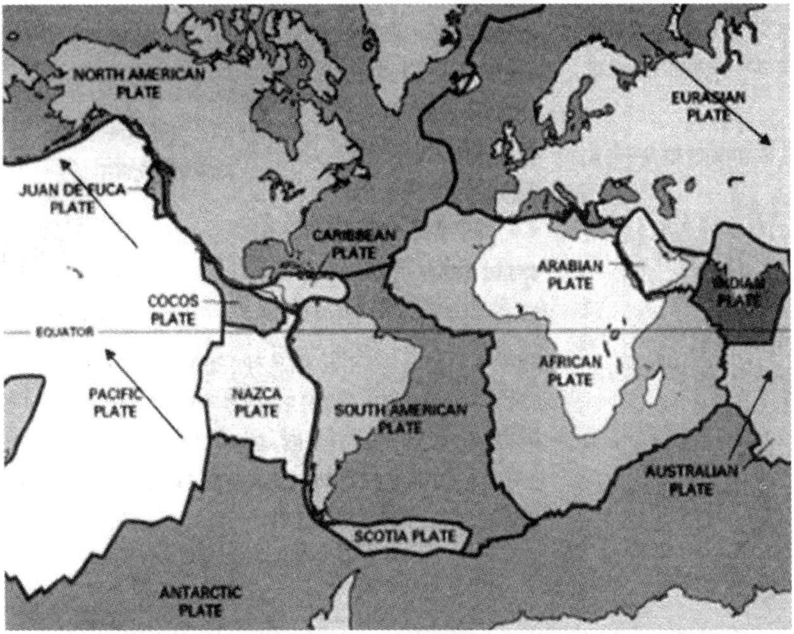

चित्र –12. विश्व टेक्टॉनिक प्लेटें

टेक्टॉनिक मानचित्र के अनुसार भारत में 26 भ्रंश रेखाएँ हैं जिसमें प्रमुख दक्षिणी गुजरात जो नर्मदा नदी से होकर बिहार प्रदेश तक जाती हैं। दूसरी गोदावरी ग्रेवेन जो आंध्र प्रदेश को काटती है। इसी प्रकार ओड़िसा का महानदी ग्रेवेन, गुजरात का काम्बे ग्रेवेन एवं केरला का लाइनामेन्ट प्रमुख हैं। वैज्ञानिकों के अनुसार दिल्ली–हरिद्वार रीज को भी बहुत कमजोर माना गया है। प्लेट–टेक्टॉनिक सिद्धान्त के अनुसार शुक्रवार 26 जनवरी, 2001, गुजरात का भूकम्प अलावुन्द भ्रंश रेखा पर था जो भारतीय एवं यूरेशियन प्लेटों के आपस में टकराने के कारण ही माना गया है।

भूकम्प के निम्नलिखित कारण भी होते हैं –

1. ज्वालामुखी क्रिया
2. भूपटल भ्रंश
3. भूसन्तुलन में अव्यवस्था
4. जलीय भार
5. भूपटल में सिकुड़न
6. गैस एवं ताप का फैलाव

भूकम्प का वर्गीकरण

यदि संसार के विभिन्न क्षेत्रों में आये भूकम्पों का अलग–अलग अध्ययन किया जाय तो प्रत्येक भूकम्प अपनी स्वयं की विशेषता रखता है। ये एक दूसरे से इतने भिन्न होते हैं कि उनका वर्गीकरण करना एक कठिन कार्य है। फिर भी भूकम्प को प्रारम्भ में दो भागों में वर्गीकृत किया जाता है।

1. **प्राकृतिक भूकम्प** – जब भूकम्प का उद्गम प्राकृतिक कारणों अर्थात् पृथ्वी की बाह्य अथवा आन्तरिक शक्तियों द्वारा होता है तो उसे प्राकृतिक भूकम्प कहते हैं। इस प्रकार के भूकम्प को पुनः चार भागों में वर्गीकृत किया जाता है।

(क) **ज्वालामुखी भूकम्प** – ज्वालामुखी उद्गार के समय आये भूकम्प को ज्वालामुखी भूकम्प कहते हैं।

(ख) **प्लेट–टेक्टॉनिक (भ्रंशमूलक) भूकम्प** – पृथ्वी के भूपटल में भ्रंशन के कारण चट्टानों में तब्दीली होने से उत्पन्न भूकम्प को भ्रंशमूलक भूकम्प कहते हैं।

(ग) **भूसन्तुलनमूलक भूकम्प** – भूसन्तुलन में अव्यवस्था उत्पन्न होने से उद्भूत भूकम्प को भूसन्तुलन भूकम्प कहते हैं।

(घ) **प्लुटॉनिक भूकम्प** – पृथ्वी के अत्यधिक गहराई से उत्पन्न होने वाले भूकम्प को प्लुटानिक भूकम्प कहते हैं। यह धरातल से 250–700 किलोमीटर की गहराई तक पाया जाता है।

2. **अप्राकृतिक भूकम्प** – जब मानव के रचनात्मक कार्यों जैसे सुरंग, खानों की खुदाई, बड़े–बड़े भवनों का निर्माण, जलाशयों एवं बांधों का निर्माण, धरातल के नीचे परमाणु बमों का परीक्षण, डाइनामाइट विस्फोट एवं भूमिगत जल में कमी के कारण आये भूकम्प को अप्राकृतिक भूकम्प कहते हैं।

उद्गम केन्द्र (फोकस), अधिकेन्द्र (इपीसेन्टर) एवं तरंगें

भूकम्प के संबंध में दो बातों का भेद करना बहुत ही आवश्यक होता है। यह भेद उसकी तरंगों एवं गति के कारणों का है। पहले पृथ्वी के गर्भ में किसी प्रकार का उद्वेग या उपद्रव होता है। तब उसके कारण तरंगें उठती हैं। पृथ्वी के भीतरी भाग जहाँ से भूकम्प उत्पन्न होता है वह स्थान फोकस कहलाता है। फोकस के ठीक ऊपरी भाग पृथ्वी के सतह पर जो स्थान होता है, उसे इपीसेन्टर कहते हैं। भूकम्प के कारण पृथ्वी

में चलने वाली तरंगें ठीक वैसे ही होती है जैसे तालाब में पत्थर फैंकने से होती है (चित्र – 13)। पृथ्वी के उत्पत्ति स्थान से चलने वाली तरंगें न तो एक समान होती है और न ही उनकी गति एक जैसी होती है। इन तरंगों की गति एवं शक्ति जिस भू–भाग से होकर गुजरती है, उस पर निर्भर करती है। ये तरंगें जब आरम्भ होती है तो फोकस से इपीसेन्टर पर पहुँचती है फिर वहाँ से बाहरी परिक्रमा करने लग जाती है। फोकस से उत्पन्न तीन प्रमुख प्रकार की तरंगें होती हैं –

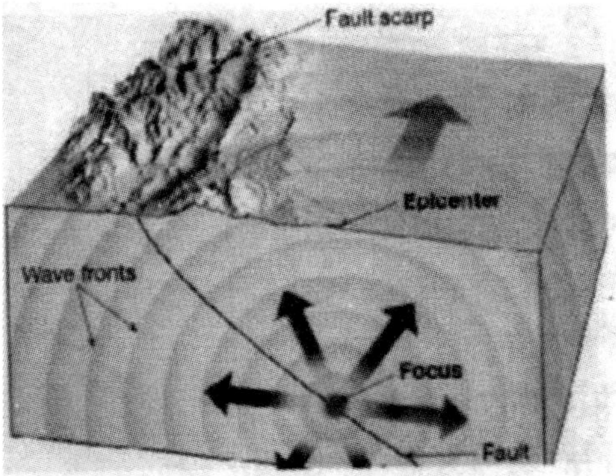

चित्र – 13. फोकस एवं इपीसेन्टर

1. प्रधान तरंगें – ये तरंगें सबसे अधिक गतिशील होती है। इनकी गति 5–8 किमी॰ प्रति सेकेण्ड होती है। ये ठोस एवं तरल पदार्थ को समान रूप से पार कर जाती है। धरातल पर पहुँचने वाली पहली तरंगों को पी॰ तरंगें कहते हैं (चित्र–14)।

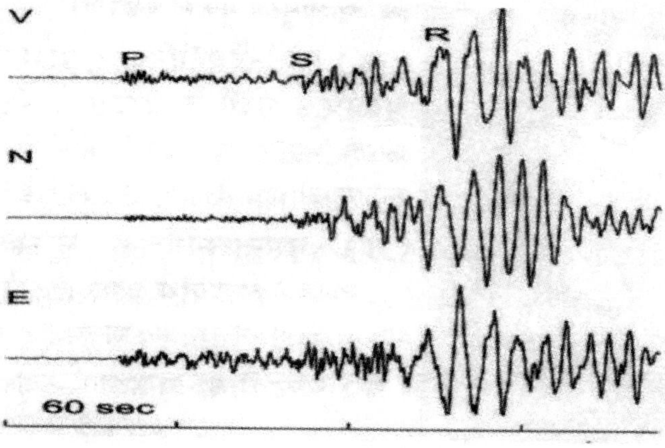

चित्र – 14. पी, एस एवं आर तरंगों का प्रदर्शन

2. द्वितीयक तरंगें – ये तरंगें प्रधान तरंगों के समकोण पर चलती हैं। इनकी गति 4–7 किमी॰ प्रति सेकेण्ड होती है। ये प्रधान तरंगों की अपेक्षा बहुत गहराई तक चली जाती हैं किन्तु ये द्रव पदार्थ से होकर नहीं गुजर पाती हैं। इन्हें एस तरंगें कहते हैं।

3. धरातलीय तरंगें – ये तरंगें समुद्र के लहरों के समान पृथ्वी के धरातल पर चलने वाली तरंगें हैं। फोकस से इपीसेन्टर पर पहुँचकर ये तरंगें पृथ्वी की बाहरी एवं भीतरी परिक्रमा करने लग जाती है। इनकी गति 2–3 किमी॰ प्रति सेकेण्ड होती है। धरातल पर अपार धन–जन की हानि इन्हीं तरंगों से होती है। इन्हें आर तरंगें कहते हैं।

भूकम्प लेखी

भूकम्प तरंगों को मालूम करने के लिए जिस यंत्र का प्रयोग किया जाता है उसे भूकम्प लेखी (सिस्मोग्राफ) कहते हैं। इसके दो भाग होते हैं। पहले भाग को सिस्मोमीटर कहते हैं। यह सतह पर कंक्रीट के मजबूत आधार पर रखी भारी धातु की मात्रा होती है जो धरातल के साथ कम्पन करती है। दूसरे भाग को रिकार्डिंग डिवाइस कहते हैं। यह एक ड्रम के आकार का यंत्र होता है जिस पर कागज लिपटा होता है तथा यह दक्षिणावर्त गति करता है तथा उस कागज पर तरंगों का वेग अपने आप ही पेन के द्वारा अंकित होता जाता है। भूकम्प तरंगों की तीव्रता अधिकेन्द्र (इपीसेन्टर) पर सर्वाधिक होती है। समान तीव्रता रेखा को आइसो–सिस्मल रेखा कहा जाता है तथा एक ही समय भूकम्प का अनुभव करने वाले स्थानों को होमो – सिस्मल रेखा कहते हैं। चित्र – 15अ तथा 15ब में भूकम्प लेखी यंत्र दिखाया गया है।

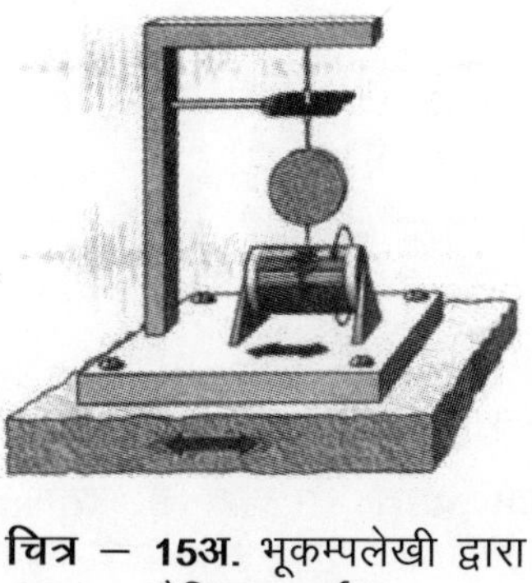

चित्र – 15अ. भूकम्पलेखी द्वारा क्षैतिज प्रदर्शन

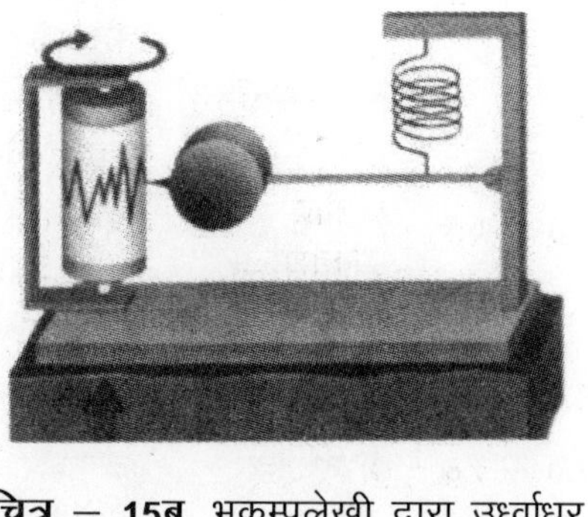

चित्र – 15ब. भूकम्पलेखी द्वारा उर्ध्वाधर प्रदर्शन

भूकम्प पैमाना

वर्तमान समय में प्रसिद्ध अमेरिकी भूवैज्ञानिक चार्ल्स एफ रिक्टर के नाम पर रिक्टर स्केल पर ही प्रायः भूकम्प का प्रभाव नापा जाता है। इस स्केल पर भूकम्प लेखी द्वारा भूकम्प तरंगों के द्वारा फोकस से ऊर्जा की कितनी मात्रा विभिन्न फैलाव (मैग्नीट्यूड) पर निर्मुक्त हुई, नापा जाता है। रिक्टर स्केल का रेन्ज 0 से 8.9 तक होता है। तीव्रता के आधार पर 1956 से पहले 11 मानों वाली जी मारकली स्केल प्रचलित थी (सारणी–3)।

सारणी–3. भूकम्प पैमाना

वर्तमान रिक्टर स्केल	1956 से पहले का मारकली स्केल	प्रभाव
1.0 – 1.9	1. यांत्रिक	केवल भूकम्पलेखी द्वारा ही ज्ञात होता है।
2.0 – 2.9	2. अति दुर्बल	तीसरे–चौथे मंजिले मकानों में रहने वाले को कम्पन का अनुभव होता है।
	3. दुर्बल	विश्व में एक लाख दुर्बल तरंगें भूकम्प लेखी से ज्ञात होती है।
3.0 – 3.9	4. साधारण	प्रभाव क्षेत्र में रहने वाले सभी व्यक्ति जो मकानों में रहते हैं, उन्हें अनुभव होता है। बर्तनों से आवाज आने लगती है एवं कंपन होता है।
4.0 – 4.9	5. साधारण शक्तिशाली	प्रभाव क्षेत्र में कम्पन से सोये व्यक्ति जग जाते हैं। बर्तन रैक से गिर जाते हैं। सोफा बेड हिलने लगता है। सभी लोगों को कम्पन महसूस होता है।
	6. शक्तिशाली	न्यू मैक्सिको 1945 के प्रथम परमाणु बम के बराबर नुकसान होता है।
5.0 – 5.9	7. तीव्र शक्तिशाली	कमजोर मकान गिरने लगते हैं, अन्य मकानों में दरारें पड़ जाती हैं। भूकम्प क्षेत्र में काफी नुकसान होता है।
6.0 – 6.9	8. विनाशकारी	प्रभाव विनाशकारी होता है।
7.0 – 7.9	9. भयंकर	कमजोर मकान ध्वस्त हो जाते हैं, बहुमंजिले मकान गिर जाते हैं। पुल, रेल पटरी, पक्की सड़कें टूट जाती हैं। मानव विनाश एवं सम्पदा का नुकसान होता है।

8.0 – 8.9	10. अति भयंकर	पृथ्वी पर मौजूद सभी चीजें ध्वस्त हो जाती हैं। पृथ्वी में दरारें पड़ जाती हैं। होस–जापान, 1933, आसाम–भारत, 1950 एवं अलास्का – 1964 के बराबर होता है।
	11. प्रलयंकारी	मकान, पुल, रेल पटरी, पक्की सड़कें, पेड़ आदि हवा में उड़ने लगते हैं। नदियाँ अपना मार्ग बदल देती हैं। कहीं–कहीं पहाड़–पठार का निर्माण हो जाता है। बड़ी–बड़ी झीलों का निर्माण हो जाता है।

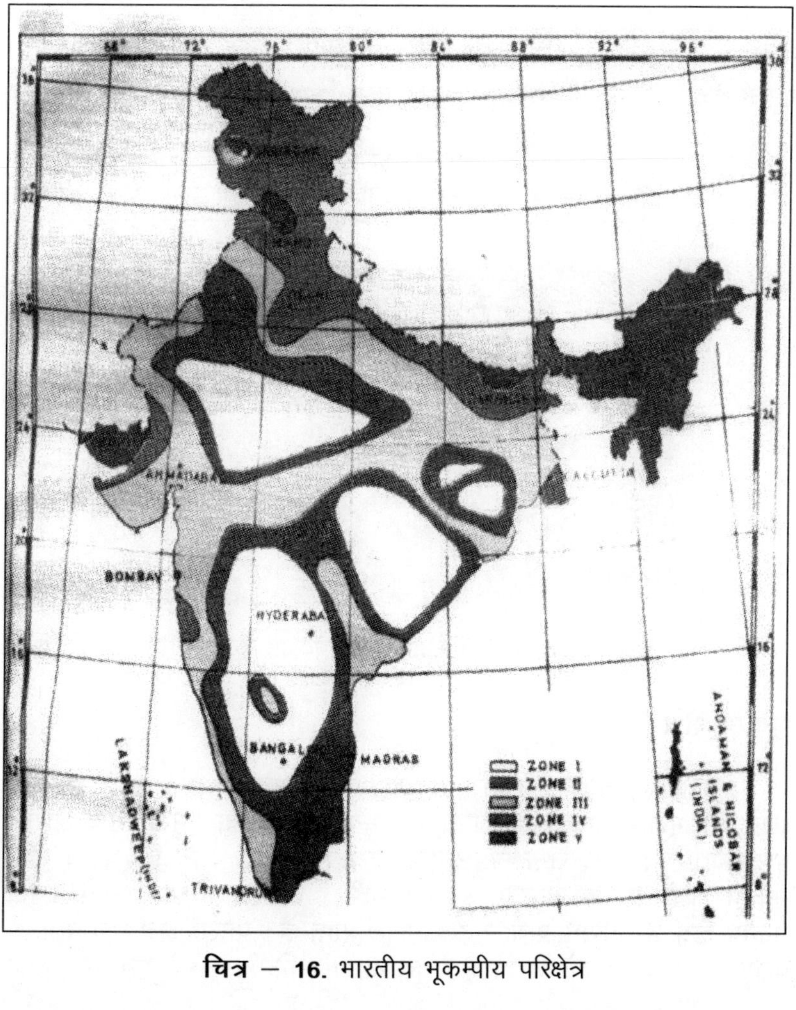

चित्र – 16. भारतीय भूकम्पीय परिक्षेत्र

भारतीय भूकम्प क्षेत्रों का विभाजन

भारतीय मानक ब्यूरो (बी॰आई॰एस॰) ने 1893–1984 तक सिस्मोलाजिकल भूकम्प क्षेत्रों को 5 भागों में विभाजित किया है (चित्र – 16) जिसकी मारकली स्केल पर तीव्रता इस प्रकार है –

क्षेत्र	तीव्रता	मारकली स्केल
पाँचवाँ क्षेत्र	9	तथा 12% क्षेत्र इसमें आते हैं
चौथा क्षेत्र	8	तथा 18% क्षेत्र इसमें आते हैं
तीसरा क्षेत्र	7	तथा 26% क्षेत्र इसमें आते हैं
दूसरा क्षेत्र	6	तथा 44% क्षेत्र इसमें आते हैं
पहला क्षेत्र	5	विशेषतः 30 सितम्बर, 1993 का लाथूर भूकम्प, पहले क्षेत्र में आता है। लेकिन इसकी तीव्रता रिक्टर स्केल पर 6 तथा मारकली स्केल पर 8 नापी गयी थी जो एक रहस्यमय घटना भूवैज्ञानिकों के लिए थी।

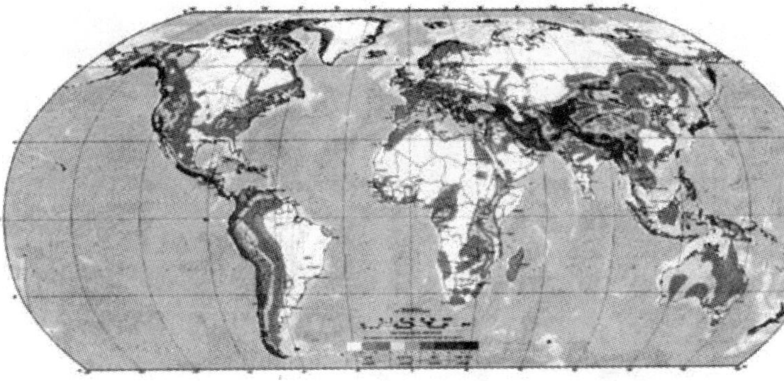

चित्र – 17. वैश्विक भूकम्पीय आपदाओं का मानचित्र

भूकम्प क्षेत्र

पृथ्वी पर कुछ ऐसे क्षेत्र हैं जहाँ प्रायः भूकम्प आते रहते हैं। इन क्षेत्रों को भूकम्प क्षेत्र कहा जाता है। भूकम्प एवं ज्वालामुखी क्षेत्र आस–पास होता है। प्रायः सभी ज्वालामुखी क्षेत्रों में भूकम्प आते हैं। परन्तु सभी भूकम्प क्षेत्रों में ज्वालामुखी उद्गार नहीं होता है। विश्व के दो प्रमुख भूकम्प क्षेत्र हैं जिसमें प्रायः भूकम्प आते रहते हैं। पहला क्षेत्र पूर्ण रूप से प्रशान्त महासागर को घेरता है। यह 40,000 किमी॰ लम्बी एवं 150–300

किमी॰ चौड़ी पट्टी है। विश्व के 80 प्रतिशत भूकम्प इन्हीं क्षेत्रों में आते हैं। चित्र–17 में चिली, पेरू, कोलम्बिया, मैक्सिको, कैलिफोर्निया, एल्युटियन आइसलैंड, जापान, फिलीपीन्स, न्यू गोइना, सामो न्यूजीलैण्ड के प्रमुख भूकम्प के इपीसेन्टर डाट द्वारा दिखाया गया है। दूसरा क्षेत्र एटलांटिक एवं मध्य भारतीय महासागर क्षेत्र है जिसमें दक्षिणी यूरोप, दक्षिणी रूस, इरान, टर्की, पाकिस्तान, वर्मा, भारत, यूरेशिया एवं हिन्द एशिया क्षेत्र है।

भूकम्प एवं मानव विनाश

प्रकृति के अनेक रहस्य जो अभी तक विज्ञान की परिधि से दूर हैं उनमें भूकम्प का विशेष स्थान है। विश्व स्तर पर लगभग 1 लाख भूकम्प के झटके पृथ्वी पर सिस्मोग्राफ द्वारा रिकार्ड किये जाते हैं। इनमें भी औसतन 10–15 झटके ही मानव विनाश के कारण बनते हैं। इस समय पृथ्वी के सक्रिय भूकम्प क्षेत्रों में लगभग ढाई अरब व्यक्ति अपनी सम्पदा के साथ रहते हैं। जिन पर भूकम्प का साया हमेशा मंडराता रहता है। 10–30 सेकेण्ड में ही किसी भाग की चहल–पहल सुख शान्ति एवं मानव विकास, मौत की खामोशी में बदल जाती है। चारों ओर हाहाकार मच जाता है। अभी तक भयानक भूकम्प चीन, भारत, और जापान में आये हैं। यहाँ 20वीं सदी से पहले पृथ्वी पर जो भयानक भूकम्प आये उसमें उल्लेखनीय मानव विनाश हुआ। उदाहरण के लिए 1456, नेपल्स (इटली) में 60,000, 1556 शान्सी (चीन) में 10 लाख, 1693 नेपल्स (इटली) में 1 लाख, 1731 पेकिंग (चीन) में 1 लाख, 1737 कलकत्ता (भारत) में 3 लाख, 1755 लिस्बन (पुर्तगाल) में 3 लाख तथा 1819 कच्छ (भारत), 1883 उत्तरी बिहार (भारत), 1897 आसाम (भारत), 1899 दक्षिणी अलास्का में लाखों व्यक्तियों की मौत हुयी। इसके अलावा 20वीं–21वीं सदी के विश्व प्रमुख एवं भारतीय प्रमुख भूकम्प एवं मानव विनाश को सारणी–4 व 5 में प्रदर्शित किया गया है।

भूकम्प भविष्यवाणी

भूकम्प की भविष्यवाणी अभी तक विज्ञान की परिधि से काफी दूर है। उदाहरण के लिए 1993 के लाटूर क्षेत्र को देखें। 30 सितम्बर, 1993 के लाटूर क्षेत्र, भारतीय मानक ब्यूरो के अनुसार पहले क्षेत्र में आता है जिसकी तीव्रता मारकली स्केल पर 5 जो साधारण होती है। लेकिन लाटूर भूकम्प की तीव्रता मारकली स्केल पर 8 एवं रिक्टर पैमाने पर 7 मापी गयी थी जो वैज्ञानिकों के लिए एक रहस्यमय घटना है जिसका उत्तर अभी तक वैज्ञानिक समुदाय नहीं दे पाए हैं। 18 सितम्बर, 2011 को

सिक्किम तथा टर्की में 2011 के भूकम्प की कोई भविष्यवाणी नहीं थी, फलस्वरूप दोनों देशों में आये भयंकर भूकम्प से सैकड़ों जानें एवं सम्पत्ति का नुकसान हुआ।

भूकम्प से बचाव

1. वाहन नहीं चलाएं, गैस चूल्हा, स्टोव, मोमबत्ती व माचिस का प्रयोग नहीं करें।
2. भीड़–भाड़ वाली जगह को छोड़कर खुली जगह पर चले जाएं।
3. घर में ऐसा मेडिकल व फुड किट तैयार रखें ताकि जरूरत के अनुसार इसका उपयोग किया जा सके।
4. यदि गाँव, मुहल्ले एवं कस्बों के सारे कुत्ते एक साथ घरों की तरफ मुँह कर रोने लगे तो यह घटना भूकम्प आने के संकेत देती हैं। ऐसे समय में आम जन को अपने–अपने घरों से परिवार के साथ अविलम्ब बाहर निकल जाना चाहिए।
5. यदि आपका पालतू कुत्ता अचानक कुछ अनोखा व्यवहार करते हुए कपड़े पकड़कर बाहर आने का प्रयास करें तो आपको परिवार के साथ अविलम्ब बाहर आना चाहिए।
6. भूकम्प आने का संकेत मिलते ही एक या बहुमंजिली इमारतों एवं प्रतिष्ठानों में उपस्थित सभी लोग दरवाजों पर खड़े होकर जान बचा सकते हैं।
7. स्कूलों में भूकम्प का संकेत मिलते ही बच्चों को बाहर आने का प्रयास करना चाहिए तथा समयाभाव के कारण अपने–अपने टेबल के नीचे बैठ कर बचा जा सकता है।
8. राह चलते भूकम्प महसूस करें तो सड़क के किनारे पेड़ों पर चढ़कर जान बचाया जा सकता है।
9. वर्तमान में आधुनिक तरीकों का उपयोग करते हुए पिलर सिस्टम से भूकम्परोधी मकानों का निर्माण कराना चाहिए।

सारणी–4. विश्व प्रसिद्ध भूकम्प एवं मानव विनाश का विवरण 20वीं – 21वीं शताब्दी

क्र॰सं॰	दिनांक	तीव्रता (रिक्टर स्केल)	क्षेत्र	मानव विनाश
1.	25 अप्रैल, 2015	7.9	लामचुंग–काठमांडू	10,000 लगभग
2.	जुलाई, 2010	7.6	सैन्टीयागो–चिली	50,000 लगभग
3.	14 जनवरी, 2001 और 13 फरवरी, 2001	7.4	एल सल्वाडोर, मध्य अमेरिका	1,500 लगभग
4.	21 सितम्बर, 1999	7.6	ताईवान	2,400 लगभग
5.	17 अगस्त, 1999	7.4	टर्की	18,000 लगभग
6.	25 जनवरी, 1999	6.1	कोलम्बिया	12,000 लगभग
7.	30 मई, 1998	6.9	तजाकिस्तान अफगानिस्तान	5,000 लगभग
8.	10 मई, 1997	7.1	ईरान	1,600 लगभग
9.	17 जनवरी, 1995	6.2	कोबे–जापान	6,000 लगभग
10.	21 जून, 1990	7.7	ईरान	50,000 लगभग
11.	7 दिसम्बर, 1988	6.9	अरमेनिया	25,000 लगभग
12.	19 सितम्बर, 1985	8.1	मैक्सिको	10,000 लगभग
13.	16 सितम्बर, 1978	7.7	ईरान	25,000 लगभग
14.	28 जुलाई, 1976	7.8	तांगशान – चीन	3,50,000 लगभग
15.	4 फरवरी, 1976	7.5	ग्वेतमाला	24,000 लगभग
16.	26 सितम्बर, 1939	मारकली स्केल 7.9	इर्जीनकान–टर्की	33,000 लगभग
17.	24 जनवरी, 1939	8.3	चीलान–चिली	28,000 लगभग
18.	1 सितम्बर, 1923	8.3	टोक्यियो–योकोहामा, जापान	1,40,000 लगभग
19.	16 दिसम्बर, 1920	8.6	गन्सु–चीन	1,00,000 लगभग
20.	16 अगस्त, 1906	8.6	वालपरिसो–चिली	20,000 लगभग

सारणी–5. प्रमुख भारतीय भूकम्प एवं मानव विनाश का विवरण 20वीं – 21वीं शताब्दी

क्र०सं०	दिनांक	तीव्रता रिक्टर स्केल	क्षेत्र	मानव विनाश
1.	26 जनवरी, 2001	6.9	गुजरात (कच्छ, भुज)	50,000 लगभग
2.	20 मार्च, 1999	6.5	चमोली, गढ़वाल	5,000 लगभग
3.	29 मई, 1997	6.0	जबलपुर, मध्यप्रदेश	1,000 लगभग
4.	29 सितम्बर, 1993	6.3	लातुर, महाराष्ट्र	1,000 से कम
5.	20 अक्टूबर, 1991	6.5	गढ़वाल – पहाणी, उत्तरकाशी	1,000 से कम
6.	10 अगस्त, 1988	7.0	बिहार – नेपाल रेखा	1,000 से कम
7.	30 दिसम्बर, 1984	6.8	सिलचर, आसाम	1,000 से कम
8.	20 जनवरी, 1982	6.3	ग्रेट – निकोबार	1,000 से कम
9.	19 जनवरी, 1975	7.5	किन्नौर – हिमाचल	1,000 से कम
10.	13 अप्रैल, 1969	6.5	भद्राचलम	1,000 से कम
11.	10 दिसम्बर, 1967	6.5	कोयना – महाराष्ट्र	1,000 से कम
12.	28 दिसम्बर, 1958	6.2	कपोट – नेपाल रेखा	1,000 से कम
13.	21 जुलाई, 1956	6.7	कच्छ, गुजरात	1,000 से कम
14.	10 अक्टूबर, 1956	7.0	दिल्ली के समीप	1,000 से कम
15.	15 अगस्त, 1950	मारकली स्केल 8.5	आसाम	1,000 से कम
16.	29 जुलाई, 1947	7.7	डिब्रूगढ़, आसाम	1,000 से कम
17.	26 जून, 1941	8.1	अण्डमान द्वीप	1,000 से कम
18.	14 मार्च, 1938	6.5	मध्यप्रदेश	1,000 से कम
19.	15 जनवरी, 1934	8.2	मुंगेर, बिहार	1,000 से कम
20.	2 जुलाई, 1930	7.1	ध्रुवी, आसाम	1,000 से कम
21.	9 सितम्बर, 1923	7.1	माईमेनसिंह, बंगाल	1,000 से कम
22.	8 जुलाई, 1918	7.6	आसाम	1,000 से कम
23.	28 अगस्त, 1916	7.5	धरचुला–नेपाल रेखा	1,000 से कम

24.	26 फरवरी, 1906	7.0	कश्मीर, हिमालय	1,000 से कम
25.	31 अगस्त, 1906	7.0	शिवसागर, आसाम	1,000 से कम
26.	4 अप्रैल, 1905	8.0	कांगड़ा, हिमाचल प्रदेश	1,000 से कम

अथर्ववेद का पृथिवी सूक्त

अथर्ववेद के 12वें काण्ड में पृथ्वी सूक्त के 63 मंत्रों में पृथ्वी विषयक समस्त जानकारी का सारा ज्ञान वर्णित किया गया है जिससे मानव तथा समूचा राष्ट्र उस ज्ञान के आधार पर धरा का दोहन करके लाभान्वित हो सके। इस सूक्त के कुछ अंश निम्नवत् हैं –

नानावीर्या ओषधीर्या बिभर्ति पृथिवी न प्रथतां राध्यतां नः

जो पृथ्वी अनेकों प्रकार के गुणों वाली ओषधि और वनस्पतियों को धारण करती है वह पृथ्वी हमारे लिए सुखों से विस्तृत हो और युक्त हो और हमारी सब कामनाओं की पूर्ति करे।

यस्यां समुद्र उत सिन्धुरापो यस्यामन्नं कृष्टयः सं बभूवुः।
यस्यामिदं जिन्वति प्राणेदजत् सा नो भूमिः पूर्वपेयेदधातु।।

जिसमें समुद्र है और बहुत बड़ी–बड़ी झीलें हैं, इसमें बड़ी–बड़ी नदियाँ हैं, जिसमें अन्न और अन्य नानाविध भोग्य पदार्थ पैदा होते हैं, जिस भूमि पर रहता हुआ श्वास लेता हुआ और गतिमान प्राणी वर्ग उत्कृष्टता को प्राप्त होता है। वह भूमि हम सबको पूर्वजों के द्वारा परिपुष्ट करने में युक्त करें।

यत् ते मध्यं पृथिवि यच्च नभ्यं यास्त ऊर्जस्तन्वः संबभूवः।
तासु नो धेह्यभि नः पवस्व माता भूमिः पुत्रो अहं पृथिव्याः।।
पर्जन्यः पिता स उ नः पिपर्तु।।

हे पृथिवी, हे भूमि! जो तेरा मध्य भाग है और जो तेरा केन्द्र भाग है, तुम्हारे शरीर से जो अन्न आदि बलकारक पदार्थ उत्पन्न होते है, उनमें हमें प्रतिष्ठित कर हमें तेरे प्रति पवित्र भावना वाला बनावें। हमें ऐसी धारणा दें कि हम समझें कि तू भूमि मेरी जननी होने के कारण माता है और मैं तुझ पृथिवी का (पुत्र) दुःख से रक्षा करने वाला पुत्र हूँ। समस्त रसों को देने वाला मेघ हमारा पिता है, वही हमें परिपुष्ट करें।

निधिं बिभ्रति बहुधा गुहा वसु मणिं हिरण्यं पृथिवी ददातु मे।
वसूनि नो वसुदा रासमाना देवी दधातु सुमनस्यमाना।।

बहुत प्रकार से अपनी छिपी हुई खानों में बहुमूल्य कोष को धारण करती हुई बैडूर आदि मणि स्वर्ण आदि धातु और अन्य धन को मुझे देवें। बहुत प्रकार की सम्पत्ति को देने वाली हमारे मनों को उत्तम बनाने वाली

सुख देने वाली आनन्दमयी दिव्य गुण से युक्त पृथिवी हमें नाना प्रकार की सम्पत्तियों को देवें।

1. खनिज संसाधन

वस्तुतः खनिज वे प्राकृतिक पदार्थ हैं जो भू–गर्भ से खनन क्रिया द्वारा बाहर निकाले जाते हैं। खनिज प्रमुखतया प्राकृतिक एवं रासायनिक पदार्थों के संयोग से निर्मित होते हैं। इनका निर्माण अजैव प्रक्रियाओं द्वारा होता है।

खनिजों में धात्विक खनिज मुख्यतः धातुओं के मिश्रण के रूप में पाए जाते हैं। धातुयुक्त खनिजों में धातुएँ अलग–अलग अनुपात में पिण्ड के रूप में तथा विभिन्न अनुपातों में मिश्रित रूप में पाई जाती है। खनिजों में धातुओं की मात्रा के अनुसार इनका दोहन किया जाता है। कम धातु सम्पन्न खनिजों का दोहन करने में अत्यधिक परिश्रम तथा अधिक खर्चा होता है। अधिकांश खनिज पृथ्वी के आन्तरिक भाग में इसके भू–गर्भ में पाए जाते हैं। इनका दोहन पृथ्वी पर जहाँ पर खनिज पाए जाते हैं, उस स्थान विशेष में खान खोदकर खनिजों का दोहन किया जाता है। अतः खनिजों का उत्पादन जिस स्थान विशेष पर किया जाता है, उसे खान कहते हैं।

खनिज संसाधनों के अभिलक्षण

1. खनिज निश्चित स्थानों पर ही बिखरे हुए क्षेत्रों में पाए जाते हैं। अन्य प्राकृतिक संसाधनों की अपेक्षा खनिज कुछ निश्चित स्थान विशेष में ही पाए जाते हैं। स्थान विशेष में भी खनिज एक साथ इकट्ठे रूप में न पाए जाकर केवल बिखरे हुए क्षेत्र विशेष के रूप में पाए जाते हैं।
2. खनिज अधिकतर भू–गर्भ में ही पाए जाते हैं। खनिज पदार्थों को सर्वेक्षण के द्वारा पता लगाकर खनन क्रिया द्वारा भू–गर्भ से बाहर निकालते हैं।
3. भू–गर्भ में स्थित खनिज पदार्थ निश्चित मात्रा में ही पाए जाते हैं। तथा एक बार बाहर निकालने के बाद उस अनुपात में हमेशा के लिए कम हो जाते हैं। खनिजों के पूर्ण रूप से निर्मित होने में करोड़ों वर्ष का समय लग जाता है। एक बार इनका उपयोग होने पर भू–गर्भ में निकाले गए खनिजों का दोबारा नवीकरण नहीं किया जा सकता है।

4. खनिजों से निर्मित वस्तुएं मजबूत और टिकाऊ होती हैं। एक बार निर्मित होने पर लम्बे समय तक उपयोगशील रहती है।
5. लगातार खनिजों का दोहन होते रहने से खानें अधिक गहरी होती जाती हैं। अतः गहराई बढ़ने के साथ–साथ खनन कार्य भी अत्यधिक खर्चीला होता जाता है।
6. खनिजों का उत्पादन इनके उपयोग एवं बाजार में इनकी मांग के कम या अधिक होने के अनुसार घटता–बढ़ता रहता है।

खनिजों का वर्गीकरण

अब तक उपयोग में लिए जाने वाले विभिन्न खनिजों की संख्या लगभग 1600 है। परन्तु इसमें से लगभग 200 खनिजों का ही उपयोग व्यावसायिक एवं औद्योगिक रूप में किया जाता है।

मुख्यतया खनिजों को तीन भागों में वर्गीकृत किया जा सकता है।

1. **धात्विक खनिज** – लोहा, ताँबा, जस्ता, सीसा, टिन, टंगस्टन, कोबाल्ट, एलुमिनियम आदि।
2. **अधात्विक खनिज** – उर्वरक खनिज, रत्न या मणि, अभ्रक, नमक आदि।
3. **खनिज ईंधन** – कोयला, पेट्रोलियम, प्राकृतिक गैस आदि।

खनिज संसाधनों का संरक्षण

खनिज संसाधनों के संरक्षण हेतु निम्नांकित उपाय हैं –

(i) भूगर्भिक सर्वेक्षण एवं नये खनिजों की खोज

(ii) खनिजों का बहुउद्देश्यीय उपयोग

(iii) उत्खनित खनिजों से अधिकतम धातु प्राप्त करना।

(iv) सुरक्षित भंडार गृहों की स्थापना

(v) खनिजों के विकल्प की खोज

(vi) खनिजों का नियोजित उत्खनन

(vii) धातु का बारम्बार उपयोग

(viii) गहराई तक खनन

(ix) उचित प्रबंधन

2. ऊर्जा संसाधन

प्रकृति के पारिस्थितिकीय संतुलन में ऊर्जा की मुख्य भूमिका रहती है, जो प्राकृतिक परिवेश के जैविक तथा अजैविक घटकों के मध्य अन्तःक्रिया बनाये रखती है। पारिस्थितिकीय दृष्टिकोण से ऊर्जा का मूल स्रोत सूर्य है। सूर्य से प्राप्त ऊर्जा द्वारा विभिन्न पोषण स्तरों में ऊर्जा का प्रवाह होता है तथा स्वनियामक प्रकृति बनी रहती है। सूर्य से प्राप्त ऊर्जा के उपयोग द्वारा पोषण स्तर एक स्वपोषी (प्राथमिक उत्पादक) पादप विकसित होकर भविष्य में ऊर्जा के विभिन्न रूपों में परिवर्तित होते हैं। उदाहरण के तौर पर कार्बोनिफेरस काल की प्राकृतिक वनस्पति ही आज हमें कोयले के रूप में मिलती है।

वर्तमान में पृथ्वी पर हमें ऊर्जा विभिन्न रूपों में मिलती है जिनमें कहीं खनिज संसाधनों (कोयला, पेट्रोलियम, प्राकृतिक गैस) से तो कहीं भौतिक क्रियाओं (ज्वारभाटा, पवन, सौर ऊर्जा) आदि से मिलती है। इसे मनुष्य अपने प्रौद्योगिकी ज्ञान द्वारा विभिन्न रूपों में विकसित कर उत्पादित करता है। इस प्रकार के स्रोतों के आधार पर पृथ्वी पर निम्नलिखित रूपों में ऊर्जा की प्राप्ति होती है।

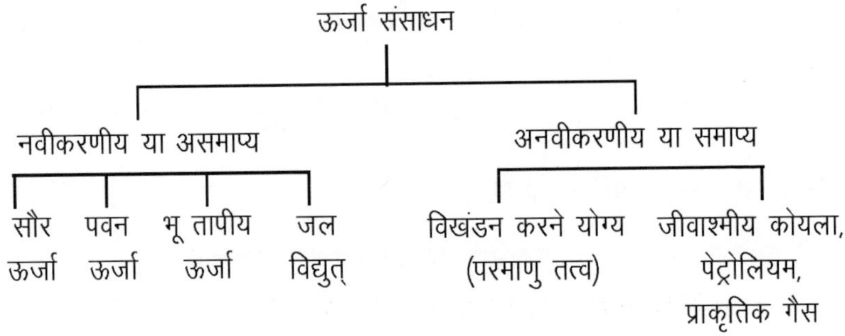

वर्तमान समय में पेट्रोल का औद्योगिक एवं परिवहन की दृष्टि से बहुत महत्वपूर्ण स्थान है। अतः विश्व के वे देश जिनमें पेट्रोलियम का संचित भंडार अधिकतम पाया जाता है, उन देशों का वर्तमान समय में प्रमुख स्थान है। इस कारण अन्य विकसित देश राजनीतिक एवं आर्थिक दृष्टि से इन देशों पर प्रभुत्व स्थापित करने के लिए सदैव प्रयत्नशील रहते हैं। वर्तमान समय में प्रत्यक्ष या अप्रत्यक्ष रूप से हमारी अधिकतर दैनिक क्रियाएँ, पेट्रोलियम के प्रमुख उत्पादों या सह उत्पादों से संबंधित है।

पृथ्वी के गरमाने से मंडराता संकट

पृथ्वी की सतह के तापमान में निरंतर वृद्धि हो रही है और जलवायु में परिवर्तन भी आशा के विपरीत तेजी से हो रहे हैं। यह परिवर्तन विश्व के पारितंत्र पर मंडराते एक संकट की ओर समूचे विश्व का ध्यान आकर्षित कर रहा है। इसे हम 'ग्लोबल वार्मिंग' या गरमाती धरती कहते हैं। वस्तुतः ग्लोबल वार्मिंग का अर्थ है – पृथ्वी के तापमान में ग्रीन हाउस या हरित गृह गैसों का बढ़ता प्रभाव, जिससे पृथ्वी का वातावरण दिन–प्रतिदिन गरमाता जा रहा है।

हरितगृह प्रभाव से तात्पर्य है – पृथ्वी के वायुमंडल में कुछ विशेष गैसों की मात्रा का इस सीमा तक बढ़ जाना कि पृथ्वी से ऊष्मा बाहर न निकल सके। उदाहरण के तौर पर हम अपने घर के बगीचे को काँच की दीवार से ढँक दें तो क्या होगा? काँच की इन दीवारों से होते हुए सौर विकिरण वाटिका के अंदर तो पहुँच जायेंगे परंतु ये विकिरण पृथ्वी से परावर्तित होकर काँच से बाहर आने का प्रयास करेंगे तो काँच द्वारा उनका बारंबार परावर्तन होने से वे काँच के आवरण के भीतर ही बने रहेंगे जिससे भीतर का वायुमंडल गरम होता जायेगा। इस घटना को हरितगृह प्रभाव (Green House Effect) कहते हैं। काँच की दीवारों जैसा गुण यह वायुमंडलीय कार्बन डाइऑक्साइड भी दर्शाती है। सौर विकिरण वायुमंडल में उपस्थित कार्बन डाइऑक्साइड से पारगत होकर पृथ्वी पर पहुँच जाते हैं। परन्तु पृथ्वी जब उष्मीय विकिरणों अर्थात् अवरक्त तरंगों को परावर्तित करती हैं तो उन्हें वायुमंडलीय कार्बन डाइऑक्साइड द्वारा अवशोषित कर लिया जाता है जिससे भूतल और उसे परिवेष्टित किए वायुमंडल का ताप बढ़ता जाता है। मोटेतौर पर किए गए आकलन के अनुसार त्वरित औद्योगिकीकरण के दुष्प्रभावों के फलस्वरूप प्रतिवर्ष वायुमंडल की कार्बन डाइ ऑक्साइड की मात्रा में 0. 3% की वृद्धि होती जा रही है।

यदि हम विगत चार दशकों में वायुमंडल में कार्बनडाइऑक्साइड के अभिवाह पर दृष्टि डालें तो हमें विदित होता है कि सन् 1960 के लगभग वायुमंडल में इस गैस का आयतन 320 पी॰पी॰एम॰ था जो सन् 1990 में बढ़कर 360 पी॰पी॰एम॰ के लगभग हो गया। अर्थात् अब तक कार्बनडाइऑक्साइड की वृद्धि दर 0.5 प्रतिशत वार्षिक रही है। वैज्ञानिकों का अनुमान है कि सन् 2050 तक कार्बनडाइऑक्साइड की मात्रा लगभग दुगुनी हो जाएगी। कार्बनडाइऑक्साइड के अतिरिक्त मीथेन, नाइट्रस ऑक्साइड और क्लोरोफ्लोरो कार्बन भी पृथ्वी को गरमाने में सहायक हैं।

पृथ्वी के तापमान को बढ़ानेवाली इन गैसों के उत्पादन में अमेरिका तथा रूस का क्रमशः 36 एवं 17 प्रतिशत योगदान है। ग्लोबल वार्मिंग के

कारण जलवायु में आशा के विपरीत परिवर्तन हो रहे हैं। ओजोन परत के क्षरण से भी पृथ्वी पर तापमान के बढ़ने का खतरा है। पृथ्वी के लिए ओजोन परत एक सुरक्षा का कार्य करती है और पृथ्वी पर हानिकारक पराबैंगनी किरणों को आने से रोकती है। ओजोन परत के क्षरण के कारण पराबैंगनी किरणें पृथ्वी पर सीधे आयेंगी जिससे पृथ्वी के तापमान में वृद्धि होगी और अनेक रोगों के फैलने की आशंका बनी रहेगी। गरमी व प्रदूषण के कारण हैजा, डेंगू, मलेरिया एवं अन्य रोग तेजी से फैलेंगे। इस समय भारत में मौसम का असामान्य व्यवहार इस ओर एक संकेत मात्र है।

धरती के गरमाने से न केवल मनुष्य व जीव–जंतु वरन् पौधे भी अत्यधिक प्रभावित होते हैं। अमेरिका के स्केंफर्ट विश्वविद्यालय की डॉ॰ वर्जिनिया वाल्वार्ट ने ज्ञात किया है कि पराबैंगनी किरणें व अत्यधिक तापमान से मक्का के पौधों का डी॰एन॰ए॰ क्षतिग्रस्त हो जाता है। दूसरी ओर समुद्री वनस्पति के नष्ट होने से समुद्री जीवों का आहार खतरे में पड़ जायेगा। प्राणिप्लवक (जूप्लैंकटन) की संख्या में कमी होने से मछलियाँ जीवित नहीं रह पायेंगी, जिससे समुद्र द्वारा प्राप्त होने वाले तथा इस भोजन पर निर्भर रहनेवाली मानव आबादी के लिए खाद्य का बहुत बड़ा संकट उत्पन्न हो जायेगा।

वैज्ञानिकों का मानना है कि बढ़ते तापमान से हिमनद पिघल रहे हैं तथा भविष्य में यह स्थिति और विकट हो जाएगी। अतः आज यह नितांत आवश्यकता बन गयी है कि हम पृथ्वी को 'ग्लोबल वार्मिंग' के दुष्प्रभाव से बचाने के लिए जीवाश्म ईंधन की खपत को कम करें, वनों के विनाश को रोकें, वातावरण में कार्बनडाइऑक्साइड तथा ग्रीन हाउस गैसों को बढ़ने से रोकें, सौर तथा पवन ऊर्जा के उपयोग को अधिक बढ़ावा देवें।

पृथ्वी की दशा को बिगाड़ने वाले कारक

पृथ्वी की दशा को बिगाड़ने वाले कई कारक हैं, जिनका विवरण निम्नवत् है :

(अ) घरेलू अपशिष्ट – पृथ्वी या मृदा को प्रदूषित करने में घरेलू अपशिष्टों, यथा – कागज, गत्ता, कपड़ा, धूल, लकड़ी, पॉलिथीन, सब्जियों के बचे हुए भाग, फलों के छिलके, चाय की पत्तियाँ, अन्य सड़े–गले पदार्थ, सूखे फूल–पत्तियाँ और खराब खाद्य पदार्थ, जो सफाई के दौरान पृथ्वी पर ही डाल दिए जाते हैं। विकासशील देशों में इस कूडे–करकट को ढकने तथा निस्तारण की व्यवस्था नहीं होने के कारण यह पृथ्वी को कुप्रभावित करता है।

(आ) रासायनिक और कीटनाशक दवाएँ – हमारे देश में कृषि उत्पादन बढ़ाने की होड़ में कृषि में रासायनिक खादों, कीटनाशकों, शाकनाशियों एवं कवकनाशियों का प्रयोग दिन–प्रतिदिन बढ़ता ही जा रहा है जिससे मिट्टी में हानिकारक पदार्थों की मात्रा बढ़ने से मृदा प्रदूषित हो रही है। न केवल मृदा अपितु इनमें जैवमंडल भी प्रदूषित हो रहा है। इन रसायनों से जल स्रोत भी प्रदूषित होते हैं और मनुष्य तथा पशुओं के शरीर में भी इनके अवशेष एकत्रित होते रहते हैं जिनसे कैंसर जैसे भयानक रोग भी हो जाते हैं।

(इ) कूड़ा–करकट और मृदा प्रदूषण – आज हमारे देश में नगरीय क्षेत्रों में जनसंख्या की असीमित वृद्धि के कारण मल–मूत्र तथा मानव द्वारा अनुपयुक्त पदार्थ जिन्हें हम कूड़ा–करकट कहते हैं, की मात्रा में दिनोंदिन अत्यधिक वृद्धि होती जा रही है जिससे उसके निस्तारण की समस्या बढ़ गई है। हमारे देश में गोबर व्यर्थ ठोस पदार्थों का एक मुख्य स्रोत हैं।

(ई) वाहित मल–जल एवं मृदा प्रदूषण – शहरों के गंदे नालों में बहने वाले जल को वाहित मल–जल या सीवेज कहते है अर्थात् यह वह जल है जिसमें मुख्यतः घरेलू और औद्योगिक व्यर्थ पदार्थ मिल जाते हैं। प्रायः आजकल ऐसे जल का उपयोग शहरों के आस–पास की भूमि पर की जाने वाली कृषि में हो रहा है। वाहित मल–जल में विभिन्न खनिजों के मिश्रण, अकार्बनिक, कार्बनिक पदार्थ तथा छोटे–बड़े कण होते हैं। इस जल में पौधों के लिए अनावश्यक अनेक पोषक तत्व भी पाए जाते हैं। घरेलू वाहित मल–जल में 15–30 पी॰पी॰एम॰ नाइट्रोजन, 4–6 पी॰पी॰एम॰ फास्फोरिक अम्ल तथा 10–20 पी॰पी॰एम॰ पोटैशियम और औसतन 400 पी॰पी॰एम॰ कार्बनिक पदार्थ होता है।

मृदा प्रदूषण का प्रमुख स्रोत नगरों से प्राप्त वाहित मल–जल है यानी सीवेज है। सीवेज में अपमार्जक, बोरेट, सल्फेट तथा अन्य लवणों की भारी मात्रा घुली रहती है जो पौधों की वृद्धि के लिए अत्यन्त हानिकारक है। ये पदार्थ मृदा की भौतिक दशा को खराब करते है। मलयुक्त जल मिट्टी के संपर्क में आने पर मृदा के सूक्ष्मजीवों द्वारा मल अवयव का विघटन होता है जिसके फलस्वरूप नाइट्रोजन, फॉस्फोरस, पोटैशियम, गंधक – जैसे तथ्यों के यौगिकों का निर्माण होता है। मल में अनेक प्रकार के रोगजनक जीवाणु एवं अन्य कीटाणुओं की उपस्थिति तथा विभिन्न भारी तत्वों के कारण भूमि में विषाक्तता उत्पन्न होती है, जो फसलों को प्रभावित कर प्रत्यक्ष या अप्रत्यक्ष रूप से पशुओं और मानवों के लिए हानिकारक सिद्ध होती है।

(उ) अवमल और मृदा प्रदूषण – अवमल में भी वाहित मल का ठोस अंश होता है। इसमें नाइट्रोजन एवं फास्फोरस की पर्याप्त मात्रा रहती है। परन्तु पोटाश की मात्रा कम होती है। सामान्य अवमल में 3.5% नाइट्रोजन, 2.5% फास्फोरस तथा 0.5% पोटाश की संभावना रहती है। अवमल में भारी धातुओं एवं बहुत से रोगजनक जीवाणुओं की उपस्थिति के कारण इसके उपयोग से मृदा प्रदूषित हो जाती है। अवमल की ठोस सामग्री मृदा रंध्रों को बंद कर देती है, फलतः मृदा की जल एवं वायु पारगम्यता कम हो जाती है। इसके अतिरिक्त मृदा में जीवाणु भी कम हो जाते हैं तथा इसके बदले प्रोटोजोआ वर्ग के सूक्ष्मजीवों की संख्या बढ़ जाती है, जिससे कच्चे अवमल के प्रयोग से उगाई गई फसल मानवों तथा पशुओं में रोग उत्पन्न कर सकती है।

(ऊ) धातुएँ और पीड़कनाशी रसायन – यह देखा गया है कि विभिन्न उद्योगों से निकलने वाले अपशिष्ट पदार्थों के पहले जल में तथा बाद में मिट्‌टी में पहुँचने पर उगे पौधों द्वारा ये विषैली धातुएँ (बेरीलियम, कोबाल्ट, निकेल, तांबा, जिंक, टिन, कैडमियम आदि) अवशोषित कर ली जाती हैं। और इन पौधों के खाद्य भागों को उपयोग में लाने से मनुष्य के स्वास्थ्य पर प्रतिकूल प्रभाव पड़ सकता है। पौधे धातु प्रदूषकों का अधिकाधिक 10% अवशोषित कर पाते हैं, अतएव धातुओं का संचय मिट्‌टी में होता रहता है।

इसी प्रकार हमारे देश में किए गए एक सर्वेक्षण के अनुसार कीट–नाशी रसायनों के अवशेषों में 91.7 प्रतिशत डी॰डी॰टी॰ होता है। पंजाब कृषि विश्वविद्यालय द्वारा किए गए शोध के पश्चात् यह विदित हुआ है कि फूलगोभी को छिड़काव के दस दिन के भीतर बाजार में बेचना स्वास्थ्य के हानिकारक है। गेहूँ, मक्का, बाजरा, आदि नमूनों के विश्लेषण करने पर यह पाया गया है कि इनमें डी॰डी॰टी॰ के अंश बड़ी मात्रा में होते हैं। इसके अतिरिक्त इनमें अन्य रसायन भी विद्यमान रहते हैं।

फसल पर डाली जाने वाली दवा का आधे से अधिक भाग फसल पर नहीं पहुँचता है। कुछ भाग अपवाह द्वारा पास की दूसरी फसल पर गिरता है और कुछ भाग खेत में भूमि पर गिरता है और वर्षा के पानी के साथ नदी–नालों में पहुँच जाता है जिससे मछलियों पर विषैला प्रभाव पड़ता है। कीटनाशियों से युक्त फल और बीज खाने से पक्षी मर जाते हैं और फसल के फूलों से मधु संचित करते समय तथा परागण के समय मधुमक्खियाँ नष्ट हो जाती हैं जिसका फसलोत्पादन पर प्रतिकूल प्रभाव पड़ता हैं।

एक सर्वेक्षण के द्वारा विदित हुआ है कि दूध के 17 नमूनों में से 13 नमूनों में डी॰डी॰टी॰ मात्रा 0.20 पी॰पी॰एम॰ तक विद्यमान थी।

डी॰डी॰टी॰ के अवशेष 55% नमूनों में सहनशीलता के परास से 0.5 पी॰पी॰एम॰ अधिक है। इसी प्रकार मक्खन में भी डी॰डी॰टी॰ की मात्रा सीमा से अधिक पाई गई। हमारे देश में हाल ही में किए गए अध्ययन से विदित हुआ है कि माता के दूध में भी डी॰डी॰टी॰ आदि रसायनों के खतरनाक स्तर विद्यमान है। एक औसत भारतीय के शरीर के ऊतकों में डी॰डी॰टी॰ तथा अन्य रसायनों के जमा होने का स्तर विश्व में सबसे अधिक है। एक सामान्य अनुमान के अनुसार एक औसत भारतीय भोजन में 0.27 ग्राम तक डी॰डी॰टी॰ विद्यमान होती है। डी॰डी॰टी॰ की सर्वाधिक मात्रा दिल्ली क्षेत्र में प्रेक्षित की गई।

दीर्घ स्थायी रसायन तब तक मृदा जैवमंडल को असंतुलित किए रहते हैं, जब तक कि वे पूर्ण रूप से नष्ट नहीं हो जाते। मृदा के कणों तथा कार्बनिक कोलॉयड़ों द्वारा इन विषाक्त जीवनाशी रसायनों का अधिशोषण कीटनाशी रसायन की उपलब्धि, उसकी जैविक क्रिया, आदि को तो प्रभावित करती ही हैं, साथ ही मृदा में कार्बनिक पदार्थों का अपक्षय, नाइट्रोजन स्थिरीकरण, फास्फोरस तथा सल्फर के विलयनीकरण आदि से संबंधित महत्वपूर्ण क्रियाएँ भी प्रभावित होती हैं। मृदा में पड़े अवशेष मृदा जीवों के ऊतकों में निरंतर संचित होते रहते हैं तथा खाद्य श्रृंखला द्वारा एक जीव से दूसरे जीव के ऊतकों में आसानी से पहुँचकर संचित होते देखे गए हैं।

जैसा कि विदित है बढ़ती हुई जनसंख्या तथा औद्योगिकीकरण के फलस्वरूप पृथ्वी पर विद्यमान हर प्रकार का पानी, चाहे वह सागर का, नदियों, तालाब का हो अथवा भूमिगत जल भी क्यों न हो, प्रदूषित होता जा रहा है। आज हमारे देश की सभी बड़ी नदियाँ किसी न किसी रूप में प्रदूषित हो चुकी हैं और उनका जल रोगकारक बन चुका है। हमारे जल संसाधन इस हद तक प्रदूषित हो चुके है कि प्रत्येक वर्ष एक करोड़ व्यक्ति, जिनमें अधिकांशतः बच्चे हैं, गन्दा पानी पीने के कारण मर जाते है। जल संसाधन मंत्रालय के आंकड़ों के अनुसार वर्ष 1947 में जल की प्रति व्यक्ति उपलब्धता 5000 घन मीटर प्रति वर्ष थी जो सन् 2000 तक घटकर 2000 घन मीटर प्रतिवर्ष रह गई तथा वर्ष 2050 तक के लिए अनुमान है कि प्रत्येक व्यक्ति को एक वर्ष में मात्र 1000 घनमीटर जल ही उपलब्ध होगा।

आज बढ़ते प्रदूषण के कारण न तो वायु शुद्ध है, न पीने के लिए शुद्ध पानी तथा न कृषि के लिए उर्वरा भूमि। विष उगलते हुए कारखाने और बढ़ता हुआ शोर हमें चैन से जीने नहीं दे रहा है। इन सभी से भी भयानक है रेडियो ऐक्टिव प्रदूषण जो कि नाभिकीय विस्फोटों अथवा दुर्घटनाओं के कारण होता है तथा वर्तमान पीढ़ी को ही नहीं वरन् आगामी पीढ़ियों को भी प्रभावित करता है।

जानिए – रोजमर्रा की जिन्दगी में इस्तेमाल कर फैंक दी गई चीजें पृथ्वी को कितना कष्ट देती है – एक कागज के टुकड़े को गलने में 2 से 4 सप्ताह का समय लगता है। – सूती कपड़ों को विनष्ट होने में एक से डेढ़ महिने का समय लग जाता है। – जिस पॉलीथीन बैग में आप कूड़ा भरकर फैंकते है उसे उसके विघटन होने में 10 से 20 साल लग जाते हैं। – अगर आप पेन्ट हुए फर्नीचर को फैंकते है, तो यह अगले 13 साल तक गलने वाला नहीं हैं। – टीन से बना कोई भी सामान समाप्त होने में 100 साल का समय लेता है। –एलुमिनियम, यानी जिस कैन से आप कोल्ड ड्रिंक पीकर फैंक देते है या वह फॉइल, जिसमें रोटियां लपेटते हैं, उसे विनष्ट होने में 200 से 500 साल का समय लगता है। – काँच की बोतल को पुनः चक्रित किया जा सकता है। ये बोतलें 10 साल तक खत्म नहीं होती। – कूड़े में ज्यादातर दिखाई देने वाले प्लास्टिक को गलने में न जाने कितने 100 साल लगेंगे। –स्टायरोफॉम से डिस्पोजेबल बर्तन बनाए जाते हैं। यह गलेंगे भी या नहीं, स्वयं वैज्ञानिकों को भी इसका पता नहीं है।

पृथ्वी को बचाने में महत्वपूर्ण जन भागीदारी

(1) कूडे–करकट को जमीन में गाड़ कर कंपोस्ट खाद तैयार करनी चाहिए।

(2) कृषि में रासायनिक उर्वरकों का न्यूनतम उपयोग करना चाहिए तथा जैव उर्वरकों और जैव कीटनाशियों के उपयोग को बढ़ावा दिया जाना चाहिए।

(3) जिन गड्ढों का प्रयोग कूडा–करकट डालने में किया जाए, उनसे भू जल को प्रदूषित होने से बचाने के लिए पॉलिथीन का अस्तर लगाकर कूडा–करकट डालना चाहिए तथा जिन खड्डों में गंदा जल एकत्र होता है उनमें जलकुंभी भी उगाई जा सकती है।

(4) कार्यालयों और स्कूलों में पुनः चक्रित कागज का अधिकाधिक उपयोग करना चाहिए।

(5) कागज को व्यर्थ नहीं फेंकना चाहिए। फोटोकॉपी करते समय कागज का दोनों तरफ से उपयोग करना चाहिए।

(6) जल पीने से पूर्व यह सोच लेना चाहिए कि मैं पूरी भरी हुई गिलास अथवा लोटे भरे जल का पूरा ही सेवन करुँगा। व्यर्थ नहीं फेंकूंगा। क्योंकि लोग शिष्टाचार में आधी गिलास पीकर फेंक देते हैं।

(7) नदियों या झीलों आदि में यात्रा के दौरान कोई भी कचरा पानी में नहीं फेंकना चाहिए। कचरे को किनारे लाकर यथा स्थान डालना चाहिए।

(8) प्लास्टिक या पॉलिथीन के पदार्थों को कभी भी जल स्रोत में नहीं डालना चाहिए।

(9) जल स्रोतों में कभी नहीं थूकना चाहिए और न ही मल–मूत्रादि का त्याग करना चाहिए।

(10) जल स्रोतों में कपड़े और बर्तन आदि नहीं धोने चाहिए और न ही साबुन से स्नान आदि करना चाहिए।

(11) तीर्थस्थानों के समीप जल स्रोतों में बची हुई पूजा सामग्री को नहीं डालना चाहिए।

(12) प्रतिदिन की दिनचर्या में जल के अपव्यय को रोकने हेतु हाथ धोने में लोटे का, स्नान में बाल्टी का, फ्लश करने में हाफटन वाल्व का, वाहन धोने में बाल्टी और मग का प्रयोग करना चाहिए।

(13) कपड़े धुले हुए पानी का घर धोने में अथवा फ्लश में प्रयोग करना चाहिए।

(14) रसोई के कार्यों को योजनाबद्ध तरीके से करना चाहिए जिससे पानी एवं ईंधन की बचत हो।

(15) पौधों में (गमलों) पानी सीधे पाइप द्वारा न देकर बाल्टी तथा मग से डालना चाहिए।

(16) डिशवाशर, वाशिंग मशीन और ड्रायर का उपयोग तभी करें, जब पर्याप्त मात्रा में गंदे बर्तन या धूलने वाले कपड़े एकत्रित हो जाएँ।

(17) कपड़े सूखाने के लिए धूप का उपयोग करना चाहिए यदि आपके घर में धूप नहीं आती है तो ड्रायर का उपयोग करें।

(18) यदि वाशिंग मशीन आपको लेनी है तो फ्रंट–लोडिंग वाशिंग लें। इसमें टॉप लोडिंग की तुलना में 40 प्रतिशत कम पांनी खर्च होता है।

(19) पाइप के जोड़ पर ध्यान देना चाहिए। जोड़ से यदि पानी बूंद–बूंद भी टपकता है तो दिनभर में 36 लीटर जल का अपव्यय हो जाता है।

(20) जलदाय विभाग की पाइप लाईनों को अपने स्वार्थ हेतु कभी नहीं तोड़ना चाहिए क्योंकि इससे न केवल आर्थिक हानि

होती है वरन् हजारों लोगों को जल त्रासदी को झेलना पड़ता है।

(21) घरेलू वस्तुओं के टूटने पर जहां तक संभव हो उन्हें ठीक से जोड़ कर फिर से उपयोग में लाना चाहिए।

(22) तापमान सामान्य होने पर यदि हम गर्मी का अनुभव नहीं कर रहे है तो कूलर तथा वातानुकूलित संयंत्र को नहीं चलाना चाहिए।

(23) लगातार उपयोग में आने वाली वस्तुओं के बड़े तथा किफायती अर्थात् ''इकॉनामी'' पेक खरीदने चाहिए।

(24) घर में कागज के नेपकिन के बदले कपड़े के नेपकिन का उपयोग करें।

(25) लॉन या घर के अन्दर रासायनिक कीटनाशकों के बदले कार्बनिक कीटनाशकों का उपयोग करना चाहिए।

(26) अपने लॉन की लैण्ड स्केपिंग इस प्रकार करें कि सिंचाई के लिए कम से कम पानी की आवश्यकता हो। इसी प्रकार ऐसी घासों, झाड़ियों और फूलों के पौधों को लगाना चाहिए जिनमें पानी की कम से कम आवश्यकता हो।

(27) फ्रिज की कंडेसर क्वायल को वर्ष में कम से कम एक बार साफ करवाये।

(28) फ्रिज को कम ठण्डे वाले सेटिंग पर रखे तथा इसे व्यर्थ न खोले तथा खोलने के समय दरवाजे का कोण 45° से अधिक नहीं रखें।

(29) कमरे से बाहर निकलने के समय बल्ब, ट्यूबलाइट तथा पंखों के स्वीच ऑफ करने की आदत डालनी चाहिए।

(30) प्राकृतिक प्रकाश का अधिकतम उपयोग कीजिये। आवश्यकता नहीं हो तो दिन में विद्युत् प्रकाश का प्रयोग न करें।

(31) विद्युत् की कम खपत हेतु कांपैक्ट फ्लोरैसेंट लैंप (सी॰एफ॰एल॰) का उपयोग करें।

(32) पॉलीथीन की वस्तुओं का बहुत कम प्रयोग करें तथा अधिकाधिक सामान कपड़े की थैलियों आदि में लायें।

(33) मनोरंजन के साधनों यथा रेडियों, टी॰वी॰, टेप रिकार्डर आदि की आवाज धीमी रखें।

(34) अनावश्यक रूप से वाहनों के होर्न नहीं बजाए।

(35) दीपावली आदि त्यौहारों पर तेज आवाज के फटाखे नहीं खरीदें।

(36) ईंधन की बचत के लिए वाहनों के ईंधन फिल्टर को समय–समय पर साफ करवाते रहे। इससे ईंधन की बचत होती है। इसी प्रकार एक मिनट से अधिक रूकना हो तो वाहनों के ईंजन को बंद कर दें तथा फिर चालू करें।

(37) आप अपने मोटर वाहनों की ट्यूनिंग सही रखें। इससे ईंधन की खपत कम होती है।

(38) वाहनों के ट्यूब की हवा की समय–समय पर जांच करवानी चाहिए क्योंकि पर्याप्त हवा रहने पर ट्यूब और टायर की आयु बढ़ती है तथा ईंधन की भी कम खपत होती है।

(39) लोगों में जागरूकता – प्राकृतिक संसाधनों के हो रहे अत्यधिक दोहन तथा बढ़ते प्रदूषण को रोकने हेतु लोगों में जागरूकता होना बहुत जरूरी है। पर्यावरण शिक्षा के माध्यम से तथा श्रव्य–दृश्य माध्यमों के द्वारा यदि जनमानस में चेतना जागृत की जाए तो यह बहुत बड़ा प्रभावी कार्य होगा।

(40) वृक्षारोपण – धरती को बचाने और पर्यावरण संरक्षण में वृक्षारोपण को बढ़ावा देना बहुत ही महत्वपूर्ण कार्य है। यह सरकारी, गैर–सरकारी तथा स्वयंसेवी संस्थाओं द्वारा राष्ट्र और जनहित में करना भविष्य के लिए बहुत आवश्यक है। वृक्ष सभी प्रकार के प्रदूषण को दूर करने में सहायक होते हैं।

अतः आज हमारी पृथ्वी माता को बचाना हम सभी पृथ्वी पुत्रों का नैतिक दायित्व है। यह अच्छी दशा में होगी तो हम भी सुखी रहेंगें।

सागर और महासागर

वस्तुतः सागर, खारे पानी के विशाल भंडार होते हैं। तथा सागर से बड़ी फैली विशाल जल राशि को महासागर कहते है। मानव आदिकाल से ही सागर की ओर आकर्षित होता रहा है। वैज्ञानिकों की मान्यता है कि मनुष्य का सुदूर पूर्वज सागर में निवास करने वाला प्राणी था। विकास के क्रम में वह पहले उभयचर बना और फिर थलचर। उस थलचर से, उत्परिवर्तनों की एक लंबी श्रृंखला के बाद, मानव का विकास हुआ। कदाचित इसीलिए आज भी हमारी शिराओं में खारा पानी विद्यमान है। आज भी मानव शिशु माता के गर्भ में जिस तरल में रहता है उसकी संरचना समुद्री पानी जैसी ही होती है।

मानव की प्रथम आबादियों में से अधिकांश सागर तट पर थीं। आज भी विश्व की जनसंख्या का एक बहुत बड़ा भाग सागर तटों पर ही निवास करता है। जहाँ तक हमारे देश का प्रश्न है, उसकी एक चौथाई से भी अधिक जनसंख्या सागर तट पर ही निवास करती है।

मानव की प्रगति के साथ–साथ उसके जीवन में सागर का महत्व भी बढ़ता गया। आज, जब उसने कल्पनातीत प्रगति कर ली है तो उसे यह आभास होने लगा है कि उसकी अनेक भौतिक समस्याओं, यथा – खाद्य, आवास, कच्चा माल, ऊर्जा की आपूर्ति आदि के हल उसे सागर में ही मिल पाएँगे।

पृथ्वी के कुल जल का 97.5 प्रतिशत महासागर में होता है। महासागरों में कुल जल का परिमाण लगभग 1330 करोड़ घन किलोमीटर है (चित्र – 18)।

चित्र – 18. पृथ्वी की सतह के 71 प्रतिशत हिस्से में फैला महासागर

वस्तुतः महासागरों ने मनुष्य के जीवन एवं इतिहास को सदैव ही प्रभावित किया है। अनादिकाल से ही मानव, महासागरों का कई तरीकों से उपयोग करता आ रहा है। हमारे पौराणिक ग्रंथों के अनुसार देवताओं और दानवों ने समुद्र मंथन (चित्र – 19) किया तथा अमरत्व प्राप्त कराने वाले अमृत का पान किया। आज भी हम महासागरों से अनेक खनिज, भोजन एवं ऊर्जा संसाधन प्राप्त कर रहे हैं।

चित्र – 19. समुद्र मंथन

महासागरों का विस्तृत अध्ययन वैज्ञानिक, आर्थिक, सामाजिक, शैक्षणिक, राजनैतिक एवं अन्यान्य दृष्टि से अति महत्वपूर्ण ही नहीं वरन् समय की मांग के अनुरूप भी है। वर्तमान सदी में महासागर ही हमारे लिए एक शेष स्रोत हैं जिस पर हम पूर्णतया सभी आवश्यकताओं की पूर्ति के लिए निर्भर हो सकते हैं। यद्यपि विशाल और गहरे समुद्रों की जानकारी प्राप्त करना अपने आप में चुनौती भरा कार्य है, तथापि वैज्ञानिकों ने अपने अद्‌भुत सामर्थ्य, शक्ति, साहस और कठिन परिश्रम से इन चुनौतियों पर विजय प्राप्त करने की दिशा में अतुलनीय कार्य किए हैं तथा इस क्षेत्र में प्रगति के चहुंमुखी आयाम स्थापित किए है।

उदधि (समुद्र) की उत्पत्ति

पृथ्वी कितनी विशालकाय है, इसका अनुमान आप इस बात से लगा सकते हैं कि यह आकार में चंद्रमा से लगभग 31 गुना बड़ी है। पृथ्वी की त्रिज्या 6353 कि॰मी॰ है, जो इस बात को सिद्ध करती है कि

वह अत्यन्त विशाल है। यह जानकर आश्चर्य नहीं होना चाहिए कि पृथ्वी में 3.5 बिलियन वर्ष पहले चुंबकत्व स्थापित हुआ था, परिणामस्वरूप इसके इर्द–गिर्द का वातावरण सौर मंडल की तूफानी हवाओं से खिंचकर बाहर नहीं जा पाया। अब प्रश्न है कि इतनी विशाल पृथ्वी कहाँ से आयी तथा उससे भी बड़ा प्रश्न यह है कि पृथ्वी की सतह पर इतने विशाल समुद्र की उत्पत्ति कैसे हुई?

पृथ्वी की उत्पत्ति पर वैज्ञानिकों के विभिन्न मत हैं। कुछ वैज्ञानिकों का मत है कि मूलतत्व (Proto planet) के अभिवृद्धि (Accretion) के समय धूल से भरे कणों ने एकत्रित होकर सौर मंडल में पृथ्वी संरचना में अहम भूमिका निभाई तथा ग्रहों से घिरे एक चट्टान के रुप में अत्यधिक तापमान व वातावरण दाब के बीच एकत्रित होकर पृथ्वी का रुप लिया।

मौजूद तथ्यों एवं जानकारी के आधार पर यह सिद्ध भी हो चुका है कि पहले पृथ्वी एक आग का गोला थी। वह धीरे–धीरे ठंडी हुई इसलिए हम कह सकते हैं कि वह आग का गोला अवश्य सूर्य से टूटा हुए एक छोटा टुकड़ा हो सकता है। अतः कहा जा सकता है कि पृथ्वी सूर्य से टूट कर जब सौर मंडल में आई तथा ऐसे स्थान पर पहुंची जहाँ सूर्य, चन्द्रमा एवं ग्रहों के गुरुत्वाकर्षण बल ने उसे एक निश्चित स्थान प्रदान किया।

हम जानते हैं कि यदि एक गेंद फेंकी जाए तो उसकी दो गति हो सकती हैं। एक तो वह गोल घूम सकती है, दूसरा वह घूमते हुए आगे की तरफ बढ़ सकती है। इसी प्रकार जब पृथ्वी सूर्य से टूट कर अंतरिक्ष में आ गयी, वह गोल घूमते हुए सूर्य के चारों तरफ परिक्रमा करने लगी।

तब पृथ्वी एक आग का गोला होने के कारण निर्जीव थी। हम जानते हैं कि अंतरिक्ष का तापमान शून्य से भी कम है जिसके कारण वातावरण बहुत ही ठंडा है। इतने कम तापमान के कारण यह आग का गोला धीरे–धीरे ठंडा होता गया एवं इसने पृथ्वी का रुप ले लिया।

पृथ्वी पर इतने विशाल समुद्र की उत्पत्ति पर भी वैज्ञानिकों के विभिन्न मत हैं। कुछ वैज्ञानिकों का मत है कि मूलतत्व ग्रहों के अभिवृद्धि के समय धूल से भरे कण एकत्रित होकर अत्यधिक दाब के कारण चट्टानों में परिवर्तित हुए। वाष्प से लदी ये चट्टानें ज्वालामुखी के कारण पिघली। यह वाष्प जो चट्टानों से निकली, वातावरण के कम तापमान के कारण पानी में परिवर्तित होकर पृथ्वी पर बर्फ के रुप में जमा हुई, जो पुनः पृथ्वी के तापमान से प्रभावित होकर पिघली व पानी में परिवर्तित होकर निचले भाग में एकत्रित होकर समुद्र का रुप लिया। इन मतों के अनुसार समुद्र का निर्माण इस प्रकार हुआ।

वैज्ञानिकों के कुछ अन्य मत इस प्रकार हैं कि मूलतत्व ग्रहों के अभिवृद्धि के दौरान पृथ्वी जो गैसीय सिलिका से घिरी थी, धीरे–धीरे सौर मंडल में अधिक दाब व कम तापमान के कारण ठोस चट्टानों के रूप में परिवर्तित हुई। अंततोगत्वा सोलर नेबुला (Solar nabula) के मौलिक घटक, विशेष रूप से हाइड्रोजन (H_2), हीलियम (He) एवं ऑक्सीजन (O_2) इत्यादि गैस, तेज हवाओं एवं कम तापमान ने वायुमंडल में उथल–पुथल उत्पन्न किया। वायुमंडल में इन मौलिक परिवर्तनों के कारण जब पृथ्वी में अभिवृद्धि हुई, वायुमंडल के कम तापमान व पृथ्वी के गुरुत्वाकर्षण के कारण ये गैसें वाष्प के रुप में एकत्रित हुई। अंत में वायुमंडल के कम तापमान से टकराकर यही वाष्प पानी में परिवर्तित हुई।

कई मतों के अनुसार वायुमंडल में गैसीय परिवर्तन के कारण वाष्प कम तापमान से पानी में परिवर्तित हुई जिससे वर्षा शुरु हुई। कई हजारों वर्ष तक लगातार मूसलाधार वर्षा होती रही। इस प्रकार इस वर्षा के पानी ने पृथ्वी की निचली सतह पर एकत्रित होकर विशाल समुद्र का रुप लिया। वर्षा का यह पानी पृथ्वी की सतह को तोड़ते हुए तेज वेग से जिस मार्ग से निचले भाग की तरफ पहुँचा, उस मार्ग ने नदी का रुप धारण किया। यही कारण है कि हर एक नदी ऊँचे स्थान या पहाड़ों से निकल कर समुद्र में समाप्त होती है। इस प्रकार चाहे जो भी प्राकृतिक प्रक्रियाएँ हुई हों, पृथ्वी के अधिकांश भाग (70.9%) पर पानी ही पानी हो गया, जिसे हम महासागर कहते हैं।

पृथ्वी अपनी धुरी पर 24 घंटे में एक चक्कर लगाती है तथा 365 दिन व 6 घंटे में सूर्य के चारों तरफ एक चक्कर लगाती है। पृथ्वी की इतनी तेज गति होने के बावजूद भी गुरुत्वाकर्षण के कारण पानी, पृथ्वी पर ही स्थिर रहता है। अब पृथ्वी की यह तेज गति कभी नहीं रुक सकती, जब तक कि न्यूटन के गति के नियमानुरुप वह किसी बाहरी बल या अन्य वस्तु से टकरा कर अवरोधित न हो।

समुद्र का विभाजन – वैज्ञानिकों ने इतने विशाल समुद्र के अध्ययन हेतु इसकी भौतिक एवं जैविक दशा को आधार मानकर इसका विभाजन किया है। इस आधार पर पिलैजिक (Pelagic) एवं फोटिक (Photic) जोन में समुद्र का विभाजन किया गया है। जहाँ तक सूर्य की किरणें पानी को भेदकर पहुँच सकती है, उसे फोटिक जोन कहते हैं। समुद्री वनस्पतियों (पादप प्लैंक्टन) द्वारा प्रकाश संश्लेषण क्रिया खुले समुद्र में अधिक गहराई (100–700 मीटर) तक देखी गयी हैं। जीव–जन्तु जो फोटिक जोन से मरने के बाद समुद्री तल में पहुँचते हैं, यहाँ के जीव–जन्तुओं का आहार बनते हैं। उस जोन को, जहाँ प्रकाश नहीं पहुँचता है, एफोटिक (Aphotic) जोन कहते हैं। यहाँ पर रहने वाले जीव–जन्तु समुद्र की सतह वाले जीवों से भिन्न होते हैं। गहरे पानी की

मछलियों की प्रजातियाँ, अधिकतम सूर्य के प्रकाश मिलने वाले सतही जल से भिन्न होती हैं।

तापमान के आधार पर भी समुद्र का विभाजन किया गया है, जो निम्न प्रकार है –

1. मेजोपेलाजिक (Mesopelagic) यह समुद्र का ऊपरी भाग है।
2. थर्मोक्लाइन (Thermocline) : यह समुद्र का वह भाग है जहाँ तापमान लगभग 12° सेल्सियस होता है, जो गहरे समुद्र में 700–1000 मी॰ के गहराई का भाग है।
3. बेथीपेलाजिक (Bathypelagic) : समुद्र के इस भाग का तापमान 4° सेल्सियस से 10° सेल्सियस के बीच पाया जाता है। इस क्षेत्र में समुद्र की गहराई 1000 मी॰ से अधिक होती है।

पेलाजिक (Pelagic Zone) को भी दो भाग, जैसे – नेरिटिक जोन (Neritic Zone) व ओसिनिक जोन (Oceanic Zone) में विभाजित किया जाता है। ज्वार व भाटा के आधार पर समुद्र के तटीय क्षेत्र को दो भाग में बांटा गया है। जो भाग ज्वार के समय पानी से ढक जाता है व भाटा के समय खुल जाता है, उसे अंतर ज्वारीय जोन (Intertidal Zone) कहते हैं व जो भाग हमेशा पानी से ढका रहता है, उसे सबटाइडल (Subtidal) कहते हैं। इस तरह समुद्र का विभाजन वैज्ञानिकों ने अपने अध्ययन की सुविधा हेतु कई प्रकार से किया है। पूरे विश्व के समुद्र का उसकी भौगोलिक स्थिति के आधार पर निम्न प्रकार से विभाजन किया गया है –

1. प्रशान्त महासागर (Pacific Ocean)
2. अंध महासागर (Atlantic Ocean)
3. हिन्द महासागर (Indian Ocean)
4. दक्षिण ध्रुवीय महासागर (Southern Ocean/Antarctic Ocean)
5. उत्तर ध्रुवीय महासागर (Arctic Ocean)

पुनः अंध महासागर को उसकी भौगोलिक स्थिति के आधार पर (i) उत्तरी अंध महासागर व (ii) दक्षिणी अंध महासागर में बांटा गया है। इसी प्रकार प्रशान्त महासागर को भी दो भागों में (i) उत्तरी प्रशान्त महासागर व (ii) दक्षिणी प्रशान्त महासागर में विभाजित किया गया है। समुद्र विभाजन को निम्नांकित चित्र – 20 में देखा जा सकता है।

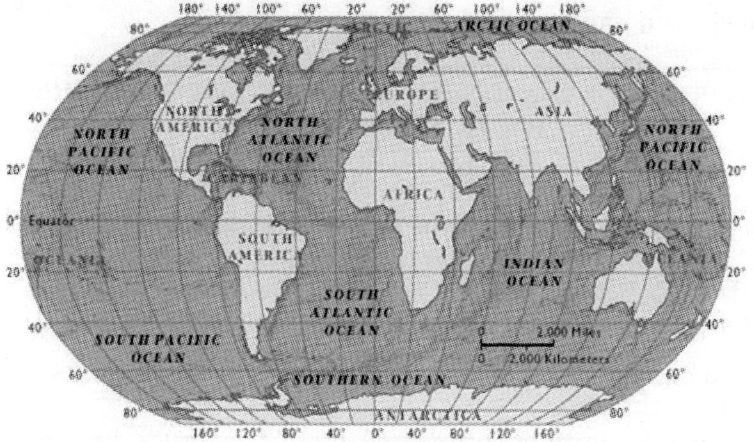

चित्र –20. विभिन्न प्रकार के समुद्र

इस प्रकार विश्व के सम्पूर्ण समुद्र को 7 भागों में विभाजित किया गया, जिसे लोग 7 समुद्र के नाम से जानते हैं। परन्तु जब से भारत अंटार्कटिका अभियान 1981 में शामिल हुआ व 1989–90 में अंटार्कटिका के ऊपर गहन अध्ययन कर वहाँ स्थाई स्टेशन गंगोत्री स्थापित किया, भले ही अंटार्कटिका दक्षिण ध्रुवीय समुद्र का भाग है, अब समुद्र के आठवें भाग अथवा अंटार्कटिका समुद्र (Antarctic Ocean) के नाम से जाना जाता है।

इस प्रकार अब पूरे पृथ्वी के समुद्र को अध्ययन की सुविधा हेतु 8 भागों में विभाजित किया गया है। इसलिए अब लोग सात समुद्र की जगह आठ समुद्र की बात करते हैं।

जब समुद्र का पानी जमीन के ऊपरी भाग की तरफ संकरे जल मार्ग से चढ़ता है, उसे खाड़ी (Creek) के नाम से जाना जाता है। जहाँ नदियाँ समुद्र में मिलती हैं उन्हें ज्वारनदसंगम या इश्चूरी (Estuary) के नाम से जानते हैं। इश्चूरी में नदियों के मीठे पानी का प्रभाव होने से इसके अंदर नमक की मात्रा समुद्र की तुलना में साधारणतया बहुत कम (लगभग 5–25 पीपीटी) हो जाती है।

यदि हम पाँच महासागरों की तुलना एक साथ करें तो देखेंगे कि प्रशान्त महासागर सबसे बड़ा है जिसका क्षेत्रफल 165,250,000 वर्ग कि॰मी॰ है। हिन्द महासागर पृथ्वी के सभी महासागरों में तीसरा स्थान रखता है, जिसका क्षेत्रफल 73,560,000 वर्ग कि॰मी॰ है। इस प्रकार पाँचों महासागरों की स्थिति सारणी – 6 में दर्शायी गई है।

सारणी – 6. समुद्र का विभाजन

महासागर	**क्षेत्रफल (वर्ग कि॰मी॰)**	**औसत गहराई (मी॰)**	**अधिकतम गहराई (मी॰)**
प्रशान्त महासागर	165,250,000	4637 मी॰	मैरियाना खाई 11033 मी॰
अंध महासागर	106,400,000	3926 मी॰	प्यूर्टोरिको खाई 8604 मी॰
हिन्द महासागर	73,560,000	3963 मी॰	जावा खाई 7724 मी॰
दक्षिण ध्रुवीय महासागर	20,330,000	3992 मी॰	दक्षिण सैंडविच 7234 मी॰
उत्तर ध्रुवीय महासागर	14,056,000	1300 मी॰	यूरेशिया बेसिन 5450 मी॰

यदि हम सबसे गहरे समुद्र की बात करें तो प्रशान्त महासागर में मैरियाना खाई (Mariana Trench) है जिसकी गहराई 11033 मीटर है। मैरियाना खाई की लम्बाई 2550 कि॰मी॰ है। मैरियाना खाई जो बोनिन – मैरियाना आर्क (Bonin - Marianan Arc) का भाग है, दो टेक्टोनिक प्लेट (Tectonic plates) की सीमा बनाती है।

यद्यपि हमने पृथ्वी की सतह पर मौजूद खारे पानी के क्षेत्र को अलग–अलग महासागरों में बांटा है। परन्तु ये सभी महासागर मिलकर एक विश्वव्यापी या ग्लोबल अविच्छिन्न खारे पानी का क्षेत्र बनाते हैं इसलिए इसे विश्व महासागर या ग्लोबल महासागर कहते हैं। महासागरों के छोटे हिस्से को सागर (सी), खाड़ी (गल्फ), उपसागर (वे) आदि नामों से जाना जाता हैं। अंतरराष्ट्रीय जलराशिक संगठन (इंटरनेशनल हाइड्रोग्राफिक आरगेनाईजेशन) ने सौ से अधिक जल क्षेत्रों को सागर का दर्जा दिया है।

1. प्रशान्त महासागर (Pacific Ocean)

प्रशान्त महासागर पृथ्वी पर सबसे बड़ा महासागर है। इसका विस्तार उत्तरी ध्रुव से दक्षिणी ध्रुव तक है। प्रशान्त महासागर का क्षेत्रफल 1.6×10^8 वर्ग कि॰मी॰ है जिसने पृथ्वी सतह के 32% भाग को अकेले जलमग्न किया है। प्रशान्त महासागर को चित्र – 21 में दर्शाया गया है।

इस महासागर की गहराई सर्वाधिक है। यदि हम प्रशांत महासागर की औसत गहराई पर विचार करें तो पाएंगे कि इसकी औसत गहराई 4637 मीटर है। इसकी लम्बाई जहाँ 17,700 कि॰मी॰ है, वहीं चौड़ाई भी 14,500 कि॰मी॰ है, जो इस बात का द्योतक है कि प्रशांत महासागर पृथ्वी पर सबसे विशाल महासागर है। मैरियाना खाई जो समुद्र में सबसे गहरी

खाई है, इसी महासागर की देन है। इस महासागर पर 87 बन्दरगाह हैं। इसमें प्रमुख बन्दरगाह सान फ्रांसिस्को, लॉस एंजेलिस, सीटले, टोकियो – योकोहामा, गोंगहाऊ, हांगकाँग, हैफोंग–वियतनाम, विक्टोरिया–कनाडा, सोंगखला–थाईलैंड, कबे–जापान, कौंटान – मलेशिया, कोलिमा–मैक्सिको, कौलँग – चाइना, शंघाई, मनाली – फिलिपाइन्स, सिडनी–आस्ट्रेलिया इत्यादि हैं। इस समुद्र की प्रमुख मछलियों में सेलमन, हेलीबूट, हेरिंग, सारडीन और ट्यूना हैं तथा स्तनधारियों में व्हेल व डॉल्फिन हैं। प्रशान्त महासागर का तट भी बहुत विशाल है जो 1,35,663 कि॰मी॰ लम्बा है। यदि इस विशाल महासागर के आकार को और आसानी से समझना चाहें तो कह सकते हैं कि यह यूनाईटेड स्टेट से 15 गुना अधिक बड़ा है।

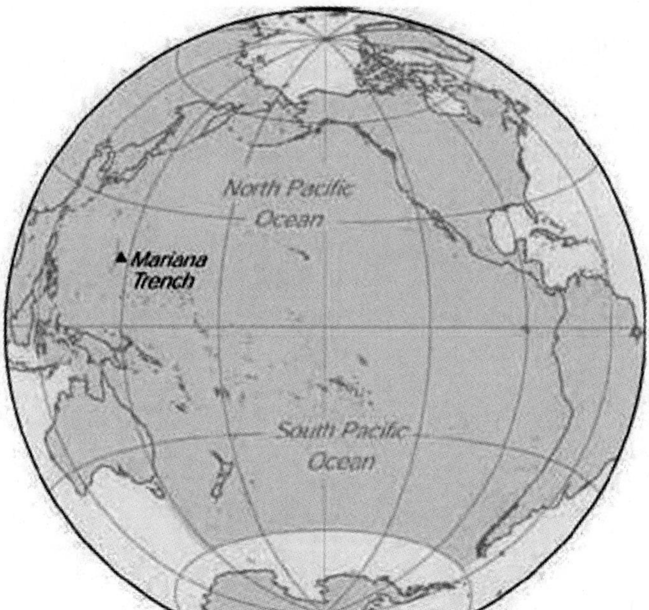

चित्र – 21. उत्तरी व दक्षिणी प्रशान्त महासागर

प्रशान्त महासागर के जलीय वातावरण पर विचार करें तो जहाँ दक्षिणी ध्रुव की तरफ तापमान 0°सें से नीचे गिर जाता है, उसके दूसरी तरफ अथवा भूमध्य रेखा (Equator) की तरफ तापमान 25–30°सें तक पहुँच जाता है। यही कारण है कि यह महासागर जैविक विविधता के लिए अत्यंत महत्वपूर्ण है। इस महासागर में जहाँ ध्रुव (Pole) की तरफ विशालकाय स्तनधारी प्राणी व्हेल (Whale) पाए जाते हैं, वहीं अधिक

तापमान वाले दूसरे भाग में शार्क (Shark) एवं ट्यूना (Tuna) जैसी मछलियाँ की पैदावार अधिक है।

2. अंध महासागर (Atlantic Ocean)

अंध महासागर पृथ्वी पर दूसरा सबसे बड़ा महासागर है। इसका कुल क्षेत्रफल लगभग 1.06 x 10^8 वर्ग कि॰मी॰ है। यह महासागर पृथ्वी सतह को लगभग 20% अकेले जलमग्न किए हुए है। यह महासागर पश्चिम में अमेरिका व पूर्व में अफ्रीका को स्पर्श करते हुए उत्तरी ध्रुव तो दक्षिण में दक्षिण ध्रुवीय महासागर से लगा है। अंध महासागर को चित्र – 22 में दिखाया गया है।

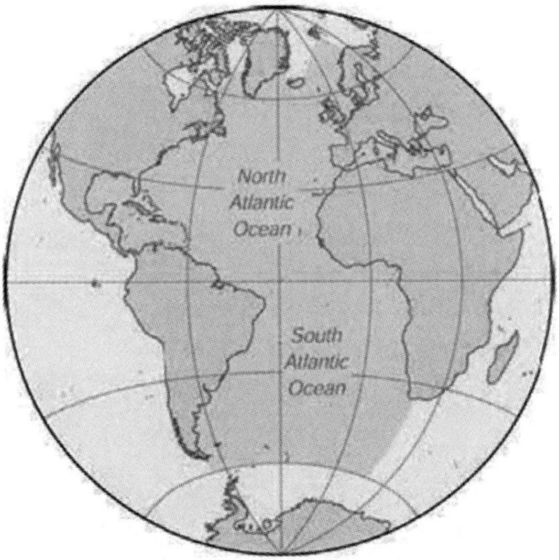

चित्र – 22. उत्तरी व दक्षिणी अंध महासागर

इस महासागर की औसतन गहराई 3926 मीटर है। इस महासागर में अधिकतम गहराई (8604 मीटर) ''मिलवौकी द्वीप'' में प्यूर्टोरिको ट्रेंच की है। अंध महासागर में अटलांटिक रिज (Atlantic Ridge) व वालविस रिज (Walvis Ridge) जैसे पर्वत हैं, जो पूरी तरह पानी में हैं। इस सागर में दूसरी गहरी खाई दक्षिणी सैंडविच ट्रेंच (South Sandwich Trench) के नाम से जानी जाती है जिसकी गहराई 8428 मीटर है। इस सागर में जस्ता, मैंगनीज प्रचुर मात्रा में है। इसमें खारेपन की मात्रा करीबन 33 से 37 पीपीटी आँकी जाती है। इसके पानी में व्हेल, ईल, लॉब्स्टर के अतिरिक्त अनेक प्रकार की मछलियों की भरमार हैं।

प्राकृतिक संपदा हेतु भी यह सागर बहुत धनी है। इसमें गैस व तेल की प्रचुर मात्रा है। इस महासागर में बरमुडा ट्राईगल (Bermuda Triangle), बड़े–बड़े जहाजों के लिए कठिनाई पैदा कर उनकी दुर्घटनाओं के लिए विख्यात है। यहाँ पर मीथेन क्लेथ्रेट (Methane clathrate) या मीथेन हाइड्रेट (Methane hydrate) पाया जाता हैं। कम तापमान होने के कारण कई बार मीथेन बर्फ (Methane ice) भी पाया जाता है। इस सागर के वायुमंडल में तापमान जहाँ शून्य होता है, मीथेन की मात्रा जमा हो जाती है। ये मीथेन गैस न केवल खतरनाक है बल्कि जानलेवा भी है। यह इस सागर में जहाजों की उत्प्लावकता या तैराव (Buoyancy) को कम कर, जहाज डूबने के लिए खतरनाक कारण साबित होती है। इसीलिए बरमुडा ट्राईगल विशेष रूप से जाना जाता है।

3. हिन्द महासागर (Indian Ocean)

यह पृथ्वी पर तीसरा सबसे बड़ा महासागर है जो पृथ्वी सतह का लगभग 20% क्षेत्र जलमग्न किए हुए है। यह महासागर उत्तर की तरफ अरब प्रायद्वीप, दक्षिण की तरफ दक्षिणी समुद्र, पूर्व की तरफ हिन्दचीन (Indo-China) तथा पश्चिम की तरफ पूर्वी अफ्रीका को स्पर्श करता है।

इस महासागर में लाल सागर (Red Sea) एवं फारस की खाड़ी (Persian Gulf) भी शामिल हैं। हिन्द महासागर का कुल क्षेत्रफल लगभग 7.36 x 10^7 वर्ग कि॰मी॰ है। इस महासागर का सबसे गहरा भाग 8047 मीटर डायमेन्टिना खाई (Diamentina Trench) में है। इस महासागर की औसत गहराई 3963 मीटर है। इस महासागर का तापमान सबसे अधिक होने के कारण यह विश्व के सभी महासागरों से गर्म (Warmest) है। जब मौसम परिवर्तन होता है, अरब सागर व बंगाल के उपसागर से गुजरने वाली हवाएँ तेज हो जाती हैं। इस महासागर में प्रमुख नदियाँ जैसे जम्बेजी, सतलज, सिंधु, गंगा, ब्रह्मपुत्र, जुब्बा व ईरावड़ी मिलती हैं। यह महासागर अनेक मछलियों के अतिरिक्त श्रिम्प व ट्यूना के लिए भी विश्वविख्यात हैं। इसलिए इस पर रूस, जापान, कोरिया, ताइवान इत्यादि देश के लोग मछलियों के लिए निर्भर हैं।

बन्दरगाह

इस महासागर के तट पर प्रमुख बन्दरगाहों में सिंगापुर का बन्दरगाह सबसे व्यस्त है। व्यापार में लगा मुंबई बन्दरगाह प्रमुख है। जवाहरलाल नेहरु पोर्ट ट्रस्ट (JNPT) जो मुंबई का दूसरा नया बन्दरगाह है, अपने ट्रैफिक के लिए प्रसिद्ध है। मार्मा – गोवा व नया मैंगलोर लौह बनाने वाले कच्ची धातु (Iron ore) के निर्यात हेतु प्रयोग

किए जाते हैं। कोच्चि बन्दरगाह भी आयात–निर्यात के लिए आसान समझा जाता है। दक्षिण एशिया के दूसरे बन्दरगाहों में श्रीलंका के कोलम्बो, बन्टोटा एवं गाले भी हैं। विशाखापट्टनम, चैन्नई, पारादीप, इन्नोर, तुतीकोरिन, नागापट्टनम (भारत) व पाकिस्तान में कराची इस महासागर से लगे अपने आयात–निर्यात व्यापार में व्यस्त हैं। भारतीय समुद्र में 26 दिसम्बर 2004 में समुद्री भूकंप से उत्पन्न सुनामी (Tsunami) लहरों ने लगभग 2,26,000 लोगों की जान ली तथा लाखों लोग बेघर हो गए। इसलिए कहा जाता है कि इस महासागर की कई कमजोर परतें हैं, जिसमें कभी भी भूकम्प आने की संभावना बनी रहती है।

अरब सागर (Arabian Sea)

अरब सागर हिन्द महासागर का एक ऐसा जलमग्न हिस्सा है जो उत्तर में पाकिस्तान, दक्षिण में उत्तर–पूर्व सोमालिया, पूर्व में भारत और पश्चिम में अरब प्रायद्वीप से सीमित है। इस समुद्र का क्षेत्रफल 38,62,000 वर्ग कि॰मी॰ व अधिकतम गहराई 4562 मी॰ है।

समुद्री जीवों के लिए अरबी समुद्र एक उत्तम प्राकृतिक वास है। समुद्री मछलियाँ जैसे – ईल, रेज, स्केट, शार्क और बाराकुडा यहाँ पर विपुल मात्रा में पाई जाती हैं। कछुओं की कुछं प्रजातियाँ जैसे ग्रीन टर्टिल, हाक्सबिल टर्टिल और ओलिव रीडली टर्टिल अरब समुद्र में पायी जाती है। अरब सागर में पायी जानेवाली समुद्री सापों की दस प्रजातियाँ अत्यन्त जहरीली मानी गयी हैं।

लाल सागर (Red Sea)

भारतीय समुद्र में लाल सागर (Red Sea) का प्रसार अफ्रीका से एशिया तक है। हिन्द महासागर में इस लाल सागर की सतह का क्षेत्रफल लगभग 4,83,000 वर्ग कि॰मी॰ है। अधिकतम गहराई 2211 मीटर है तथा औसतन गहराई करीबन 490 मीटर है।

इस समुद्र में साइनोफाइसी क्लास (Cyanophyceae) की लाल शैवाल जिसे ट्राइकोडेसमियम (Trichodesmium) कहते हैं, अधिक मात्रा में पाई जाती है। यह शैवाल पानी में बहुत ही अधिक मात्रा (Bloom) में हो जाने से पानी का रंग लाल दिखने लगता है, यही कारण है कि इस समुद्र को लाल समुद्र कहते हैं। ट्राइकोडेसमियम शैवाल की दो प्रजातियाँ – ट्राइकोडेसमियम इरिथ्रियम एवं ट्राइकोडेसमियम थीबाटी (*Trichode-*

smium erythraeum and *Trichodesmium thiebautii*) इस समुद्र में पाई जाती हैं।

तापमान (Temperature) : इस समुद्र के पानी की सतह का औसतन तापमान गर्मी में 26° सें उत्तर की तरफ व 30° सें दक्षिण की तरफ पाया गया है। यहाँ सर्दी के मौसम में तापमान गिरता है।

खारापन (Salinity) – खारे पानी की मात्रा इस समुद्र में 35% से 41% के बीच है। इसका उत्तरी भाग दक्षिणी भाग की तुलना में अधिक खारा है।

ज्वार भाटा (Tide) : ज्वारभाटा जो इस समुद्र के उत्तरी भाग में लगभग 6.0 मीटर है, दक्षिणी भाग में 9.0 मीटर तक हो जाता है। यह समुद्र उत्तरी व उत्तर पूर्वी हवाओं से प्रभावित रहता है। इसमें मूँगों की रीफ मिस्र, सऊदी, इजराइल एवं सूडान की तरफ अधिक है।

धारा (Current) : इस समुद्र के पानी की धाराओं की गति, ज्वारभाटा व हवाओं के कारण बहुत विभिन्न हैं जो 15–60 से॰मी॰/सेकेन्ड के बीच मापी गयी है।

खनिज (Minerals) : इस समुद्र की मिट्टी विभिन्न खनिजों जैसे – मैंगनीज, जस्ता, कोबाल्ट इत्यादि से प्रचुर हैं।

जीव जन्तु (Living resources) : इस समुद्र में लाल मूंगों की 200 प्रजातियों के अतिरिक्त समुद्री जीव–जन्तुओं की भी लगभग 1200 प्रजातियाँ प्रेक्षित की गई हैं। इसमें शार्क (Shark) की 44 प्रजातियाँ पाई जाती है। जैविक विविधता हेतु भी यह समुद्र विशेष धनी माना जाता हैं। इस समुद्र में कुछ ऐसी मछलियों की प्रजातियाँ पाई जाती है जो मानव के स्वास्थ्य हेतु खतरनाक हैं।

4. दक्षिण ध्रुवीय महासागर (Southern Ocean)

दक्षिण ध्रुवीय महासागर पृथ्वी के 60° अक्षांश से लेकर अंटार्कटिका (Antarctica) के चारों तरफ का भाग घेरे है जो चित्र – 23 में दर्शाया गया है।

इस महासागर का क्षेत्रफल 20.33 x 10^6 वर्ग कि॰मी॰ (78,48,300 वर्ग मील) है। इस प्रकार यह पृथ्वी पर चौथा सबसे बड़ा महासागर है। इस महासागर का सबसे गहरा भाग सैंडविच ट्रेंच (Sandwich Trench) है जिसकी गहराई 7,234 मीटर मापी गई है। हमें ज्ञात है कि दक्षिण ध्रुवीय महासागर की औसतन गहराई 5000 मीटर है।

तट : दक्षिणी सागर के तट की लम्बाई 17,968 कि॰मी॰ है। इस महासागर की अधिकतम गहराई 5000 मीटर व कम से कम बर्फ के

किनारे की गहराई 400 मीटर है। परन्तु दक्षिणी भाग में इसकी गहराई 7235 मीटर तक मापी गई है।

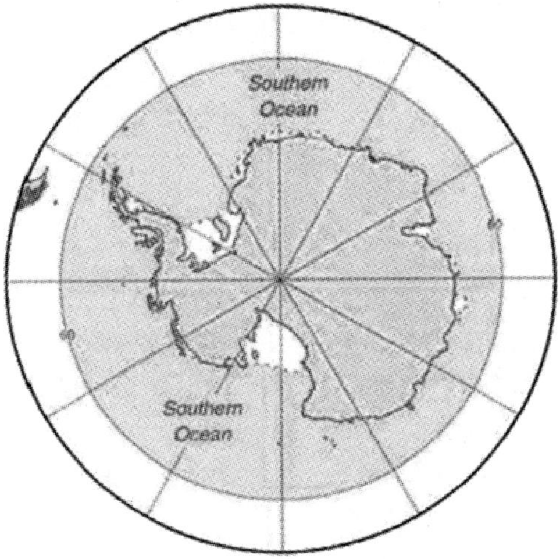

चित्र – 23. दक्षिण ध्रुवीय महासागर

मौसम : दक्षिण ध्रुवीय महासागर में अंटार्कटिक का बर्फ होने से इसका तापमान शून्य से नीचे गिर जाता है। यही कारण है कि अंटार्कटिक का भाग बर्फ से ढका है जिसे बर्फीले प्रदेश के नाम से जाना जाता है। यहाँ समुद्री जल भी बर्फ में बदल जाता है। इस तरह, दक्षिणी ध्रुवीय समुद्र जल का तापमान –2°C के नीचे तक गिर जाता है। परन्तु इस महासागर का दूसरा भाग जहाँ समुद्री जल बर्फ की तुलना में गर्म होता है, वहाँ तापमान 2°C से 10°C तक होता है। इस तापमान भिन्नता के कारण ही समुद्री जैविक विविधता भी अत्यधिक भिन्न होती है। इस महासागर में अंटार्कटिक का विशेष महत्व है, जहाँ तापमान बहुत गिर जाता है।

5. अंटार्कटिका (Antarctica)

अंटार्कटिका दक्षिणी समुद्र का एक भाग है। इस समुद्र की भौगोलिक स्थिति, तापमान, खारेपन की मात्रा, वातावरण व जैविक विशेषता को ध्यान में रखते हुए अंटार्कटिका को अब एक अलग सागर के रूप में माना गया है। इस सागर विषयक जानकारी निम्नलिखित है :

प्रशांत महासागर, अंध महासागर तथा हिन्द महासागर के दक्षिणी हिस्से का पानी अंटार्कटिका महाद्वीप तक, सागर की तरंगों के कारण

पहुँचता है। अंटार्कटिका, जिसमें वेडेल सागर (Weddel Sea) तथा रोस सागर (Ross Sea) सम्मिलित हैं, 50° से 60° अक्षांश (Latitude) से शुरु होता है। अंटार्कटिका के पानी की लहरें व उसकी तरंगें दूसरे सागर की अपेक्षा कम होती हैं। जल प्रवाह जिसे अंटार्कटिका सरकम पोलार करंट (Antarctic Circum Polar Current) कहते हैं, इस महाद्वीप के चारों तरफ पूर्व से पश्चिम की ओर घूमती हैं। अंटार्कटिका (Antarctica) में जहाँ दिन होता है तो सूर्य पाँच महीने नहीं डूबता। इसी प्रकार रात भी पाँच महीने की होती है। यहाँ पर सुबह एवं शाम बड़े आश्चर्यजनक हैं जो एक–एक महीने तक चलते हैं।

अंटार्कटिक पर अध्ययन हेतु वैज्ञानिकों की उत्सुकता बढ़ती जा रही थी। इसी उद्देश्य से रूस के वैज्ञानिकों ने 78°27'51.92" S अक्षांश (Latitude) एवं 106°50'14.38" E देशान्तर पर एक रिसर्च स्टेशन की स्थापना की जिसका नाम ''वोस्टोक स्टेशन (Vostok Station)'' रखा गया। यहाँ पर न्यूनतम तापमान –89.2°C तथा अधिकतम तापमान –12.2°C मापा गया। यहाँ का औसतन तापमान गर्मियों के समय –30°C व सर्दियों के समय –65°C पाया गया। यहाँ पर हवा का अधिक से अधिक वेग लगभग 97 कि॰मी॰/घंटा तथा कम से कम 8 कि॰मी॰/घंटा मापा गया।

भारतीय वैज्ञानिकों ने 1981 में पहला अंटार्कटिक अभियान पूरा किया जिसके तहत ''दक्षिण गंगोत्री'' नामक स्टेशन की स्थापना की गयी। पूरी तरह बर्फ से ढके हुए इस स्टेशन पर कुछ समय तक अध्ययन चला। परंतु यह स्टेशन बर्फ में डूब जाने के कारण बंद करना पड़ा। भारतीय वैज्ञानिकों की अंटार्कटिका पर अध्ययन करने की जिज्ञासा बढ़ती रही। परिणामस्वरूप भारतीय वैज्ञानिकों का अंटार्कटिक अभियान का दल फिर इस स्थान पर गया और 1989 में ''मैत्री'' स्टेशन 70°45'34" अक्षांश (Latitude) एवं 11°43'33" E देशान्तर पर स्थापित किया गया जो आज तक सफलतापूर्वक अध्ययन में प्रयोग किया जा रहा है। यहाँ पर न्यूनतम तापमान –70°सें॰ सर्दी के मौसम में व अधिकतम –13°सें॰ गर्मी में देखा गया। यहाँ पर वार्षिक औसत तापमान –50° सेल्सियस मापा गया।

अंटार्कटिक अभियान में भारत के साथ अमेरिका, रूस, स्वीडन व जापान के वैज्ञानिक भी शामिल थे। मैत्री स्टेशन को मौसम का अध्ययन करने की सुविधाएँ व वैज्ञानिकों के लिए आधुनिक मशीनों (Equipment) से लैस किया गया। अब प्रतिवर्ष भारतीय वैज्ञानिक वहाँ जाकर अध्ययन जारी रखते हैं।

तापमान : अंटार्कटिक सागर का तापमान –89.2°सें॰ से –12.2°सें॰ के बीच साधारण रुप से देखा गया है। शून्य से नीचे तापमान होने के कारण समुद्र जल, बर्फ (Ice) के रुप में जम जाता है। यही कारण है कि इसे बर्फीला प्रदेश (Icy continent) कहा जाता है। इस महाद्वीप में नवंबर से फरवरी तक तापमान कुछ अधिक होने से बर्फ पिघलता है परन्तु जून, जुलाई व अगस्त के महीनों में तापमान नीचे गिरने के कारण बर्फ तेजी से जमता जाता है। अंटार्कटिका का क्षेत्रफल 14 मिलियन वर्ग कि॰मी॰ है। इसके विशाल क्षेत्रफल का अंदाजा हम तब लगा सकते हैं जब हम समझे कि इसका क्षेत्रफल 140 लाख वर्ग कि॰मी॰ से भी अधिक है, जो अमेरिका के क्षेत्रफल के दुगुने से भी अधिक है। यद्यपि अंटार्कटिका का बर्फ पूरे वर्ष रहता है। केवल गर्मी में बर्फ का क्षेत्रफल कम अवश्य होता है। इस प्रकार 2.6 मिलियन वर्ग कि॰मी॰ क्षेत्रफल का बर्फ गर्मी में पिघल जाता है। यह बर्फ का पिघलना एक गंभीर समस्या का विषय है। अंटार्कटिका से सटे जल का तापमान 0°सें॰ से अधिक होने के कारण बर्फ पिघल जाते हैं।

हिमखंड (Ice berg) : अंटार्कटिका के समुद्र में बर्फ की बड़ी–बड़ी चट्टानें (Ice bergs) देखी गई हैं। इन बर्फीली चट्टानों का अधिकांश भाग पानी में डूबा रहता है। इस तरह इन बर्फ की चट्टानों की पानी के ऊपर की ऊँचाई साधारणतया 1 से 75 मीटर होती हैं। जिनका वजन लगभग 10,000 से 2,00,000 टन तक आँका गया है।

सबसे बड़ा हिमखंड, अंध महासागर के दक्षिणी भाग अथवा अंटार्कटिका की तरफ है, जो 168 मीटर लम्बा देखा गया है। हिमखंड को चित्र – 24 में दर्शाया गया है।

चित्र – 24. हिमखंड

चित्र – 24 इस बात का द्योतक है कि हिमखंड का जो भाग पानी पर तैरता है, उससे अधिक भाग पानी में डूबा होता है।

जनसंख्या : अंटार्कटिका में जनसंख्या शून्य है। वहाँ पर कोई मानव नहीं बसे हैं।

हवा : अंटार्कटिका की हवाएँ बहुत ही आश्चर्यजनक हैं। प्रत्यक्षदर्शी वैज्ञानिकों के अनुसार कभी हवा बिल्कुल नहीं रहती अथवा गति शून्य होती है, तो कभी अचानक हवाएँ तेज हो जाती हैं। मैत्री स्टेशन पर तूफानी हवाएँ 100 कि॰मी॰ प्रति घंटा से अधिक भी पहुँच जाती हैं। इस महाद्वीप मे बर्फ बार–बार गिरती रहती है। कभी–कभी इतनी बर्फबारी होती हैं कि देखने में कठिनाई होती है व दृश्यता शून्य हो जाती है।

खनिज : अंटार्कटिका में लोहा (Fe), क्रोमियम (Cr), कॉपर (Cu), गोल्ड (Au), निकेल (Ni), प्लेटिनम (Pt) तथा कोयला एवं नैसर्गिक गैस प्रचुर मात्रा में पाए जाते हैं, जो अंटार्कटिक संधि (Antarctic - Treaty) के अनुसार खनन नहीं किए जाते हैं।

जीव जन्तु : यहाँ के समुद्र में क्रिल, मछलियाँ तथा केकड़े इत्यादि अधिकाधिक मात्रा में हैं। पेंग्विन (चित्र – 25), सील तथा व्हेल अपना जीवन यहाँ आसानी से बिताते देखे गए हैं।

चित्र – 25. पेंग्विन

जैविक विविधता

दक्षिणी महासागर में जैविक विविधता का विवरण निम्नवत् सारणी –7 में दर्शाया गया है।

सारणी –7. दक्षिणी महासागर के प्रमुख समुद्री जीव

स्क्विड (Squid) सिफैलोपोड्स	10 प्रजातियाँ
व्हेल (Whale) – विश्व का सबसे बड़ा स्तनधारी प्राणी	11 प्रजातियाँ
सील (Seal) / जलव्याघ्र (Sea Lion)	6 प्रजातियाँ
क्रिल (Krills)	युफेसिया सुपर्बा
मछलियाँ (Fish)	240 प्रजातियाँ केवल अंटार्कटिका समुद्र में
पेंग्विन (Penguin)	17 प्रजातियाँ

हिन्द महासागर की विलक्षणता

अंध और प्रशांत महासागरों के विपरीत हिंद महासागर उत्तर में थल से घिरा हुआ है और उत्तरी गोलार्ध की ठंडी जलवायुवाले क्षेत्र तक फैला हुआ नहीं है, परंतु दक्षिण की ओर अंटार्कटिक महासागर और अंटार्कटिक महाद्वीप से जुड़ा हुआ है।

दूसरे शब्दों में, अंध और प्रशांत महासागर 'खुले' महासागर हैं, जबकि हिंद महासागर एक 'बंद' महासागर। इस प्रकार की भौगोलिक स्थिति उसकी संरचना और परिसंचरण में असममिति उत्पन्न कर देती है। यह तथ्य अरब सागर और बंगाल की खाड़ी के अत्यन्त निम्न ऑक्सीजनवाले जल की विशाल परतों से स्पष्ट रूप से प्रमाणित होता है। एशिया स्थल–खंड भी हिंद महासागर की जलवायु को, मानसून पवनों की दिशा में ऋतुओं के अनुसार परिवर्तन करके, प्रभावित करता है। मानसून के दिशा–परिवर्तन से हिंद महासागर के उत्तरी भाग में परिसंचरण चक्र भी प्रतिलोमित हो जाता है। ऋतु परिवर्तन के साथ बदलाववाले परिसंचरण चक्र से विभिन्न उत्स्रवण क्षेत्र भी संबद्ध हैं। ये उत्स्रवण क्षेत्र एक ऋतु विशेष – मानसून ऋतु – में सक्रिय हो उठते हैं। मानसून ऋतु के साथ हिंद महासागर के उत्स्रवण क्षेत्रों के सक्रिय हो उठने की परिघटना एक अनूठी परिघटना है। विश्व के अन्य उत्स्रवण क्षेत्र किसी ऋतु विशेष के तुल्यकालिक नहीं हैं। हिन्द महासागर और उसके तट पर बसे देशों को चित्र – 26 में दर्शाया गया है।

इस क्षेत्र की भौगोलिक और जलवायु परिस्थितियों से एक अन्य परिघटना भी संबंधित है। यह है : अरब सागर, लाल सागर और ईरान की खाड़ी में उच्च लवणतावाले जल का निर्माण। इन परिस्थितियों के फलस्वरूप लाल सागर और ईरान की खाड़ी के जल की लवणता और भी बढ़ जाती है। अरब सागर में उच्च लवणतावाले जल की परत काफी

गहराई पर स्थित है। यह परत हिंद महासागर के दक्षिणी भाग (दक्षिणी गोलार्ध) से आनेवाले जल को उत्तरी भाग में पहुँचने से भली–भाँति रोककर मध्यम गहराईयों पर होनेवाले परिसंचरण को अत्यधिक प्रभावित करती हैं।

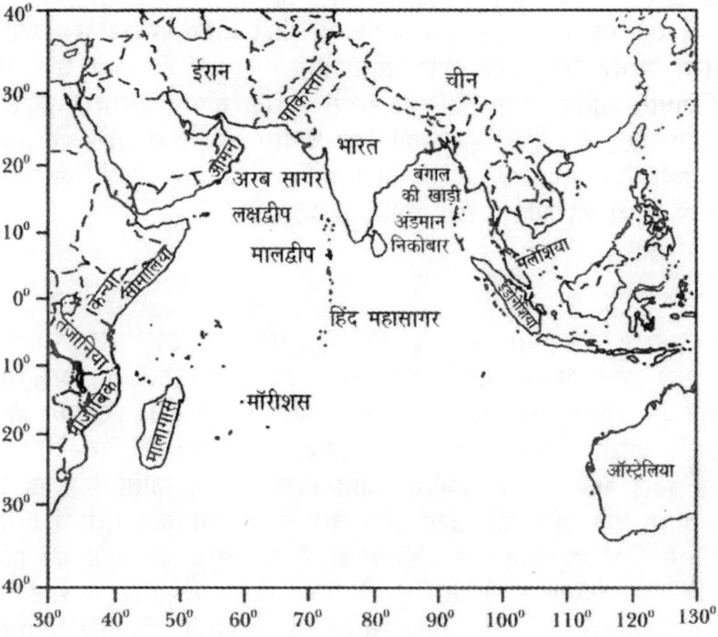

चित्र – 26. हिंद महासागर और उसके तट पर बसे देश

अन्य दो महासागरों, जिनमें न्यूनतम ऑक्सीजन सांद्रतावाली परतें, भूमध्य रेखा के दोनों ओर तथा उनके पूर्वी भागों में पाई जाती हैं, के विपरीत हिंद महासागर में ऐसी परतें एकदम अलग स्थलों पर – उत्तरी भागों में – स्थित हैं। हिंद महासागर में ये परतें अरब सागर और बंगाल की खाड़ी में स्थित हैं।

हिंद महासागर में उत्तर–दक्षिण परिसंचरण ज्वारनदमुख (एस्चुरी) में होनेवाले परिसंचरण के समान है। इसमें भारी जल तली में स्थित होता है तथा खाड़ी के एकदम छोर तक फैल जाता है, परंतु हलका जल ऊपरी परत के रूप में मुख तक ही सीमित रहता है। यद्यपि हिंद महासागर का एक अंश ही उत्तरी गोलार्ध में स्थित है, परन्तु उसका उत्तर–दक्षिण परिसंचरण लाल सागर और ईरान की खाड़ी से आने वाले जल से आरभ होता है। ये दोनों अपेक्षाकृत छोटे सागर हैं, परन्तु इनके गहराई तक पहुँचने वाले संबंध बहुत प्रभावी हैं। ईरान की खाड़ी और लाल सागर से

होने वाले बाह्य प्रवाहों पर कॉरिओलिस बल के प्रभाव पड़ते हैं, जिसके फलस्वरूप वे अरब सागर में आ जाते हैं।

यदि संपूर्ण हिंद महासागर पर विचार किया जाए तो वह ऋणात्मक जल संतुलनवाला महासागर है। उसे प्रतिवर्ष नदियों से 6,000 घन कि॰मी॰ और वर्षा के रूप में 88,000 घन कि॰मी॰ जल प्राप्त होता है। उसमें से वर्ष भर में 1,03,000 घन कि॰मी॰ जल वाष्प बनकर उड़ जाता है। अरब सागर ऋणात्मक जल संतुलनवाला सागर है, जहाँ वर्षा की अपेक्षा वाष्पन अधिक होता है। वहाँ सबसे अधिक वाष्पन अरेबिया के तट के निकट होता है। दक्षिण–पूर्व की ओर वाष्पन की मात्रा धीरे–धीरे कम होती जाती है। भारत के दक्षिण–पश्चिमी तट के साथ वर्षा की मात्रा वाष्पन से थोड़ी सी अधिक (20 सें॰मी॰ अधिक) है।

मानसून

ग्रीष्म ऋतु में (मार्च से जून तक) सूर्य की गति उत्तरायण होती है। इससे थल और सागर, दोनों तेजी से गरम होने लगते हैं। थल की ऊष्माधारिता सागर की तुलना में कम होती है, इसलिए उसका ताप सागर की अपेक्षा अधिक हो जाता है। इससे अरब सागर के इर्द–गिर्द के क्षेत्र में प्रबल थल–सागर ऊष्मीय प्रवाह विकसित हो जाता है। मई के अंतिम भाग तक थल का उच्च ताप वायु दाब कम कर देता है। वह निम्न दाब हिंद महासागर से बड़ी मात्रा में नम वायु को थल की ओर बहने के लिए प्रेरित करता है। इससे पवन हिंद महासागर में थल की ओर बहने लगती है। यह पवन भारत के पश्चिमी तट पर लगभग अचानक ही आ जाती है। पवनों का यह प्रवाह, जो मौसम में परिवर्तन कर भारी वर्षा लाता है, दक्षिण–पश्चिम मानसून कहलाता है।

रासायनिक

हिंद महासागर की समृद्धि काफी हद तक मानसून के वार्षिक चक्र द्वारा नियंत्रित है। इसकी सतही परत, विशेष रूप से तटीय इलाकों के साथ ही सतही परत, को नदियों के जल और थल से बह आनेवाले जल से पोषक पदार्थ प्राप्त होते हैं। इसके विपरीत गहरी परतों से पोषक पदार्थ एक ऐसे प्रक्रम से प्राप्त होते हैं, जिसे 'उत्स्रवण' कहते हैं। उत्स्रवण में गहरी परतों से पोषक पदार्थों से भरपूर, परंतु ऑक्सीजन में न्यून, जल सतह पर आ जाता है। यह प्रक्रम हिंद महासागर के गहरे भागों में होता है और तटीय क्षेत्रों में भी।

अरब सागर में सऊदी अरब से लेकर सोमाली तट तक तथा बंगाल की खाड़ी में बांग्लादेश, म्यामांर और इंडोनेशिया के तटीय जलों में

अकार्बनिक फॉस्फेट–फॉस्फोरस (PO_4 – P) और नाइट्रेट–नाइट्रोजन (NO_3 – N) की उच्च सांद्रताएँ पाई जाती है, परंतु मध्य हिंद महासागर के जल में इनकी सांद्रता निम्न है। अरब सागर और बंगाल की खाड़ी के ऊपरी, 125 मी. मोटी, जल की परतों में नाइट्रेट–नाइट्रोजन और फॉस्फेट–फॉस्फोरस के बीच अनुपात (N:P) 6:1 बताया जाता है, जबकि इस अनुपात का सामान्य मान 16 : 1 है। इस अनुपात के इतने निम्न मान होने के कारण गहरी परतों से फॉस्फोरस के अभिवाही परिवहन से संबद्ध विनाइट्रीकरण द्वारा नाइट्रोजन की कमी को माना जाता है।

हिंद महासागर का सिलीकेट मान अंध और प्रशांत, दोनों महासागरों से अधिक है। हिंद महासागर की सतही परतों में यह मान 0 से 3 म्यू ग्राम प्रति लीटर है, जबकि गहरे भागों के जल के लिए यह मान लगभग 20 म्यू ग्राम प्रति लीटर है। ये मान कोई अनियमितता नहीं दरशाते और गहराई के साथ बढ़ते हुए पाए जाते हैं।

जैविक

हिंद महासागर में प्रदीप्त क्षेत्र अर्थात् वह क्षेत्र, जिसमें सौर प्रकाश प्रवेश कर सकता है, 40 मी॰ से लेकर 140 मी॰ तक गहरा है। प्रदीप्त परत 'सुप्रकाशित क्षेत्र' अथवा 'क्षतिपूर्ति गहराई' (कंपेनसेशन डेप्थ) भी कहलाती है। क्षतिपूर्ति गहराई वह गहराई है जहाँ प्रदीप्ति सतह की 1 प्रतिशत होती है। तटीय जल से लेकर अपतटीय क्षेत्र तक इसकी गहराई बढ़ती जाती है। सभी उत्पादक क्षेत्रों में जल की पारदर्शिता निम्न होती है। ऐसे क्षेत्र उत्तरी अरब सागर में, भारत के पश्चिमी तट और अफ्रीकी तट पर, स्थित हैं। वहाँ सुप्रकाशित क्षेत्र 40 से 60 मी॰ गहराई तक पाया गया है। बंगाल की खाड़ी के उत्तरी भाग में और भारत के पूर्वी तट के साथ जल की पारदर्शिता कम है। वहाँ सौर प्रकाश 60 मी॰ गहराई तक ही प्रवेश कर पाता है। इसका कारण नदियों द्वारा लाए जानेवाले जल में घुले खनिजों की भारी मात्रा होती है। हिंद महासागर के दक्षिणी भाग में पारदर्शिता बेहतर है। वहाँ सुप्रकाशित क्षेत्र 80 मी॰ से 140 मी॰ की गहराई तक फैला हुआ है।

भूवैज्ञानिक

हिंद महासागर में चुंबकीय क्षेत्र के मापन यह दरशाते हैं कि उसकी तली लगभग 2 सें.मी. प्रतिवर्ष की दर से फैल रही है। इससे यह निष्कर्ष निकाला जा सकता है कि हिंद महासागर की

आयु लगभग 10,00,00,000 वर्ष है। उसकी अत्यधिक महत्वपूर्ण संरचनाओं में से एक है उसकी भूकंपीय रूप से सक्रिय, ऊबड़–खाबड़ और उलटे वाई आकार की मध्य महासागरीय पर्वत–शृंखला। इस पर्वत–शृंखला को अनेक विभंग क्षेत्र उत्तर–पूर्व दिशा में काटते हैं। हिंद महासागर की अन्य विलक्षणताएँ है – भूकंपीय 4,800 कि. मी. लंबी 90° पूर्वी रिज पर्वत–शृंखला और चागोस–लक्षद्वीप पठार। पर्वत– शृंखलाओं के बीच में स्थित है अनेक गहरी घाटियाँ।

हिंद महासागर के अनेक क्षेत्रों में अवसादी शंकु और वितलीय मैदान हैं। इनमें जमावटों की मोटाई 1.5 से 2.5 कि॰मी॰ से भी अधिक है। गंगा शंकु के अनेक भागों में खनिज जमावटों की मोटाई 12 कि॰मी॰ से अधिक पाई गई हैं। इस महासागर में कैल्सियमयुक्त खनिज जमावटों की मात्रा सबसे अधिक है। ये जमावटें मध्य हिंद महासागरीय पर्वत – शृंखला पर भी स्थित हैं।

इस महासागर की अन्य अवसादी जमावटें हैं : (क) प्रमुख नदी–बेसिनों के आस–पास की स्थलजात क्ले; (ख) भूमध्यरैखिक तथा दक्षिणी गोलार्ध की सिलिकामय क्ले और निपंक जमावटें, जिनकी जैव–उत्पादकता काफी उच्च है; (ग) उत्पादकता पट्टी से बाहर गहरे भागों की कत्थई और लाल क्ले की जमावटें; तथा (घ) ऐसे क्षेत्रों की स्थलजात जमावटें, जिनका क्षेत्रफल कम है, परंतु इन जमावटों का आयतन हिंद महासागर की कुल जमावटों का 70 प्रतिशत है।

समुद्र और मौसम

धरती का मौसम निर्धारित करने वाले कारकों में महासागर प्रमुख हैं। समुद्री जल की लवणता और विशिष्ट ऊष्माधारिता का गुण पृथ्वी के मौसम को प्रभावित करता है। यह तो हम जानते ही हैं कि पृथ्वी की समस्त ऊष्मा में जल की ऊष्मा का विशेष महत्व है। जितनी ऊष्मा एक ग्राम जल के तापमान में एक डिग्री सेल्सियस की वृद्धि करेगी, उससे एक ग्राम लोहे का तापमान दस डिग्री बढ़ाया जा सकता है। अधिक विशिष्ट ऊष्मा के कारण समुद्री जल दिन में सूर्य की ऊर्जा का बहुत बड़ा भाग अपने में समा लेता है। इस प्रकार अधिक विशिष्ट ऊष्मा के कारण समुद्र ऊष्मा का भण्डारक बन जाता है जिसके कारण विश्व भर में मौसम संतुलित बना रहता है या यूं कहें कि जीवन के लिए औसत तापमान बना रहता है। मौसम के संतुलन में समुद्री जल की लवणता जीवन के लिए एक वरदान है। पृथ्वी पर जलवायु के बदलने की घटना

और समुद्री जल का खारापन आपस में अन्तःसंबंधित हैं। यह तो हम जानते ही हैं कि ठंडा जल, गरम जल की तुलना में अधिक घनत्व वाला होता है। समुद्र में किसी स्थान पर सूर्य के ताप के कारण जल के वाष्पित होने से उस क्षेत्र के जल के तापमान में परिवर्तन होने के साथ वहाँ के समुद्री जल की लवणता और आसपास के क्षेत्र की लवणता में अंतर उत्पन्न हो जाता है जिसके कारण गरम जल की धाराएँ इस कारण उत्पन्न होती है कि समुद्र का जल खारा है। क्योंकि यदि सारे समुद्रों का जल मीठा होता तो लवणता का क्रम कभी न बनता और जल को एक स्थान से दूसरे स्थान पर ले जाने वाली धाराएँ सक्रिय न होती। परिणामस्वरूप ठंडे प्रदेश बहुत ठंडे रहते और गरम प्रदेश बहुत गरम। तब पृथ्वी पर जीवन के इतने रंग न बिखरे होते क्योंकि पृथ्वी की असीम जैवविविधता का एक प्रमुख कारण यह है कि यहाँ अनेक प्रकार की जलवायु मौजूद है और जलवायु के निर्धारण में महासागरों का महत्वपूर्ण योगदान नकारा नहीं जा सकता है।

लहरों का संसार

विश्व के महासागरों में लगभग 33 करोड़ घन मील पानी समाहित है। हम जानते ही हैं कि पानी की बूँद–बूँद से जीवन पोषित होता है। महासागरों का नाम आते ही हमारे दिमाग में पानी की बड़ी–बड़ी लहरों का दृश्य आता है। समुद्र की ऊपरी परत सूर्य की गरमी से गरम होती रहती है और हवाओं द्वारा उसका मंथन होता रहता है जिसके परिणामस्वरूप किनारों पर लहरों का जन्म होता है (चित्र – 27)।

चित्र – 27. लहरों का असीम संसार

वस्तुतः पानी की लहरें महासागरों की गतिशीलता को अभिव्यक्त करती हैं। महासागरों में लहरें उनकी सतह पर चलने वाली हवाओं के कारण बनती हैं। लेकिन लहरों के माध्यम से जल एक स्थान से दूसरे स्थान तक नहीं जाता जैसा कि धाराओं के माध्यम से होता है। लहर तो जल की ऊपर–नीचे होने वाली गति मात्र है। हवा की गति सामान्य होने पर लहरों की ऊँचाई 2 से 5 मीटर तक होती है लेकिन वायु का

वेग अधिक होने पर 10 से 12 मीटर तक ऊँची उठती हैं। लहरें वायुमंडल और महासागर के आपसी समन्वय का परिणाम होती हैं। महासागरों में जीवन की विविधता में महासागरीय धाराओं का योगदान अहम् है। जल के ऊपर या नीचे उठने के कारण विभिन्न पोषक तत्व एक स्थान से दूसरे स्थान तक वितरित होते रहते हैं जिसके परिणामस्वरूप समुद्र में जीवन चलता रहता है।

समुद्र की ऊपरी परत जीवन के लिए सबसे उत्पादक क्षेत्र हैं। इसी क्षेत्र में सूर्य की रोशनी के सहयोग से पानी के खनिजों से पादप प्लवकों द्वारा कार्बनिक पदार्थों का निर्माण होता है जो खाद्य श्रृंखला की पहली कड़ी होते हैं। मोटे तौर पर महासागरों का जल दो परतों में बाँटा जा सकता है। महासागर की ऊपरी परत का आयतन समस्त महासागरीय जल का लगभग दो प्रतिशत होता है। सूर्य के ताप और हवाओं के प्रभाव वाली यह परत विभिन्न महासागरीय गतिविधियों में महत्वपूर्ण भूमिका रखती है। ऊपरी परत से पानी भाप बन कर पूरी पृथ्वी पर मीठे पानी के रूप में बरसता है। ये पानी थल पर जीवन का पोषण करते हुए नदियों–नालों के रूप में पुनः महासागरों में आ मिलता है और अपने साथ लाता है कई प्रकार के खनिज व लवण। महासागरों की लवणता लाखों वर्षों की इसी प्रक्रिया का ही परिणाम है। वैसे समुद्री ज्वालामुखी जैसी गतिविधियाँ भी समुद्री लवणता में अपना योगदान देती हैं। अतः समुद्र में आपस में अन्तः संबंधित कई प्रक्रियाओं के परिणामस्वरूप नमक व अन्य खनिजों का सन्तुलन बना रहता है और जिससे समुद्र में जीवन निरन्तर चलता रहता है। इस परत की तुलना में निचली परत जो अधिकतर महासागरीय जल को रखती है, उसमें प्रायः तापमान नियत बना रहता है। निचली परत का तापमान –1 (शून्य से एक डिग्री नीचे) से लेकर 5 डिग्री सेल्सियस के आसपास होता है। एक अनुमान के अनुसार निचली परत के पानी के एक परमाणु को ऊपरी परत तक पहुँचाने के लिए लगभग 1000 वर्ष का इंतजार करना पड़ता है। इस पानी का उद्‌गम ध्रुवीय प्रदेशों में उपस्थित ऊपरी परत का पानी है जो कम तापमान के कारण अधिक घनत्व का होता है। इस पानी की लवणता भी स्थिर होती है। समुद्र के ऊपरी व निचली परत के बीचों–बीच एक और क्षेत्र होता है जो ऊपरी और निचले क्षेत्र के पानी के लिए एक अवरोधक का कार्य कर उन्हें आपस में मिलने से रोकता है। इस मध्य क्षेत्र में तापमान गहराई की ओर बहुत तेजी से कम होता जाता है और हम जानते हैं कि ठंडे पानी का घनत्व गरम पानी की अपेक्षा अधिक होता है। परिणामस्वरूप, बीच का यह क्षेत्र ऊपरी परत के गरम पानी व निचली परत के ठंडे पानी को आपस में मिलने से रोकता है।

समुद्र में जीवन

विशिष्ट स्थलाकृति व समुद्री जल के विशेष गुणों के कारण समुद्र में पृथ्वी की अपेक्षा अधिक संख्या में जीव–जन्तु मिलते हैं, अर्थात् समुद्र भी जैवविविधता का अथाह भंडार है। समुद्र में यद्यपि जीवों का घनत्व पृथ्वी की तुलना में अलग हो सकता है लेकिन समुद्र के तल और सतह यानी सभी स्थानों पर जीव–जन्तु पाए जाते हैं। इसके अलावा समुद्र में जीवों की विशेषताएं पृथ्वी की तुलना में बहुत अधिक हैं। समुद्र में जीवन को तीन विभिन्न बायोम क्षेत्रों में बाँटा जा सकता है। समुद्र में ऊपरी परत यानी सतह से 200 मीटर तक सूर्य के ताप और हवाओं के प्रभाव के कारण जीवन अधिक पाया जा सकता हैं यह क्षेत्र कार्बन को सूर्य की रोशनी में जैविक पदार्थों में बदलने के हिसाब से सबसे अधिक उत्पादक क्षेत्र हैं। इस क्षेत्र के जीव सूर्य के प्रकाश का उपयोग कर अपने लिए भोजन स्वयं बना लेते हैं। कई लोग समुद्र के इन क्षेत्रों की तुलना उत्पादन के स्तर पर थल पर उपस्थित वर्षा वनों से करते हैं। 200 मीटर से अधिक गहराई वाले क्षेत्र में जीवन की मात्रा ऊपरी परत की तुलना में कम होती है। समुद्री क्षेत्र में जीवन का सबसे रोचक पहलू महासागरों की गहराई में स्थित जीवन से जुड़ा है। वास्तव में यह आश्चर्य का विषय है कि इतनी गहराई में भी जीवन विविध रूपों में मिलता है। इस क्षेत्र के जीवों के पोषण में ऊपरी क्षेत्र में रहने वाले जीवों का योगदान होता है। समुद्र की ऊपरी परत में रहने वाले जीवों के मृत अवशेष गहराई में स्थित जीवों के लिए पोषक तत्वों की वर्षा के रूप में गिरते रहते हैं जिनसे गहराई में रहने वाले जीवों का जीवन चक्र चलता रहता है। यहाँ न तो सूर्य का प्रकाश पहुँचता है और यहाँ पादप प्लवक जैसे प्राथमिक उत्पादक जीव भी अनुपस्थित होते हैं। यानी कि यहाँ एक पूर्ण पारिस्थितिकी तंत्र का अभाव है परन्तु फिर भी यहाँ जीवन पाया जाता है। समुद्र की अथाह गहराई में विशेषकर जहाँ पर ज्वालामुखी हलचल या गर्म पानी के स्रोत हैं वहाँ जीवन को फलते–फूलते देखना आश्चर्य की बात है। परन्तु यहाँ खाद्य श्रृंखला की शुरुआत ऐसे जीवाणुओं से होती है जो पानी में घुले रसायनों से ऊर्जा प्राप्त कर प्राथमिक उत्पादक की भूमिका निभाते हैं यहाँ ट्यूब वार्म व श्रिम्प जैसे जीव जन्तु पाए जाते हैं। समुद्र की गहराई में जहाँ प्रकाश नहीं पहुँचता है वहाँ जीवन चलाने के लिए कुछ जीवों द्वारा एक वैकल्पिक प्रणाली विकसित कर ली गई है जिसके कारण यह क्षेत्र जीवन के बहुरंगी रंगों से सरोकार होता है (चित्र – 28)।

चित्र – 28. जैवविविधता के स्वर्ग – महासागर

चित्र – 29. वालरस

समुद्र में जीव न केवल आगे और पीछे वरन् ऊपर और नीचे भी गति कर सकते हैं। समुद्र में तीन प्रकार के जीव मिलते हैं – एक तो वो जो तैरते रहते हैं और दूसरे वो जो पानी में डोलते रहते हैं। तैरने वाले जीवों को तरणक और जल में डोलने वाले जीवों को प्लवक या प्लैंक्टान

एवं समुद्र के तल पर या उसके पास रहने वाले जीवों को नितलीय जीव कहते हैं। तरणक और प्लवक जीवों में विभेद करना आसान नहीं है। उदाहरण के लिए मछलियों के बच्चे प्लवक होते हैं और बड़े होकर तरणक बन जाते है। प्रायः तरणक और प्लवक जीव खुले समुद्र में रहते हैं। नितलीय और तरणक जीव अपेक्षाकृत बड़े आकार के होते हैं। समुद्री जीवों में प्लवक श्रेणी के जीवों की बहुलता होती है। वस्तुतः विकास के क्रम में पहले जीव समुद्र से धरती पर आए और पुनः समुद्र में ही लौट गए। सील, व्हेल, और वालरस (चित्र – 29) जैसे स्तनधारी जीव इसी के उदाहरण हैं, परन्तु समुद्र का जीव होने के बाद भी आज जीवन की कुछ प्रक्रियाओं को पूरा करने के लिए इन जीवों को समुद्र के किनारों पर ही लौटना पड़ता है।

समुद्र और प्राकृतिक संसाधन

समुद्र में उपलब्ध संसाधनों को मुख्य रूप से चार भागों में वर्गीकृत किया जाता है। पहले वर्ग में वे खाद्य पदार्थ है जो मानवों को खाने या पशुओं के चारे के रूप में समुद्र से उपलब्ध हो सकते हैं। दूसरे वर्ग में नमक सहित कई अन्य रसायन हैं। तीसरे वर्ग में समुद्री जल से प्राप्त होने वाले पदार्थ और पेट्रोलियम व कई अन्य रसायन शामिल हैं। चौथे वर्ग में समुद्र में उठने वाले ज्वार–भाटे व लहरों से प्राप्त ऊर्जा एवं समुद्र में लवणता के अन्तर से प्राप्त होने वाली ऊर्जा शामिल हैं।

समुद्र प्रोटीन युक्त खाद्य पदार्थों का असीम स्रोत है। समुद्र में उपलब्ध शैवाल भी एक महत्वपूर्ण खाद्य स्रोत है। कुछ प्रकार के शैवालों में आयोडीन उपस्थित होता है। कुछ शैवालों का उपयोग उद्योगों में भी किया जा सकता है। समुद्री जल अत्यंत समृद्ध संसाधनों में से एक है। समुद्री जल से औद्योगिक उपयोग के 40 से अधिक तत्व निकाले जा सकते हैं। काँच, साबुन और कागज बनाने के काम में आने वाले गूदे के लिए सोडियम सल्फेट का उपयोग किया जाता है, जिसे बहुत अधिक मात्रा में समुद्र के जल से निकाला जाता है। प्रतिवर्ष भारत में समुद्री जल से नमक निकालने के बाद बचे भाग में से लगभग चार लाख टन मैग्नीशियम सल्फेट, करीब 70 हजार टन पोटैशियम सल्फेट और सात हजार टन ब्रोमीन निकाला जा सकता है। समुद्र के तल पर छोटे–छोटे गोले के रूप में मैग्नीज, लोहा, तांबा, कोबाल्ट व निकल जैसे अन्य खनिज पड़े होते हैं। वर्तमान में विश्व के कुछ देश समुद्र की अथाह खनिज संपदा के दोहन के लिए सरल व सुविधाजनक तकनीक के विकास में कार्यरत हैं।

महासागर नमक का विशाल स्रोत हैं। नमक के अलावा, महासागरों में लगभग सौ तत्व और होते हैं। समुद्री जल में मिलने वाले कुछ प्रमुख पदार्थों में मैग्नीशियम, सल्फर, पोटैशियम, ब्रोमाइड व कार्बन हैं और समुद्री जल में सोना भी मिलता है लेकिन बहुत ही नगण्य मात्रा में। समुद्री जल में घुले हुए या उसमें तैरते हुए तत्वों के अतिरिक्त कई गैसें भी पाई जाती हैं। जल में घुली हुई गैसों में सर्वाधिक महत्वपूर्ण गैस ऑक्सीजन हैं, इस ऑक्सीजन का प्रयोग जल में रहने वाले अरबों पौधे और जीव साँस लेने के लिए करते हैं। ऑक्सीजन के अलावा नाइट्रोजन और कार्बन डाइऑक्साइड गैसें भी समुद्री जल में घुली रहती हैं। पानी में घुली कार्बन डाइऑक्साइड गैस समुद्री जीवों के काम आती है। पादप वर्ग प्रकाश संश्लेषण की प्रक्रिया में कार्बन डाइऑक्साइड का उपयोग कर स्वयं के लिए व अन्य जीवों के लिए भोजन का निर्माण करता है।

खनिज संपदा के अलावा समुद्र से असीमित ऊर्जा प्राप्त की जा सकती है। समुद्र से ऊर्जा प्राप्त करने के कई स्रोत हैं। समुद्र नवीकरणीय या गैर परंपरागत ऊर्जा का अच्छा स्रोत साबित हो सकता है। ज्वार–भाटे और लहरों में छिपी ऊर्जा को किसी प्रकार से यदि उपयोग में लाए जाए तो विश्व की समस्त ऊर्जा आवश्यकताएँ पूरी हो सकती हैं। फ्रांस व रूस जैसे कुछ देशों में ज्वार–भाटे से बिजली पैदा की जा रही है। समुद्र में चलने वाली हवा और उसके जल की धाराओं की ऊर्जा का प्रयोग भी टर्बाइन चलाने और बिजली पैदा करने के लिए किया जा सकता है। कुछ वर्ष पूर्व समुद्री जल में लवणता की विभिन्नता के आधार पर बिजली प्राप्ति की तकनीक विकसित की गई है। इसके अलावा जल की विभिन्न तहों में तापमान की भिन्नता के कारण समाहित ऊर्जा, भविष्य में ऊर्जा का अच्छा स्रोत साबित हो सकती हैं।

भारत एक महत्वपूर्ण समुद्र तटीय राष्ट्र है यद्यपि हमारे देश का क्षेत्रफल पृथ्वी के क्षेत्रफल की तुलना में केवल ढाई प्रतिशत है, लेकिन संसार की कुल आबादी का लगभग पंद्रह प्रतिशत भारत में रहता है। इस कारण भारत के लिए समुद्र का अधिक महत्व होना चाहिए। भारत विशाल समुद्री तटरेखा रखता है जिसका आर्थिक व जैवविविधता की धरोहर के रूप में उचित उपयोग किया जा सकता है। मैनग्रोव जैसे लवण सहनशील वनस्पति क्षेत्र और प्रवाल भित्ति जैसे समृद्ध जैवविविधता वाले क्षेत्र भारतीय समुद्रीय क्षेत्र की विशेषता हैं। भारतीय समुद्री क्षेत्र खनिज संपदा और जैवविविधता से समृद्ध होने के अलावा भारत की ऊर्जा आवश्यकता को भी पूरा कर सकते हैं।

महासागर विकास विभाग

भारत में समुद्र विज्ञान से सम्बन्धित शोध की शुरुआत 1960 से मानी जाती है जब भारत सरकार ने "इण्डियन नेशनल कमेटी ऑन ओशन रिसर्च" (INCOR) का गठन किया। इसके बाद 1966 में आई॰एन॰सी॰ओ॰आर॰ की अनुशंसा पर सरकार ने पणजी के पास "दोना पौला" में राष्ट्रीय समुद्र विज्ञान संस्थान" की स्थापना की। लेकिन भारत में महासागरीय अनुसंधान की वास्तविक शुरुआत 1976 में हुई जब विज्ञान एवम् प्रौद्योगिकी विभाग के अन्तर्गत महासागर विज्ञान और प्रौद्योगिकी एजेन्सी की स्थापना की गई। इस एजेन्सी के विकास कार्यों में अनुसंधान को बढ़ावा देने के लिए पृथक् रूप से महासागरीय अनुसंधान और विकास फण्ड की भी स्थापना की गई। महासागर विकास की गतिविधियों को आयोजित, समन्वित और प्रोत्साहित करने के लिए 1981 में एक नोडल संस्था के रूप में महासागर – विकास विभाग की स्थापना की गई।

विभाग के मुख्य उद्देश्य हैं – (1) समुद्रतल खनन, धातुओं के निस्सारण और महासागरीय ऊर्जा से सम्बन्धित प्रौद्योगिकी का विकास करना, (2) ध्रुवीय विज्ञान के अग्रणी क्षेत्रों के अनुसंधान में योगदान करना, (3) समुद्री संसाधनों की खोज और उनका महासागरीय कारकों से अन्तःसम्बन्ध, अन्वेषण कारकों और नीतियों को तय करने के लिए अध्ययन करना, (4) समुद्री जीवों और निर्जीव संसाधनों को खोज तथा सतत व समुचित इस्तेमाल के लिए प्रौद्योगिकी व सुविधाओं का विकास करना। (5) एकीकृत तटीय और समुद्री क्षेत्रों के प्रबन्धन तटीय समुदाय के विकास, महासागर सूचना सेवाओं आदि से सम्बन्धित विकासात्मक गतिविधियाँ, जिनका सीधा इस्तेमाल समाज के लाभ के लिए किया जा सके और (6) महासागरीय विज्ञान और प्रौद्योगिकी में मूल शोध, मानव संसाधन, विकास, शैक्षिक संस्थानों में उत्कृष्टता के केन्द्र स्थापित करना और महासागर, इस की क्षमता और उपयोग के बारे में जन–चेतना जागृत करना।

विभाग द्वारा चलाए जा रहे कार्यक्रम और गतिविधियाँ सतत और पर्यावरण हितैषी रूप से देश के सामाजिक–आर्थिक लाभ के लिए समुद्री जीवों और निर्जीव संसाधनों के इस्तेमाल से सम्बन्धित हैं। इन उद्देश्यों की पूर्ति विभाग के कार्यक्रमों द्वारा की जाती है, जिन्हें दसवीं पंचवर्षीय योजना के दौरान नया स्वरूप और आकार दिया गया है।

देश के विभिन्न कार्यकलापों में सागर के विशेष महत्व को ध्यान में रखकर भारत सरकार ने जुलाई 1981 में एक अत्यन्त महत्वपूर्ण कदम उठाया। और वह था महासागर विकास विभाग की स्थापना। इस विभाग

के महत्व को ध्यान में रखते हुए इसका उत्तरदायित्व स्वयं प्रधानमंत्री ने संभाला। और मार्च 1982 में यह अलग विभाग के रूप में अस्तित्व में आया। इस विभाग के उद्देश्य थे – सागर से संबंधित विभिन्न संस्थाओं के बीच समन्वय और सहयोग स्थापित करना, उन्हें आवश्यक धनराशि उपलब्ध कराना, आवश्यकतानुसार नए संस्थान स्थापित करना और इस प्रकार सागर संबंधी विकास कार्यों को प्रोत्साहन प्रदान करना।

इस विभाग ने सागर के संबंध में अनेक उल्लेखनीय कार्य किए हैं। इनमें कदाचित् सबसे अधिक चर्चित हैं : मध्य हिन्द महासागर की गहराइयों से बहुधात्विक पिंडिकाओं के नमूने एकत्रित करने हेतु योजना बनाना और उसके कार्यान्वयन हेतु समुचित सुविधाएँ उपलब्ध कराना; हर वर्ष अंटार्कटिक अभियान आयोजित करना; देश के लिए अत्याधुनिक सुविधाओं से लैस अनुसंधान पोत निर्मित करना, बहुधात्विक पिंडिकाओं के बारे में खोजबीन करने हेतु भारत के लिए संयुक्त राष्ट्र संघ से 1,50,000 वर्ग कि॰मी॰ क्षेत्र आरक्षित कराना तथा सागर के वैज्ञानिक अध्ययन और शोध के लिए देश के विशेषज्ञों का दल तैयार करना आदि। इन कार्यों को कुशलतापूर्वक करने के लिए इस विभाग ने सन् 1982 में 'सागर नीति' तैयार की।

चित्र – 30. सागर कन्या

मार्च 1983 में महासागर विकास विभाग ने तत्कालीन पश्चिमी जर्मनी से एक अनुसंधान पोत प्राप्त किया, जिसका नामकरण बाद में सागर कन्या (चित्र – 30) किया गया। इसमें सागर के भौतिक, रासायनिक, जैव, भूवैज्ञानिक, मौसम वैज्ञानिक अध्ययन आदि करने के लिए आधुनिक उपकरण और प्रयोगशाला – सुविधाएँ उपलब्ध हैं। इन

अध्ययनों के लिए वह हिंद महासागर के विभिन्न भागों की सैकड़ों यात्राएँ कर चुका है। साथ ही, उसने मॉरीशस के अनन्य आर्थिक क्षेत्र का सर्वेक्षण किया है और कैरेबियन सागर की संपदा के सर्वेक्षण हेतु कॉमनवेल्थ साइंस कौंसिल के कार्यक्रमों में भाग लिया है। इसके अतिरिक्त सागर कन्या ने भारत और ऑस्ट्रेलिया के बीच स्थित सागर के एकाउस्टिक टोमोग्राफिक अध्ययन भी किए हैं।

महासागर विकास विभाग द्वारा अर्जित दूसरा अनुसंधान पोत है – सागर संपदा (चित्र – 31)। यह पोत डेनमार्क से नवंबर 1984 में खरीदा गया था। यद्यपि इसका मुख्य कार्यक्षेत्र हिंद महासागर के जीवों के जीवन–चक्र, उनके व्यवहार, उनके वितरण, उनको पकड़ने की तकनीकों आदि का अध्ययन करना है; परंतु इसमें सागरविज्ञान के अन्य क्षेत्रों का अध्ययन करने की सुविधाएँ भी उपलब्ध हैं। साथ ही इसमें आधुनिक अंतर्जलीय ध्वानिक (अंडरवॉटर एकाउस्टिक्स) और इलेक्ट्रॉनिक डाटा प्रोसेसिंग सिस्टम संबंधी उपकरण भी लगे हुए हैं।

चित्र–31. सागर सम्पदा

सागर संपदा ने अपनी यात्राओं के दौरान भारतीय अनन्य आर्थिक क्षेत्र में और, उससे बाहर भी, पादप एवं जंतुप्लैंक्टनों की उत्पादकता और मछलियों के घनत्व के बारे में अध्ययन किए हैं। साथ ही उसने अंटार्कटिक सागर में क्रिलों के विषय में सर्वेक्षण भी किए हैं।

महासागर विकास विभाग ने अनुसंधान पोत केवल अर्जित ही नहीं किए हैं वरन् उनका निर्माण भी किया है। उसने सन् 1996 में **सागर पूर्वी** (सागर सूक्ति) (चित्र – 32) और **सागर पश्चिमी** (सागर निधि) नाम (चित्र – 33) के दो अनुसंधान पोतों का निर्माण किया। यद्यपि इन

पोतों का उपयोग मुख्य रूप से महासागर विकास विभाग और राष्ट्रीय समुद्र प्रौद्योगिकी संस्थान (नेशनल इंस्टीट्यूट ऑफ ओशन टेक्नोलॉजी) द्वारा तटीय सागरों के अध्ययन और अन्वेषण हेतु किया जाता है, परन्तु ये अन्य संस्थाओं को भी अन्वेषण कार्यों हेतु उपलब्ध हो जाते हैं। इनकी देख–रेख और संचालन राष्ट्रीय समुद्र प्रौद्योगिकी संस्थान, चैन्नई, द्वारा किया जाता है।

चित्र –32. सागर सूक्ति

चित्र – 33. सागर निधि

प्रायोजित शोध परियोजनाएँ – देश की सामाजिक और आर्थिक प्रगति में सागर संसाधनों का निरंतर उपयोग करने के लिए जरूरी है कि विश्वविद्यालयों के विद्यार्थियों में सागर से संबंधित विविध विषयों में रुचि उत्पन्न की जाए, ताकि हमें भविष्य में सागर से संबंधित नए पक्षों में भी शोधकर्मी पर्याप्य संख्या में प्राप्त होते रहें।

इस उद्देश्य से महासागर विकास विभाग अपने विज्ञान और प्रौद्योगिक पक्षों के माध्यम से देश के आठ विश्वविद्यालयों, यथा : अन्नामलाई, गोवा, कोचीन, आंध्र, बेहरामपुर, भावनगर, तमिल, मंगलौर तथा इंडियन इंस्टीट्यूट ऑफ टेक्नोलॉजी, खड्गपुर में शताधिक प्रायोजित परियोजनाएँ पर अध्ययन कार्य हुआ है। ये आठों विश्वविद्यालय सागर तटों पर ही स्थित हैं।

भारत की महासागरीय नीति

भारत की महासागरीय नीति का निर्धारण 1982 में संयुक्त राष्ट्र सामुद्रिक विधि–सम्मेलन की सदस्यता ग्रहण करने के बाद किया गया। इस नीति के प्रमुख तथ्य इस प्रकार हैं –

1. महासागरीय तकनीकों के विकास के लिए ठोस प्रयास।
2. ऊर्जा के नये संसाधनों, खनिजों तथा खाद्य पदार्थों के नये स्रोतों का अन्वेषण।
3. महासागरीय पर्यावरण तथा संसाधनों के निरीक्षण एवम संरक्षण हेतु विशेष प्रयास।
4. विशिष्ट वैधानिक प्रावधानों के प्रभावशाली क्रियान्वयन पर विशेष बल।
5. महासागरीय विकास–कार्यक्रमों से सम्बद्ध कार्यरत एजेन्सियों का सुदृढ़ीकरण तथा आवश्यकतानुसार नयी एजेन्सियों तथा अभिकरणों का गठन।
6. महासागरीय विकास हेतु सूचनाओं का संकलन, परिकलन तथा प्रसार।
7. महासागरीय संसाधनों का उपयोग, नियन्त्रण एवम् प्रबन्धन।
8. नियन्त्रण तथा प्रबन्धन से सम्बन्धित आधारभूत संरचनाओं का विकास।
9. मछली तथा अन्य महासागरीय जैव–संसाधनों का अनुकूलतम उपयोग।
10. हाइड्रोकार्बन तथा अन्य भारी संचित पदार्थोंसहित सभी अजैव–संसाधनोंका संदोहन।
11. महासागरीय अवशिष्टों में नवीकरणीय संसाधनों के महासागरीय ऊर्जा प्राप्त करने, जल–स्तम्भों के तापमान में आये अन्तर से लाभ प्राप्त करने, ज्वारभाटाओं की ऊँचाई, लवणता की प्रवणता तथा बहुधात्विक पिण्डों से लाभ प्राप्त करने का प्रयास।

महत्त्वपूर्ण उपलब्धियाँ – महासागर विकास विभाग की स्थापना सन् 1981 में हुई थी। उसने सन् 2005 में अपने कार्यकाल के 25 वर्ष पूरे कर लिये हैं। इस दौरान उसने कुछ महत्त्वपूर्ण उपलब्धियाँ अर्जित की हैं। इन उपलब्धियों की संक्षिप्त जानकारी निम्नवत् हैं –

1981 : 27 जुलाई को महासागर विकास विभाग की स्थापना; देश की प्रगति में सागर के महत्त्व को ध्यान में रखते हुए तत्कालीन प्रधानमंत्री, श्रीमती इंदिरा गांधी, ने इस विभाग को अपने पास ही रखा। डॉ॰ एस॰जेड॰ कासिम इस विभाग के प्रथम सचिव नियुक्त हुए।

1982 : नवंबर में भारत सरकार ने अपनी 'सागर नीति' की घोषणा की। प्रथम भारतीय अभियान दल अंटार्कटिक महाद्वीप को भेजा गया। उसने 9 जनवरी, 1982 को अंटार्कटिक महाद्वीप पर कदम रखा।

1983 : सागरवैज्ञानिक अनुसंधान पोत **सागर कन्या** जर्मनी से प्राप्त किया गया।

भारत परामर्शदाता के रूप में अंटार्कटिक संधि व्यवस्था का सदस्य बन गया।

1984 : भारतीय अभियान दल ने अंटार्कटिक महाद्वीप में प्रथम भारतीय अनुसंधान केन्द्र 'दक्षिण गंगोत्री' स्थापित किया। इसकी स्थापना रिकॉर्ड समय में – अंटार्कटिक की एक ग्रीष्म ऋतु में ही – पूर्ण हो गई।

मत्स्य और सागर अनुसंधान पोत **सागर संपदा** प्राप्त किया गया।

1985 : भारत ने अंटार्कटिक समुद्री जैव संपदा कन्वेंशन को मान्यता प्रदान की।

1986 : भारत को अंतःसरकारी सागर वैज्ञानिक आयोग की अधिशाषी परिषद (एक्जीक्यूटिव कौंसिल) का सदस्य निर्वाचित किया गया।

1987 : हिंद महासागर से बहुधात्विक पिंडिकाओं को निकालने के लिए भारत को प्रथम पंजीकृत अग्रणी निवेशक (फर्स्ट रजिस्टर्ड पायोनियर इन्वेस्टर) घोषित किया गया तथा इन पिंडिकाओं को निकालने के लिए उसे मध्य हिंद महासागर में 1,50,000 वर्ग कि॰मी॰ का क्षेत्र प्रदान किया गया।

1988 : अंटार्कटिक महाद्वीप में पवन चालित विद्युत् जनरेटर स्थापित किया गया।

1989 : अंटार्कटिक महाद्वीप में भारतीय अभियान दल ने दूसरा स्थायी अनुसंधान केन्द्र 'मैत्री' स्थापित किया। इस केन्द्र में मनुष्य शीत ऋतु में भी अंटार्कटिक में रह सकता है।

1990 : समुद्री जीवों से औषधीय पदार्थ प्राप्त करने हेतु एक राष्ट्रीय कार्यक्रम आरम्भ किया गया।

1991 : विजीनझंम (केरल) में सागर की लहरों से बिजली बनाने के लिए 150 किलोवाट क्षमता का एक प्रायोगिक संयंत्र सफलतापूर्वक चालू किया गया।

तटीय पर्यावरण को व्यवस्थित तरीके से मॉनीटर तथा मॉडलिंग करने हेतु एक कार्यक्रम शुरू किया गया।

1992 : राष्ट्रीय समुद्री सूचना सेवा परियोजना का आरंभ।

इसरो (आई॰एस॰आर॰ओ॰) के सहयोग से सागर सतह ताप के आधार पर संभाव्य मत्स्य क्षेत्रों (फिशिंग जोन्स) की स्थिति के बारे में प्राप्त जानकारियों को सब तटीय राज्यों को प्रदान करने की योजना आरंभ की गई।

1993 : राष्ट्रीय समुद्री प्रौद्योगिकी संस्थान (नेशनल इंस्टीट्यूट ऑफ ओशन टेक्नोलॉजी) की चेन्नई में स्थापना।

अंटार्कटिक में 60 मी॰ की गहराई तक छेद करके बर्फ के नमूने प्राप्त किए गए।

मध्य हिंद महासागर के उस 1,50,000 वर्ग कि॰मी॰ क्षेत्र का, जो संयुक्त राष्ट्र संघ द्वारा भारत को बहुधात्विक पिंडिकाएँ निकालने के लिए प्रदान किया गया था, मल्टीबीम स्वाथ बैदीमीट्रिक सर्वे पूर्ण हुआ।

1994 : उथले जल में निमज्जित यान (अंडरवाटर विहीकल) का सफल सुदूर नियंत्रण।

भारत ने अनक्लॉज–III का अनुमोदन किया।

1995 : अंटार्कटिक महासागर में क्रिल संसाधनों के आकलन करने हेतु सागर संपदा की सफल यात्रा।

1996 : देश के तटीय सागरों में प्रदूषण की मात्रा ज्ञात करने और उस पर अंकुश रखने हेतु दो जलयान – **सागर पूर्वी** और **सागर पश्चिमी** – प्राप्त किए गए।

भारत को 'इन्वेस्टर कैटेगरी' के अंतर्गत इंटरनेशनल सी बेड अथॉरिटी कौंसिल का तथा इंटरनेशनल ट्रिब्यूनल फॉर द लॉ ऑफ द सी का सदस्य बनाया गया।

1997 : चेन्नई तट के निकट प्रथम मूर्ड डेटाबॉय स्थापित किया गया। विभिन्न शैक्षिक संस्थाओं में आठ सागरवैज्ञानिक और प्रौद्योगिक केन्द्र स्थापित किए गए।

1998 : निम्नलिखित परियोजनाएँ आरंभ की गईं :

– भारतीय अनन्य आर्थिक क्षेत्र के अंतर्गत 70 मी॰ से अधिक गहराई तक जैव संसाधनों का आकलन;

– इंडियन ओशन मॉडलिंग एंड डायनामिक्स;

– सैटेलाइट कोस्टल एंड ओशनोग्राफिक रिसर्च;

– इंटीग्रेटेड कोस्टल एंड मेरीन एरिया मैनेजमेंट;

– गोवा में राष्ट्रीय अंटार्कटिक और समुद्री अनुसंधान केन्द्र (नेशनल सेंटर फॉर अंटार्कटिक एंड ओशन रिसर्च) की स्थापना।

1999 : हैदराबाद में भारतीय राष्ट्रीय महासागर सूचना सेवा केन्द्र (इंकॉइस) (इंडियन नेशनल सेंटर फॉर ओशन इन्फॉर्मेशन सर्विसेज) की स्थापना।

तूतीकोरिन तट के निकट राष्ट्रीय समुद्र प्रौद्योगिकी संस्थान ने गहरे सागर में खनन करनेवाले क्राउलर को सफलतापूर्वक परखा।

2000 : सागर से बिजली बनाने हेतु ओटेक तकनीक का प्रायोगिक तौर पर उपयोग आरंभ किया गया।

2001 : भारत को इंडियन ओशन बेसिन एंड रीजनल डाटा सेंटर के लिए रीजनल आर्गो–कोऑर्डिनेटर मनोनीत किया गया।

भारत ने हिंद महासागर में पहला आर्गो फ्लोट स्थापित किया। खंभात की खाड़ी में समुद्र के गर्भ में प्राचीन ऐतिहासिक अवशेष खोजे गए।

एकाउस्टिक टाइड गेज विकसित किया गया और उसे पेटेंट कराया गया।

2002 : हिंद महासागर में 'गूज' रीजनल एलायंस आरंभ की गई। पी॰एफ॰जेड़॰ मिशन का कार्यान्वयन आरंभ हुआ।

11 तटीय आवासों के लिए क्रिटिकल हैबीटाट इन्फॉर्मेशन सिस्टम पूर्ण हुआ।

विस्तृत सर्वेक्षण के बाद पिंडिकाएँ खनन पायोनियर क्षेत्र का 50 प्रतिशत भाग इंटरनेशनल सी बैड अथॉरिटी को लौटा दिया गया।

2003 : बहुधात्विक पिंडिकाओं में से धातुओं के निष्कर्षण के लिए 100 कि॰ग्रा॰ प्रतिदिन की क्षमतावाला एक प्रायोगिक संयंत्र हिंदुस्तान जिंक लिमिटेड, उदयपुर, में स्थापित किया गया।

सागर संबंधी जानकारियों के प्रसारण के लिए वेबसाइट आरंभ की गई।

भारतीय अभियान दल ने पहली बार अंटार्कटिक महाद्वीप में 23 नवंबर को खग्रास सूर्यग्रहण का अवलोकन किया।

2004 : 20 मूर्ड डाटाबुईयों का एक नेटवर्क स्थापित किया गया।

भारत ने हिंद महासागर में 61 सक्रिय आर्गो फ्लोट स्थापित किए।

गैस हाइड्रेटों के लिए रूसी केंद्र स्थापित।

लोब्स्टर और कीचड़ केकड़ों के शरीर को मोटा करने की तकनीक का प्रसार किया गया।

स्कूल के विद्यार्थियों के लिए 'सागर की कहानी' पुस्तक विभिन्न भारतीय भाषाओं में प्रकाशित की गई।

2005 : 26 दिसंबर, 2004 को भारतीय तटों पर आई सुनामी लहरों द्वारा की गई तबाही का अनुमान लगाने में महासागर विकास विभाग ने महत्त्वपूर्ण योगदान दिया।

महासागर विकास मंत्री के नेतृत्व में एक उच्च स्तरीय शिष्टमंडल ने फरवरी 2005 में पहली बार अंटार्कटिक महाद्वीप में स्थित भारतीय अनुसंधान केन्द्र 'मैत्री' और उसके आस–पास के क्षेत्र का दौरा किया।

फरवरी 2006 में भारत सरकार ने इस विभाग को महासागर विकास मंत्रालय (एमओओडी) के रूप में अधिसूचित किया।

पृथ्वी विज्ञान मंत्रालय

इसके अतिरिक्त भारत सरकार ने महासागर मंत्रालय का पुनर्गठन किया और दिनांक 12 जुलाई 2006 को राष्ट्रपति की अधिसूचना के

माध्यम से नए पृथ्वी विज्ञान मंत्रालय (एमओईएस) की स्थापना की गई जिसमें भारत मौसम विज्ञान विभाग (आईएमडी), भारतीय उष्णदेशीय मौसम विज्ञान संस्थान (आई आई टी एम) और राष्ट्रीय मध्यम अवधि मौसम पूर्वानुमान केन्द्र (एन सी एम आर डब्ल्यू एफ) को इसके प्रशासनिक नियंत्रण में लाया गया। भारत सरकार ने अंतरिक्ष और परमाणु ऊर्जा आयोग की तरह पृथ्वी विज्ञान प्रणाली (ESSO) की स्थापना को भी अनुमोदन प्रदान किया है।

चित्र – 34. पृथ्वी विज्ञान मंत्रालय के प्रथम सचिव डॉ॰ शैलेष नायक

पृथ्वी विज्ञान मंत्रालय (एमओईएस) भली प्रकार से एकीकृत कार्यक्रमों के माध्यम से देश को मानसून तथा अन्य मौसम/जलवायु प्राचलों (पेरामीटरों), समुद्र स्थिति, भूकम्पों, सुनामियों और पृथ्वी प्रणाली से संबंधित अन्य परिघटनाओं के पूर्वानुमानों के बारे में उत्कृष्ट सेवाएँ उपलब्ध करवाने हेतु कृतसंकल्प है। यह मंत्रालय समुद्री संसाधनों (सजीव व निर्जीव) के अन्वेषण और दोहन हेतु विज्ञान एवं प्रौद्योगिकी पर भी कार्य करता है। तथा आर्कटिक/अंटार्कटिक तथा दक्षिणी महासागर अनुसंधान हेतु भी नोडल भूमिका निभाता है। भारत सरकार के पृथ्वी विज्ञान मंत्रालय के प्रथम सचिव डॉ॰ शैलेष नायक (चित्र – 34) है। इस मंत्रालय से संबंधित निम्नांकित प्रमुख संस्थान हैं।

1. भारत मौसम विज्ञान विभाग, नई दिल्ली
2. राष्ट्रीय समुद्र प्रौद्योगिकी संस्थान, चैन्नई
3. भारतीय राष्ट्रीय महासागर सूचना सेवा केन्द्र, हैदराबाद
4. भारतीय उष्णदेशीय मौसम विज्ञान संस्थान, पुणे
5. राष्ट्रीय अंटार्कटिक एवं समुद्री अनुसंधान केन्द्र, गोवा
6. राष्ट्रीय पृथ्वी विज्ञान अध्ययन केन्द्र, तिरुवनंतपुरम्

7. समुद्री सजीव संसाधन एवं पारिस्थितिकी केन्द्र, कोच्चि
8. राष्ट्रीय मध्यम अवधि मौसम पूर्वानुमान केन्द्र, नोएडा
9. परियोजना निदेशालय, एकीकृत तटीय समुद्री क्षेत्र प्रबंधन, चैन्नई

राष्ट्र के विकास में पृथ्वी विज्ञान मंत्रालय के अनुसंधान संस्थानों का महत्व

राष्ट्र के विकास में पृथ्वी विज्ञान मंत्रालय के विविध अनुसंधान संस्थानों की महत्वपूर्ण भूमिका रही है। पृथ्वी विज्ञान मंत्रालय से संबंधित संस्थानों का राष्ट्र के विकास में अतुलनीय योगदान रहा है। इस विषयक जनोपयोगी तकनीकी जानकारी इस प्रकार है –

1. भारत मौसम विज्ञान विभाग

मौसम विज्ञान का इतिहास – हमारे देश में पुरातन ग्रंथ पाणिनिकृत अष्टाध्यायी (500 ई॰पूर्व) है। इसमें वर्षा, वर्षा के भेद, पूर्व वर्षा, अपरवर्षा, वर्षा की माप, उसकी विधि, अनावृष्टि तथा वर्षा से होने वाली फसलों (सस्य) आदि का विस्तृत विवरण दिया गया है। इसी प्रकार पुराणों में भी मौसम विज्ञान (Meteorology) से संबद्ध कुछ विवरण मिलता है। इसमें विशेष उल्लेखनीय हैं – मत्स्यपुराण, वायुपुराण और विष्णुपुराण।

लगभग 500 ईसवीं में महर्षि वराहमिहिर के प्रतिष्ठित ग्रंथ बृहत्संहिता में स्पष्ट उल्लेख है कि उस काल में भी वायुमंडलीय प्रक्रियाओं की गहन जानकारी विद्यमान थी। यह माना जाता था कि सूर्य से वर्षा होती है (आदित्यात जायते वृष्टि) और वर्षा के मौसम में होने वाली अच्छी वर्षा विपुल खेती और लोगों के लिए खाद्य सामग्री का स्रोत होती है। सातवीं शताब्दी में मानसून के आरंभ होने वाली तारीख का भी उल्लेख किया गया है।

आधुनिक मौसम विज्ञान – वस्तुतः आज हम मौसम विज्ञान को जिस परिप्रेक्ष्य में देखते हैं, कहा जा सकता है कि तापमापी और वायुदाबमापी के आविष्कार तथा वायुमंडलीय गैसों के व्यवहार से संबंधित नियमों के बनने के बाद से 17वीं शताब्दी में इसकी निश्चित वैज्ञानिक बुनियाद पड़ी। वर्ष 1636 में ब्रिटिश वैज्ञानिक हैली ने भारतीय ग्रीष्मकालीन मानसून पर ग्रंथ प्रकाशित किया जिसका कारण उन्होंने एशियाई भूमि और हिंद महासागर के विभेदक तापन के कारण से हवाओं के मौसमी उत्क्रमण को बताया।

हमारे देश में विश्व की पुरातन मौसम वेधशालाएँ स्थित हैं। ब्रिटिश ईस्ट इंडिया कंपनी ने भारत के मौसम और जलवायु का अध्ययन करने के लिए सन् 1785 में कलकत्ता (कोलकाता) (चित्र – 35) और 1796 में मद्रास (चैन्नई) जैसे कई स्टेशनों की स्थापना की। सन् 1804 में बंबई (मुंबई) में स्थापित बंगाल की एशियाटिक सोसायटी ने भारत में मौसम विज्ञान के वैज्ञानिक अध्ययन को बढ़ावा दिया।

चित्र – 35. भारत की प्रथम मौसम वेधशाला (अलीपुर, कोलकाता)

सन् 1864 में कलकत्ता में एक विनाशकारी उष्णकटिबंधीय चक्रवात आया। और इसके बाद 1866 और 1871 में मानसून की वर्षा विफल रही।

वर्ष 1875 में, भारत सरकार ने देश के मौसम विज्ञान संबंधी सभी कार्यों के लिए एक केन्द्रीय प्राधिकरण के तहत भारत मौसम विभाग की स्थापना की। एच॰एफ॰ ब्लैनफोर्ड (चित्र – 36) को भारत सरकार का मौसम विज्ञान से संबंधित रिपोर्टर नियुक्त किया गया। कलकत्ता मुख्यालय में मई 1889 में सर जॉन एलियट (चित्र – 37) वेधशालाओं के प्रथम महानिदेशक नियुक्त किए गए। तत्पश्चात् भारत मौसम विज्ञान विभाग का मुख्यालय शिमला फिर पूना (पुणे) और अंत में नई दिल्ली में स्थानांतरित किया गया। वर्तमान में भारत मौसम विज्ञान विभाग का मुख्यालय (मौसम भवन चित्र – 38) नई दिल्ली में है। तथा वर्तमान में इसके महानिदेशक डॉ॰ लक्ष्मणसिंह राठौड़ (चित्र – 39) है। इस बृहत् विभाग की प्रशासनिक तथा तकनीकी नियंत्रण की सुविधा के लिए देश को 6 प्रादेशिक मौसम केन्द्रों (चेन्नई, गुवाहाटी, कोलकाता, मुंबई, नागपुर, नई दिल्ली) में बाँटा गया है।

चित्र–36. सर एच॰एन॰ ब्लैनफोर्ड

चित्र – 37. सर जैन एलियट भारत के प्रथम मौसम महानिदेशक

चित्र – 38. भारत मौसम भवन, नई दिल्ली

चित्र – 39. डॉ. लक्ष्मणसिंह राठौड़

भारत के मौसम विज्ञान विभाग का कार्यक्षेत्र – इस विभाग का बृहद् कार्यक्षेत्र है, जो निम्नवत् हैं –

– मौसम विज्ञान संबंधी प्रेक्षण लेना तथा मौसम विज्ञान संबंधी अद्यतन और पूर्वानुमान सूचना प्रदान करना।

– उष्णकटिबंधीय, भारी वर्षा तथा हिमपात, तुषारपात, शीत और उष्ण लहरों, बाढ़ों, सूखों आदि जैसी भीषण मौसम की परिघटनाओं की चेतावनी देना।

– कृषि, जल संसाधन प्रबंधन, उद्योगों, तेल अन्वेषण और अन्य राष्ट्र निर्माण के कार्यों के लिए मौसम विज्ञान संबंधी आँकड़े उपलब्ध कराना।

– मौसम विज्ञान और अन्य संबद्ध विषयों में शोध कार्य करना और उसको बढ़ावा देना।

– भूकम्पों का पता लगाना और उनका स्थान निर्धारण तथा देश के विभिन्न भागों में भूकम्पनीयता का मूल्यांकन करना।

– राष्ट्रीय कैलेंडर और राष्ट्रीय पंचांग तथा ग्रहों की स्थितियों के आँकड़े प्रकाशित करना।

प्रेक्षण एवं पूर्वानुमान

प्रेक्षण लेने का कार्य मौसम विज्ञान संबंधी सभी कार्यों का मेरुदंड है। देश के मौसम की निगरानी भारत मौसम विज्ञान विभाग की 557 स्थल वेधशालाएँ करती हैं। इनके अलावा यह विभाग 3545 राज्य वर्षा मापियों के रिकार्ड की भी देख–रेख करता है।

65 पवनसूचक गुब्बारा केन्द्रों, 34 रेडियो सौंदे केन्द्रों और उपग्रह सुदूर संवेदी मंचों से तापमान, पवनों, आर्द्रता और वायु दाब के उपरी वायु प्रेक्षण लिए जाते हैं।

मौसम विज्ञान संबंधी आँकड़ों को संसाधित करने का जटिल कार्य उन्नत कंप्यूटरों से किया जाता है। इस कार्य के अंतर्गत आँकड़ा अभिग्रहण, गुणवत्ता नियंत्रण, विश्लेषण, मौसमी पैटर्नों और पूर्वानुमान के निर्धारण का कार्य सम्मिलित है।

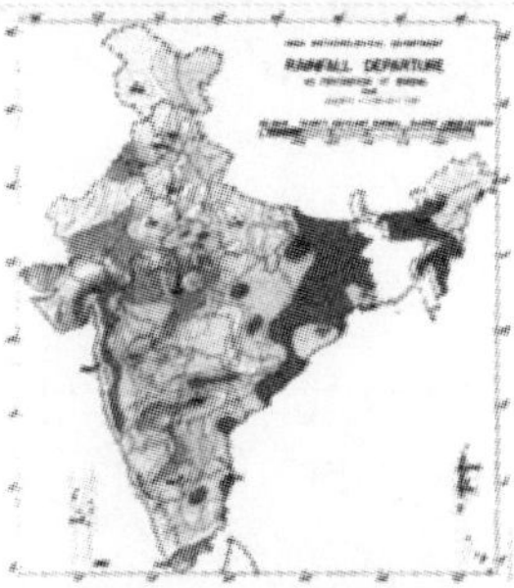

मानसून एक नियमित किन्तु विविधतापूर्ण परिघटना है। देश की अर्थव्यवस्था मानसून वर्षा की मात्रा पर काफी निर्भर है। इस विभाग द्वारा ग्रीष्मकालीन मानसून वर्षा की प्रवृत्ति के मौसमी दीर्घ अवधि पूर्वानुमान नियमित रूप से जारी किए जाते हैं।

खेतीहर मौसम विज्ञान – फसल उत्पाद पूर्वानुमान, फसलनाशक कीट और बीमारी पूर्वानुमान, फसल मौसम संबंधी पूर्वानुमान।

विमानन मौसम विज्ञान – गरजते तूफानों की चेतावनियाँ, विमानन संबंधी मौसम सूचना।

नौपरिवहन सेवाएं – बंदरगाहों को चेतावनियाँ, मछुवारों को चेतावनियाँ, जहाजरानी पूर्वानुमान।

भूकम्प विज्ञान संबंधी सेवाएं – भूकम्प का पता लगाना, भूकम्पीय क्षेत्र निर्धारण, विवर्तनिक अध्ययन।

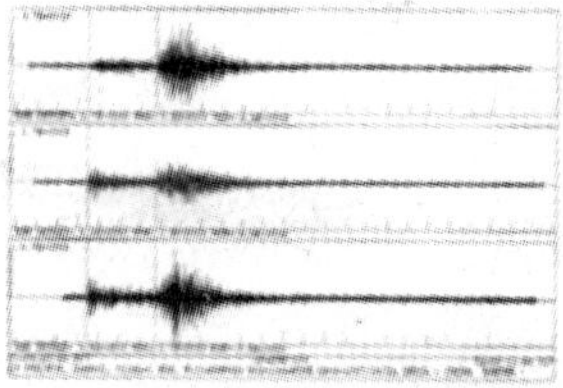

पर्यावरण मौसम विज्ञान – वायुमंडलीय ओजोन का अध्ययन, पराबैंगनी विकिरण मापन।

खगोल मौसम विज्ञान – राष्ट्रीय पंचांगों का प्रकाशन, भारतीय राष्ट्रीय कैलेंडर का प्रकाशन, भारतीय पंचांगों की अभिगणना।

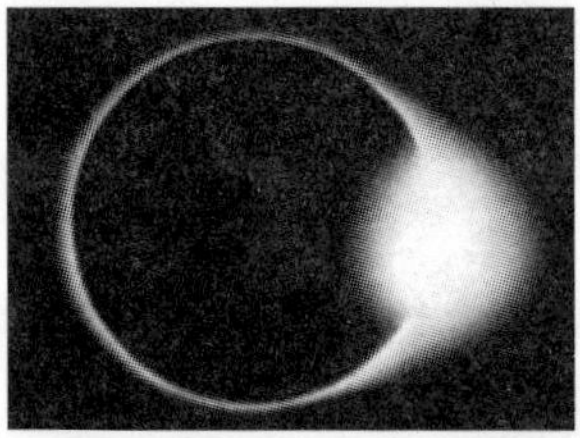

वायु प्रदूषण – परियोजनाओं का पर्यावरणीय मूल्यांकन, अम्ल वर्षा अध्ययन, वायु प्रदूषण अध्ययन।

अंटार्कटिक मौसम विज्ञान – ओजोन छिद्र अध्ययन, अंटार्कटिक मौसम विज्ञान अध्ययन।

पर्वत मौसम विज्ञान – हिमस्खलन पूर्वानुमान, हिमपात और खराब मौसम पूर्वानुमान, पर्वतारोहण सेवाएँ।

आपदा चेतावनी – चक्रवातीय तूफान प्रति वर्ष भारतीय तटों को बहुत भारी नुकसान पहुँचाते हैं। इन तूफानों की पूर्व चेतावनी बहुमूल्य जान और माल को नुकसान से बचाती है। दिल्ली और क्षेत्रीय चेतावनी केन्द्रों पर लगे उपग्रह की सुविधाओं से युक्त 10 चक्रवात संसूचन रेडार तरह–तरह के तूफान के आने की सूचना रखते हैं और उनका प्रसारण होता है।

भारत के एक विस्तृत भूभाग पर प्रायशः सूखा पड़ता है। सूखा प्रबंधन के लिए वर्षा होने के स्थान और समय की सही जानकारी होनी अपेक्षित है। इस कार्य के अन्तर्गत मौसम विज्ञान और जलवायु विज्ञान की सेवाएँ उपलब्ध कराई जाती है।

बाढ़ प्रबंधन में बाँधों से पानी छोड़ने की समय–सारणी तैयार करना एक महत्त्वपूर्ण कार्य है। सरकार को बाढ़ आने की पूर्व सूचना देने के लिए विशिष्ट नदी बेसिनों में भारत मौसम विज्ञान विभाग के 7 बाढ़ मौसम कार्यालय है।

बृहत् हिमालय में हिमपात और हिमस्खलन जोखिमभरी आपदा है। इन आपदाओं के समय बचाव के कार्यों को ठीक ढंग से होने के लिए भारत मौसम विज्ञान विभाग दुर्गम क्षेत्रों में पूर्वानुमान उपलब्ध कराता है।

भारत के मौसम विज्ञान विभाग के प्रगति के सोपान

यदि हम वर्ष 1783 से लेखा–जोखा देखें तो भारत के मौसम विज्ञान विभाग ने इन लगभग 232 वर्षों में बहुत ही उत्कृष्ट कार्य कर प्रगति के मील के पत्थर स्थापित किए हैं। इस विषयक वर्ष 1783 से 2003 तक की संक्षिप्त जानकारी निम्नलिखित हैं।

1783 – भारत के पास विश्व के कुछ प्राचीनतम मौसमविज्ञान संबंधी प्रेक्षण उपलब्ध हैं।

सन् 1783 में प्रथम खगोलीय तथा मौसम विज्ञान इकाई मद्रास (चैन्नई) में प्रारंभ की गई।

1875 – भा॰मौ॰वि॰वि॰ की स्थापना के साथ सभी मौसम विज्ञान संबंधी क्रियाकलापों को एक केन्द्रीय प्राधिकारी के अन्तर्गत लाया गया।

प्रथम मुख्यालय – सन् 1875 में प्रारंभ किया गया कलकत्ता स्थित अलीपुर कार्यालय।

1878 – सन् 1878 से तारसंचार के आगमन से केन्द्रीयकृत आंकड़ा अभिग्रहण तथा भारतीय दैनिक मौसम रिपोर्ट (आई॰डी॰डब्ल्यू॰आर॰) का प्रकाशन संभव हो सका।

सन् 1878 में आई॰डी॰डब्ल्यू॰आर॰ में मुद्रित प्रथम मौसम चार्ट।

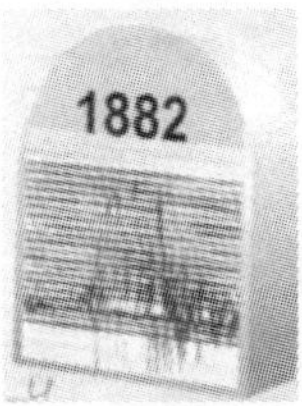

1882 – अलीपुर, कलकत्ता में प्रथम वेधशाला की स्थापना के साथ भारत में भूकंपविज्ञान संबंधी गतिविधि प्रारंभ हुई।

1935 में आए विनाशकारी क्वेटा भूकंप का भूंकपीय अभिलेखन।

1905 – थिओडोलाइट्स से खोजी गुब्बारों की विधि द्वारा सन् 1905 में उपरी वायु मापन का कार्य प्रारंभ हुआ।

पवन सूचक गुब्बारे का शुभारंभ।

1932 – सन् 1932 में कृषि मौसम विज्ञान के क्षेत्र में अनुसंधान गतिविधियों के लिए एक पृथक प्रभाग बनाया गया।

पुणे में प्रथम कार्यक्षेत्र इकाई।

1954 – 1954 के प्रारंभ में उड्डयन मौसम सेवा में रेडारों को प्रयुक्त किया गया।

सन् 1970 में विशाखापत्तनम में पहला चक्रवात सूचक रेडार लगाया गया।

1957 – सन् 1957 में कोडाईकेनाल में प्रथम ओजोन मापों के बाद भारत में पर्यावरणीय मौसम विज्ञान परिलक्षित हुआ।

कोडाईकेनाल वेधशाला।

1964 – सन् 1964 में अमेरिकी उपग्रहों से भारतीय मौसम विज्ञान विभाग ने उपग्रही बिम्बावली प्राप्त करना प्रारंभ किया।

भारत में अपने उपग्रह 'इनसेट' से प्राप्त चित्र।

1969 – सन् 1942 में मौसम विज्ञान संबंधी प्रशिक्षण सुविधाओं का सृजन किया गया तथा 1969 में इनको उन्नतिशील कर एक निदेशालय बनाया गया।

पुणे स्थित केन्द्रीय प्रशिक्षण संस्थान में एक प्रशिक्षण कक्षा।

1970 – अनेक केंद्रों के बीच सूचनाओं के शीघ्र आदान–प्रदान करने के उद्‌देश्य से सन् 1970 में दूरसंचार निदेशालय की स्थापना की गई।

वर्तमान संचार तंत्र की संरचना।

1973 – भूमंडलीय आंकडों का संकलन तथा अंकीय मौसम भविष्यवाणी के क्षेत्र में दूरसंचार युग का प्रवेश।

उत्तरी गोलार्द्ध विश्लेषण केन्द्र, नई दिल्ली का एक दृश्य।

1977 – सन् 1977 में कम्प्यूटर में सभी प्रकार के मौसम–संबंधी आंकड़ों का अभिलेखन तथा उनकी सूक्ष्म जांच के लिए पुणे में राष्ट्रीय आंकड़ा केन्द्र स्थापित किया गया।

राष्ट्रीय आंकड़ा केन्द्र, पुणे का नियंत्रण कक्ष।

1982 – वायुमंडल के सुदूर संवेदन एवं स्वतः आंकड़े संग्रहण के लिये इनसेट उपग्रह ने एक भूस्थिर मंच प्रदान किया (एक कर्मीदल रहित आंकड़ा संग्रहण मंच)।

मानवरहित आंकड़ा एककीरण प्लेटफार्म।

2000 – इंटरनेट ने बेहतर सेवाएं उपलब्ध कराने का मार्ग प्रशस्त किया।

2002 – चक्रवात सूचक तंत्र में डॉप्लर वेदर रेडार्स (डी॰डब्ल्यू॰आर॰) को प्रविष्ट किया गया जिससे चक्रवात् की तीव्रता के सूक्ष्म स्तरीय का अनुमान लगाना संभव हो सका है।

चेन्नई में स्थापित प्रथम डी॰डब्ल्यू॰आर॰।

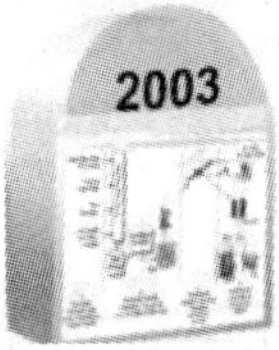

2003 – विश्वस्तरीय अंकीय आंकड़े प्रसारण प्रणाली द्वारा मौसम विज्ञान संबंधी आंकड़े एवं इनसेट उपग्रह बिम्बावली का शुभारंभ।

क्या है? मानसून और अलनिनो वस्तुतः ''मानसून'' शब्द का प्रयोग सबसे पहले भारत में ही किया गया। यह अरबी भाषा के शब्द ''मौसिम'' से बना है जिसका अर्थ है – ऋतु या मौसम। वस्तुतः मानसून जल–कणों से भरी वे हवाएँ है जो गरमियों में किसी महाद्वीप के विस्तृत भू–भाग के बहुत तप जाने के कारण बने कम वायुमंडलीय दाब को भरने के लिए हिंद महासागर की ओर चली जाती है। यह मानसून भारत, बांग्लादेश और पाकिस्तान में वर्षा के लिए उत्तरदायी है। भारत में ग्रीष्मकालीन ऋतु के चार महिनों, जून से सितम्बर के दौरान अरब सागर से नमी ग्रहण करती हुई दक्षिण–पश्चिमी हवाएं चलती हैं और दक्षिणी भाग को छोड़कर भारत के विस्तृत क्षेत्र पर वर्षा करती हैं। इसलिए इन्हें दक्षिण–पश्चिमी मानसून के नाम से जाना जाता है, जबकि अक्टूबर से दिसम्बर तक, तीन महिनों के दौरान इन हवाओं की दिशा बदल जाती है। बंगाल की खाड़ी से नमी ग्रहण करती हुई उत्तर–पूर्वी हवाएं चलती हैं। और भारत के दक्षिणी भागों में वर्षा करती हैं। इस कारण इन्हें उत्तर–पूर्वी मानसून के नाम से पुकारा जाता है।

भारत में ग्रीष्मकालीन मानसून के आरंभ होने की सामान्य दिनांक 1 जून है। मानसून का आरंभ सामान्यतया पहली जून को केरल में होता है। और मानसून की लहर उत्तर–पश्चिम दिशा की ओर बढ़ती हुई 15 जुलाई तक सम्पूर्ण देश में फैल जाती है। इसी प्रकार से मानसून की विदाई उत्तर से दक्षिण की ओर सितम्बर से 1 दिसम्बर तक होती है।

अलनिनो – मानसून को प्रभावित करने वाला एक और उल्लेखनीय घटक है, ''अलनिनो''। वस्तुतः यह एक स्पेनिश शब्द है, जिसका शाब्दिक अर्थ है, ''मानव शिशु (बालक)''। बहुत समय पहले, उत्तर–पश्चिमी दक्षिण अमेरिका के निवासियों द्वारा इस शब्द का प्रयोग एक ऐसी क्षीण समुद्र धारा को संबोधित करने के लिए किया जाता था जो समुद्र के सतही जल के अनायास गरम होने से संबंधित होती थी। और क्रिसमस के दौरान इक्वेडर और पेरू के तटों के साथ–साथ दक्षिण की ओर बहती थी। उष्ण कटिबंधीय पूर्वी प्रशांत महासागर की सतह का तापमान बढ़ जाने की घटना को ''अलनिनो'' कहते हैं। तथा सतह का तापमान घट जाने की घटना ''ला–निनो'' कहलाती है। इन घटनाओं के साथ उष्ण कटिबंधीय पश्चिमी प्रशांत महासागर में सतह का वायुमंडलीय दाब भी बढ़ता या घटता है, जो दक्षिणी दोलन या सदर्न ऑसिलेशन कहलाता है।

चक्रवात क्या है?

'चक्रवातीय तूफान' अथवा 'चक्रवात' वायुमंडल में वायु का प्रचंड भँवर अथवा तेजी से घूमने वाला बवंडर होता है, जिसके चारों ओर उत्तरी गोलार्द्ध में वामावर्त दिशा में तथा दक्षिणी गोलार्द्ध में दक्षिणावर्त दिशा में हवाएं बहुत तेजी से चक्कर काटती हैं।

वस्तुतः साइक्लॉन शब्द की उत्पत्ति ग्रीक शब्द 'साइक्लोस' से हुई है जिसका अर्थ सांप की कुंडली है। हैनरी पैंडिंगटन के अनुसार बंगाल की खाड़ी और अरब सागर में आने वाले उष्णकटिबंधीय तूफान कुंडली मारे हुए सांप जैसे समुद्र में प्रतीत होते हैं, इसलिए उन्होंने इन तूफानों का नाम 'साइक्लॉन' रखा।

चक्रवात अत्यधिक अवदाब वाले क्षेत्र होते है जिनके केन्द्र से हवा का दबाव बाहर की ओर बढ़ता है। केन्द्र में हवा का दबाव कम हो जाता है और जिस गति से हवा का दबाव बाहर की ओर बढ़ता है उसी गति से चक्रवातों की प्रचंडता तथा पवनों की गति भी बढ़ती है।

भारत मौसम विज्ञान विभाग ने बंगाल की खाड़ी और अरब सागर के निम्न दाब क्षेत्र की प्रणाली का वर्गीकरण विश्व मौसम विज्ञान संगठन द्वारा अपनाए गए मानकों के अनुसार ही किया है, जो निम्नलिखित हैं :–

विक्षोभ के प्रकार	परिसंचरण से संबद्ध पवनगति
1. निम्न दबाव क्षेत्र	17 नॉट से अधिक नहीं
2. अवदाब	17 से 27 नॉट
3. गहन अवदाब	28 से 33 नॉट
4. चक्रवातीय तूफान	34 से 47 नॉट
5. भीषण चक्रवातीय तूफान	48 से 63 नॉट
6. अत्यंत भीषण चक्रवातीय तूफान	64 से 119 नॉट
7. महाचक्रवात	120 नॉट और अधिक

1 नॉट = 1.86 कि॰मी॰प्रति घंटा

पूर्ण विकसित चक्रवात वायुमंडल में उग्र भँवर के रूप में होता है जो 150 से 1000 कि॰मी॰ तक के क्षेत्र में फैला हुआ है तथा 10 से 15 कि॰मी॰ ऊंचा होता है। इसके केन्द्र में सामान्य समुद्र स्तर – 30 से 100 हैक्टा पास्कल (हैक्टा पास्कल बार का हजारवां भाग) होता है। भारत में प्रायः यह समुद्र स्तर का सामान्य दाब होता है। जिसके चारों ओर 150 से 250 कि॰मी॰ प्रति घंटा या इससे भी अधिक गति की तेज हवाएं सर्पिल आकार में घूमती हैं। तूफान के मध्य के शांत भाग को तूफान का केन्द्र कहा जाता है। इस केन्द्र का व्यास 30–50 कि॰मी॰ के बीच होता है। यह क्षेत्र मेघरहित होता है और यहाँ पर मंद–मंद हवाएं चलती हैं।

इस शांत और हलचल रहित केंद्र के आस–पास, लगभग 50 कि॰मी॰ की दूरी तक तूफान का "मेघ सीमा क्षेत्र" बनता है जहाँ मेघ गर्जन और बिजली की चमक के साथ तेज हवाएं और घने मेघों से मूसलाधार वर्षा होती है। "मेघ सीमा क्षेत्र" की परिधि से दूर पवन की गति धीरे–धीरे कम होती जाती है। अति प्रचंड चक्रवाती तूफानों अथवा महा तूफानों की स्थिति में, यहाँ तक कि तूफान के केन्द्र से 600 कि॰मी॰ की दूरी पर भी 50 से 60 कि॰मी॰ प्र॰घं॰ की गति से हवाएं चलती हैं। तेज हवाओं के कारण समुद्र की स्थिति की विषमताएं बढ़ जाती है। जिससे 20 मीटर तक की ऊँचाई की लहरें उठती हैं और हजारों मील के क्षेत्र को प्रभावित करने वाली बहुत ऊंची महातरंगें भी उठती हैं। इसके साथ ही साथ आकाश में छाए घने काले बादलों से मूसलाधार वर्षा होती है और कभी–कभी मेघ गर्जन के साथ बिजली भी चमकती है। समुद्र और वायुमंडल की इस तरह की तूफानी स्थिति के कारण चक्रवात एक दिन में 300 से 500 कि॰मी॰ तक की गति से आगे बढ़ता हुआ तट के किनारों से टकराता है। इस समय 3 से 12 मीटर की ऊंची समुद्री तरंगें उठती हैं। चक्रवात तटीय क्षेत्रों को जलमग्न करता हुआ और कभी–कभी

तो समुद्र तट से 30 कि॰मी॰ तक स्थल पर वर्षा की बौछारें करता है जिसके कारण जान और माल की अपार हानि होती है।

भारतीय समुद्रों के चक्रवात

कुछ वायुमंडलीय और समुद्री अनुकूल स्थितियों में ही चक्रवात बनते हैं जो इन चक्रवातों के बनने के स्थान, उनके मार्ग और उनकी प्रचंडता के लिए जानी जाती हैं। समुद्र की इन प्रमुख मौसमी विविधताओं से ही चक्रवातों की गतिविधियों का पूर्वानुमान लगाने में सहायता मिलती है।

चक्रवात बंगाल की खाड़ी और अरब सागर दोनों को ही प्रभावित करते हैं। ये चक्रवात जनवरी से मार्च माह में बंगाल की खाड़ी में बहुत कम आते हैं। बंगाल की खाड़ी के दक्षिण में कहीं–कहीं दूर–दूर चक्रवात बनते हैं जो पश्चिम–उत्तर–पश्चिम की दिशा में आगे बढ़ते हुए तमिलनाडु और श्रीलंका के तटों को प्रभावित करते हैं। अप्रैल और मई माह में बंगाल की खाड़ी के मध्य भाग के दक्षिणी और समीपवर्ती भागों में ये चक्रवात बनते हैं और प्रारंभ में ये उत्तर–पश्चिम, उत्तर की ओर आगे बढ़ते हैं तथा फिर अप्रैल में अर्कन तट और मई माह में आंध्र–उड़ीसा–पश्चिम बंगाल, बंगला देश के तटों को प्रभावित करते हुए उत्तर–पूर्व की ओर मुड़ जाते हैं। मानसून प्रणाली अधिकांशतः (जून–सितम्बर) खाड़ी के मध्य भाग और उत्तरी भाग में ही विकसित होती हैं और आंध्र–उड़ीसा–पश्चिम बंगाल के तटों को प्रभावित करती हुई पश्चिम–उत्तर–पश्चिम की ओर बढ़ जाती है। यद्यपि मानसून प्रणाली अन्य मौसमों में यहाँ उतनी तीव्र नहीं रहती है। मानसून के बाद (अक्टूबर–दिसम्बर) तूफान अधिकांशतः खाड़ी के दक्षिण और मध्य भाग में बनते हैं और फिर ये पश्चिम अथवा पश्चिम–उत्तर–पश्चिम की ओर बढ़ते हैं और इस प्रकार से तमिलनाडु–आंध्र–उड़ीसा–पश्चिम बंगाल–बंगला देश के तटों को प्रभावित करते हुए 15° और 19° उत्तरी अक्षांश के मध्य फिर मुड़ जाते हैं।

अरब सागर में चक्रवात जनवरी, फरवरी और मार्च के महीनों के दौरान नहीं बनते हैं तथा अप्रैल, जुलाई, अगस्त और सितम्बर के महीनों में बनते हैं। ये सामान्यतया दक्षिणी पूर्वी अरब सागर और समीपवर्ती मध्य अरब सागर में मई, अक्टूबर, नवम्बर और दिसम्बर के महीनों में बनते हैं, तथा मध्य अरब सागर के पूर्व में ये जून के महीनें में बनते हैं। बंगाल की खाड़ी में उठने वाले कुछ चक्रवात प्रायद्वीप को पार करते हुए अरब सागर में पहुंचकर कम दबाव वाले क्षेत्र के रूप में कमजोर पड़ जाते हैं और ये दुबारा बनने लगते हैं। कभी –कभी ये पुनः चक्रवातीय तूफान के रूप में जीवित हो उठते हैं। अरब सागर में अधिकांश तूफान मई के माह

में पश्चिम–उत्तर–पश्चिम की दिशा में अरब के तट की ओर बढ़ते हैं तथा जून के महीने में उत्तर दिशा में गुजरात के तट की ओर बढ़ते हैं। अन्य महीनों में ये प्रायः उत्तर–पश्चिम या उत्तर की ओर बढ़ते हैं और पुनः उत्तर पूर्व की ओर मुड़कर आगे बढ़ते हुए गुजरात–महाराष्ट्र के तटों को प्रभावित करते हैं; किंतु कुछ तूफानी चक्रवात पश्चिम–उत्तर–पश्चिम दिशा में चलते हुए अरब के तट की ओर बढ़ जाते हैं।

मानसूनी वर्षा ऋतु के तूफानों की तुलना में मानसून ऋतु से पूर्व और उसके बाद के तूफान कहीं अधिक प्रचंड होते हैं। भारतीय समुद्रों के भीषण चक्रवातीय तूफानों का जीवन काल इनके उत्पन्न होने के समय से लेकर तट को पार करने के समय तक औसतन लगभग चार दिन का होता है।

चक्रवातों से होने वाले विनाश

चक्रवातों से मिलकर विनाशलीला करने वाले तीन घटक हैं जिनका विवरण निम्नवत् हैं :–

(1) चक्रवात में बहुत तीव्र अवदाब होता है जिसके परिणामस्वरूप वायु प्रचंड हो जाती है। फिर इस प्रचंड वायु के कारण समुद्र में तूफानी तरंगें उठती हैं। अत्यंत भीषण उष्णकटिबंधीय चक्रवात अथवा महाचक्रवात के आने के समय तट के समीप समुद्र के जलस्तर में असमान्य रूप से वृद्धि होने से समुद्र में उठने वाली ऊँची लहरों को तूफानी तरंगें कहते हैं; इन तूफानी तरंगों के साथ समुद्र का पानी समीपवर्ती निचले स्थानों में घुस जाता है और वापस लौटते समय मनुष्यों और जानवरों को समुद्र में घसीट लाता है। इससे समुद्री तट एवं तटबंध क्षतिग्रस्त हो जाते हैं, फसलें बरबाद हो जाती है और वापस लौटते समय पानी मिट्टी की उर्वरा परत साथ बहा ले जाता है जिससे मिट्टी की उर्वरा शक्ति कम हो जाती है।

(2) तूफानी हवाएं संस्थापनाओं, भवनों, संचार साधनों और वृक्षों आदि को क्षतिग्रस्त कर देती हैं जिससे जन और धन की अपार हानि होती है।

(3) चक्रवातों के कारण होने वाली लगातार भारी वर्षा से नदियों में बाढ़ आ जाती है और जिससे निचले क्षेत्र जलमग्न हो जाते हैं। इसके परिणामस्वरूप जान और माल की हानि होती है। ऊँची समुद्री लहरों के कारण बाढ़ और तटीय

निचले क्षेत्रों के जलमग्न होने से पीने के पानी के स्रोत प्रदूषित हो जाते हैं जिससे महामारियाँ फैलती हैं।

यहाँ इस बात का उल्लेख करना जरूरी है कि ऊपर बताए गए सभी तीनों कारक एक ही साथ घटित होते हैं। अतः इसी कारण आपदा प्रशमन के राहत कार्यों में बाधा उत्पन्न होती है। इसलिए यह आवश्यक है कि चक्रवातों के कारण उत्पन्न होने वाली प्रतिकूल मौसम स्थितियों के आरम्भ होने से पूर्व राहत कार्यों के लिए पहले से ही कार्रवाई की जाए।

तीव्र चक्रवात के साथ उठने वाली ऊँची तरंगें अधिकतम विनाशकारी होती हैं। इतिहास के अवलोकन से यह ज्ञात होता है कि जिस समय समुद्री तरंगों की ऊँचाई 3 मीटर या इससे भी अधिक थी उस समय बहुत अधिक जानें गई और जब समुद्री तरंगों की ऊँचाई 5 मीटर अथवा इससे भी अधिक थी तब बहुत अधिक विनाश हुआ है। चित्र–40 में आंध्रप्रदेश के एक समुद्र तटीय क्षेत्र में चक्रवात से हुए विनाश के दृश्य को दर्शाया गया है।

चित्र – 40. आन्ध्रप्रदेश के एक समुद्र तटीय जिले में आये तूफानी चक्रवात के कारण हुए विनाश का दृश्य

विनाशकारी तूफानों से बचने के उपाय

यद्यपि उष्णकटिबंधीय चक्रवातों के प्रतिकूल प्रभावों से बचा नहीं जा सकता है। अतः उनकी प्रकृति के अनुरूप ही हमें अपने जीवन को ढ़ालना होगा।

चक्रवात आपदा रोकथाम और प्रशमन योजना को कारगर बनाने के लिए निम्नलिखित बातें आवश्यक हैं :–

– चक्रवात पूर्वानुमान और चेतावनी सेवा।

– सरकारी अभिकरणों, बंदरगाहों, मात्स्यिकी और जहाजरानी जैसे समुद्री हितों तथा आम जनता के लिए चेतावनियों का तत्परता से प्रसारण।

- चक्रवात – संभावित क्षेत्रों में चक्रवात के समय आश्रयस्थलों के निर्माण की व्यवस्था और चक्रवात के दौरान लोगों को सुरक्षित स्थानों पर ले जाने के लिए संगठनों की तैयारी।
- आपातकालीन स्थिति से निपटने के लिए सभी स्तरों पर सामुदायिक तैयारी।

भारत में चक्रवात से संबंधित कार्रवाई

चक्रवात पूर्वानुमान और पूर्व चेतावनी देने के लिए भारत सरकार ने चैन्नई और कोलकाता में (चित्र – 41) डॉपलर मौसम रेडार और पूर्वी तट पर पारादीप, विशाखापट्टनम, मछलीपट्टनम और कराईकल तथा पश्चिम तट पर कोचीन, गोवा, मुम्बई और भुज में चक्रवात संसूचन रेडार उपलब्ध कराकर भारत मौसम विज्ञान विभाग को सुदृढ़ बनाया है। इसके अलावा, तटीय आंध्र प्रदेश के श्रीहरिकोटा में भी देश में ही विकसित डॉपलर मौसम रेडार इसरो द्वारा लगाया गया है। वर्तमान में कार्य कर रहे चक्रवात संसूचन रेडारों के स्थान पर चरणबद्ध रूप से डॉपलर मौसम रेडार भी कालांतर में लगाने की योजना है।

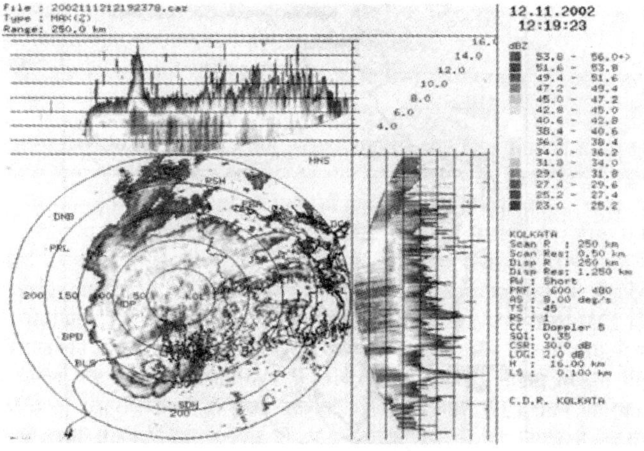

चित्र – 41. कोलकाता में चक्रवात संसूचन रेडार द्वारा लिया गया चित्र

दिल्ली, मुम्बई, पुणे, चेन्नई, विशाखापट्टनम, कोलकाता और गुवाहाटी में लगे उपग्रह से चित्र प्राप्त करने वाले उपस्कर (एपीटी) चक्रवातों के उपग्रह चित्र ध्रुवकक्षीय उपग्रहों से प्राप्त कर रहे हैं। नई दिल्ली और चैन्नई में उन्नत अति उच्च विभेदन रेडियोमीटर (ए वी एच आर आर) धरातल पर चित्र प्राप्त करने वाले उपस्कर कार्य कर रहे हैं। इन केन्द्रों से अति उच्च विभेदन मेघ (1.1 कि॰मी॰ विभेदन) तथा टी आई

पी डाटा (टिरोस सूचना संसाधक) से भी पाँच चैनलों पर नियमित रूप से चित्र लिए जा रहे हैं। सभी पाँचों चैनलों पर अति उच्च विभेदन का आना इन प्रणालियों की मुख्य विशेषता है। उपग्रह कार्यक्रम के माध्यम से चक्रवातों के मार्ग का पता लगाने और उनका पूर्वानुमान करने में और सुधार हुए हैं। भारतीय भूस्थिर उपग्रहों से चित्र दृश्य और अवरक्त चैनलों पर अक्टूबर 1983 से प्राप्त किए जा रहे हैं। उपग्रह से प्रत्येक घंटे में प्राप्त चित्रों से चक्रवात का मानीटरन जनता को समय रहते चक्रवात की चेतावनी जारी करने की पूर्वानुमानकर्त्ता की क्षमता को उन्नत करने में सहायता प्रदान करती है। उपग्रह मौसम आंकड़ा उपयोग केन्द्र (एम डी यू सी) नई दिल्ली से प्राप्त उपग्रह के चित्र मौसम विज्ञान आंकड़ा प्रसारण (एम डी डी) प्रणालियों के माध्यम से सभी पूर्वानुमान कार्यालय के गौण आंकड़ा उपयोग केन्द्र को प्रसारित किए जाते हैं। हाल ही में मौसम वैज्ञानिक कार्यों के लिए पूरी तरह से समर्पित भूस्थिर उपग्रह आई एम ई टी एस ए टी प्रक्षेपित किया गया है। इस उपग्रह का नाम अब कल्पना –1 रखा गया है। भारतीय तट रेखा के समानांतर 10 चक्रवात संसूचन रेडार संजाल को चित्र –42 में दर्शाया गया है।

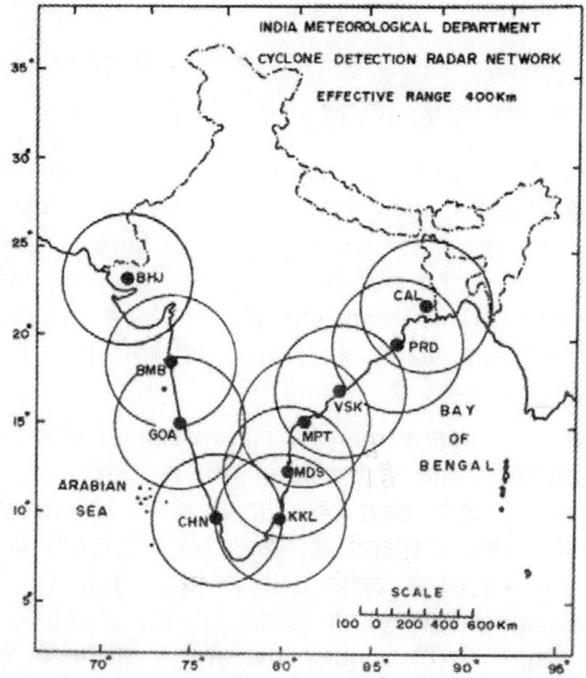

चित्र – 42. भारतीय तट रेखा के समानांतर 10 चक्रवात संसूचन रेडार संजाल

भारत मौसम विज्ञान विभाग के चक्रवात चेतावनी संगठन की तीन स्तरीय प्रणाली समुद्रवर्ती राज्यों की आवश्यकताओं को पूरा करती है। चेन्नई, मुम्बई और कोलकाता में क्षेत्रीय चक्रवात चेतावनी केन्द्र तथा विशाखापट्टनम, अहमदाबाद और भुवनेश्वर चक्रवात चेतावनी केन्द्र है। पुणे स्थित संस्थान चक्रवात चेतावनी कार्य प्रणालियों का समन्वयन राष्ट्रीय स्तर पर करता है। जबकि, नई दिल्ली स्थित चक्रवात चेतावनी प्रभाग केंद्र सरकार के संगठनों और अन्य अभिकरणों के साथ समन्वयन और सम्पर्क अंतरराष्ट्रीय स्तर पर करता है। नई दिल्ली स्थित चक्रवात चेतावनी प्रभाग नई दिल्ली के क्षेत्रीय विशेषीकृत मौसम विज्ञान केंद्र – उष्णकटिबंधीय चक्रवात के रूप में भी कार्य कर रहा है। नई दिल्ली स्थित मुख्यालय का संख्यात्मक मौसम पूर्वानुमान प्रभाग चक्रवात के आगे बढ़ने के पथ के संबंध में कम्प्यूटराइज्ड ऑपरेशनल पूर्वानुमान जारी करता है। इस केन्द्र द्वारा तूफानी समुद्री लहरों की परामर्शिकाएं क्षेत्रीय चक्रवात चेतावनी केन्द्र/चक्रवात चेतावनी केन्द्र को जारी की जाती हैं। चेन्नई स्थित चक्रवात चेतावनी अनुसंधान केंद्र में चक्रवातों के वैज्ञानिक और क्रियात्मक पहलुओं के विषय में अनुसंधान किया जा रहा है। नई दिल्ली स्थित मुख्यालय में तूफानी समुद्री लहरों पर विशेष प्रकार के अनुसंधान और उष्णकटिबंधीय चक्रवात की तीव्रता का पूर्वानुमान तैयार किया जाता है।

मौसम के पूर्वानुमान का विज्ञान

मौसम के पूर्वानुमान का अर्थ है पहले से ही मौसम के बारे में अनुमान लगा लेना। दूरदर्शन, रेडियो एवं समाचार पत्र के माध्यम से हमें समय–समय पर मौसम और उसके पूर्वानुमान के विषय में सूचना मिलती रहती है। अगले चौबीस घंटों में 'मौसम साफ रहेगा' या 'बादल छाए रहेंगे' या 'गरज के साथ आंधी आने की संभावना है', आदि मौसम की भविष्यवाणी का पता चलता है। मौसम पूर्वानुमान के अनुसार हमारी दैनिक गतिविधियां चलती हैं।

मौसम की जानकारी, पूर्वानुमान एवं चेतावनी देने में मौसम विशेषज्ञ महत्वपूर्ण भूमिका निभाते हैं। बाढ़ की संभावना होगी या शीत लहर चलेगी अथवा लू; कुहरा छाया रहेगा या पहाड़ों पर हिमपात होगा; काल बैसाखी जैसे बवंडरों व तूफानों से मकानों की छतें उड़ेंगी या पेड़ और खंभे गिरेंगे; भू–स्खलन से पहाड़ी रास्ते अवरूद्ध होंगे या समुद्री तटों पर ऊंची–ऊंची समुद्री लहरें तूफानी हवाओं के साथ टकराएंगी; झंझावाती बादलों से बिजली गिरेगी या भीषण वर्षा होगी – मौसम की इन समस्त विषम अवस्थाओं की जानकारी मौसम विशेषज्ञों द्वारा ही दी जाती है। मौसम अभिलेखी यंत्रों को चित्र –43 एवं 44 में दर्शाया गया है।

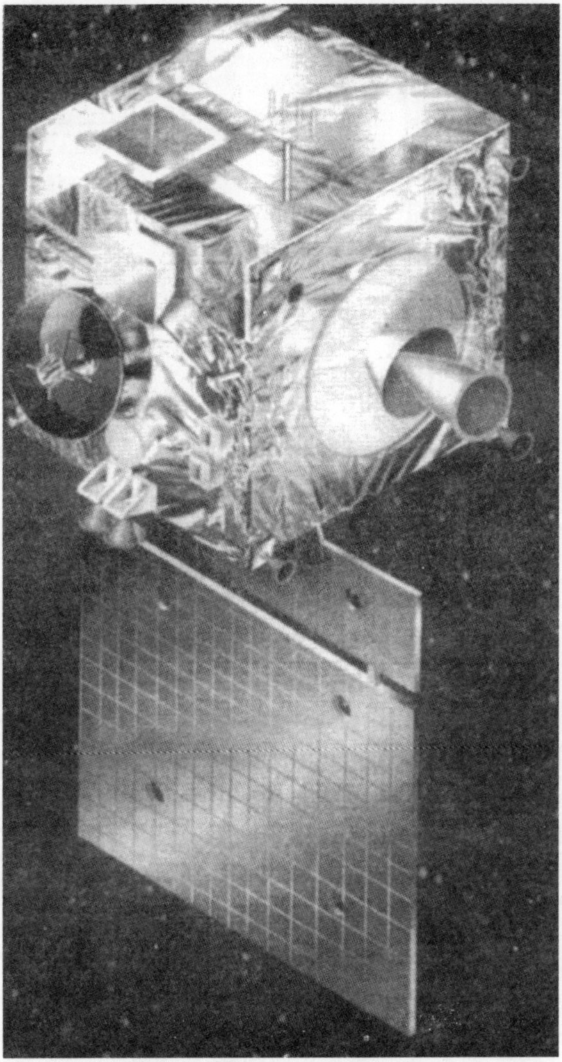

चित्र –43. मौसम अभिलेखी यंत्र

मौसम एवं वायुमंडलीय विज्ञान के क्षेत्रों में जेनेवा स्थित विश्व मौसम विज्ञान संगठन पूरे विश्व में सभी राष्ट्रों के आपसी सहयोग के लिए महत्वपूर्ण कार्य कर रहा है। इसके द्वारा जलवायु परिवर्तन, पुरातत्व जलवायु का अध्ययन तथा नए अंतरराष्ट्रीय कार्यक्रम भी बनाए जाते हैं। इनकी विशिष्ट मौसम सेवाओं का उपयोग वायुयानों की उड़ानों, समुद्री जहाजों की सुरक्षा एवं कृषि समेत अनेक क्षेत्रों में किया जाता है।

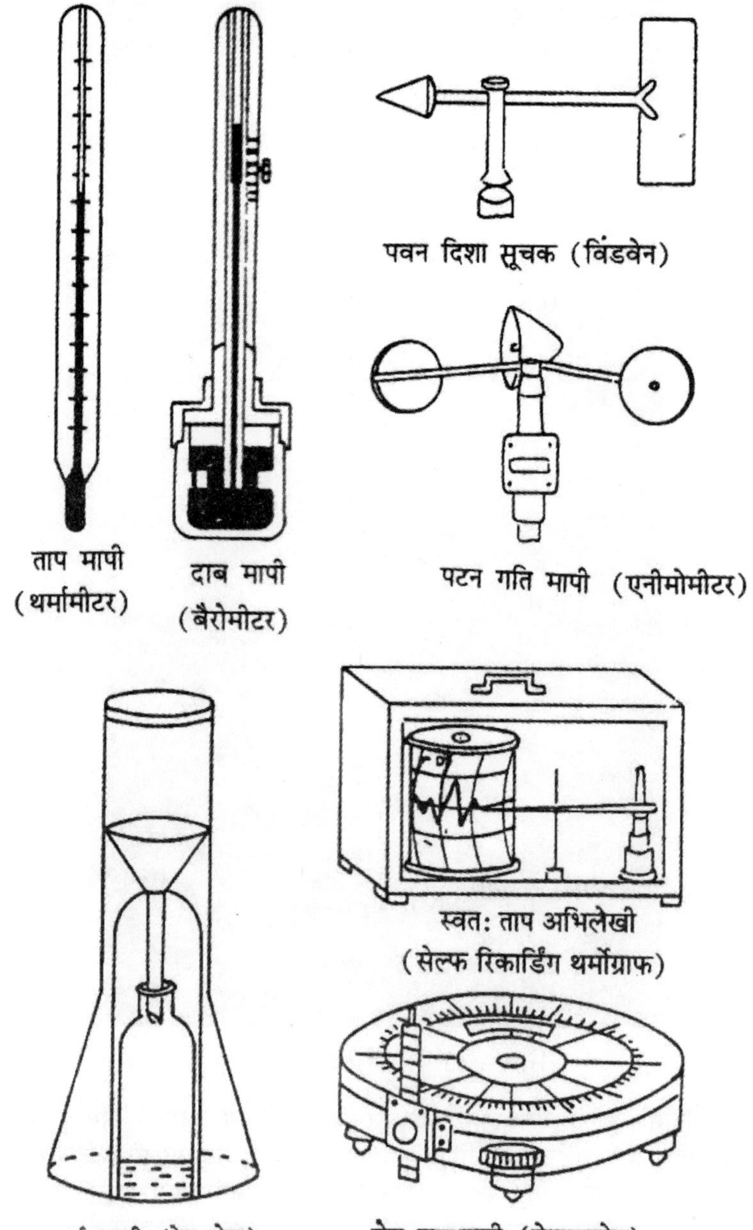

चित्र–**44**. मौसम अभिलेखी यंत्र

जीवन के विभिन्न क्षेत्रों में मौसम सेवाओं की उपयोगिता

जीवन के हर क्षेत्र में मौसम सेवाओं की कई उपयोगिताएं हैं –

- विमानन मौसम सेवाएँ
- जहाजरानी एवं मत्स्यपालन हेतु सेवाएँ
- समुद्र प्रदूषण में आपातकालीन सेवाएँ
- बन्दरगाहों के लिए सेवाएँ
- थलाभिमुख चेतावनी सेवाएँ
- जनहित में सेवाएँ
- कृषि एवं किसानों के लिए सेवाएँ
- चक्रवात चेतावनी एवं बाढ़ पूर्वानुमान सेवाएँ
- हिमनद विज्ञान
- जल संतुलन एकक द्वारा सेवाएँ
- आपदा प्रशमन सेवाएँ
- जलवायवी सेवाएँ
- वातावरणीय मौसम विज्ञान एवं वायु गुणवत्ता व्यवस्थापन सेवाएँ
- मौसम पूर्वानुमान
- भारतीय सेना के लिए सेवाएँ

विमानन मौसम सेवाएँ

वायुयान उड्डयन हेतु मौसम सेवाओं के मुख्य उद्देश्य वायुयान संचालन में सुरक्षा, नियमितता, दक्षता एवं अर्थ प्रबंधन की दिशा में योगदान देना है।

विमान चालन हेतु विमानन सम्बन्धी मौसम सूचनाएँ हवाई कंपनी, विमान के कर्मीदल, ए॰टी॰सी॰, खोज तथा बचाव एकक, विमानपत्तन व्यवस्थापन इत्यादि को दी जाती हैं।

जहाजरानी एवं मत्स्यपालन हेतु सेवाएँ

समुद्री जहाजों एवं मछुआरों के लिए दिन में चार बार मौसम बुलेटिन प्रसारित किये जाते हैं। (समुद्री तूफान एवं अवदाब के दौरान अधिक बार)।

बंदरगाह मौसम विज्ञान संपर्क कार्यालयों द्वारा सेवाएँ :

- बंदरगाह में खड़े जहाजों का मौसम उपकरणों के अंशांकन हेतु निरीक्षण।
- जलयात्रा में निकलने वाले जहाजों को मौसम सम्बन्धी जानकारी देना।

थलाभिमुख चेतावनी सेवाएँ

सन् 1885 से जिला अधिकारियों एवं सिंचाई, रेलवे, पुलिस, तार, कृषि, लोकसेवा आदि कार्यालयों को भारी वर्षा की चेतावनी दी जा रही है।

इसके अलावा आंधी, कोहरा, पाला एवं मानसून के आगमन के सन्देश भी दिए जाते हैं। वार्षिक तौर पर 19,000 से भी अधिक चेतावनी संदेश जारी किये जाते हैं।

जनहित में सेवाएँ

- प्रतिकूल मौसम के दौरान जनहित में पूर्वानुमान एवं चेतावनियाँ जारी की जाती है।
- मौसम प्रतिवेदन के अलावा रेडार प्रेक्षणों के आधार पर गरज के साथ तूफान एवं आंधी की चेतावनी आकाशवाणी एवं निजी रेडियो चैनलों द्वारा प्रसारित किये जाते हैं।
- टेलीविजन चैनलों पर वर्षा, तापमान, वायुदाब इत्यादि मौसम घटनाओं का प्रसारण किया जाता है। इनसेट उपग्रह से प्राप्त बिम्बावली भी इसी दौरान प्रसारित किये जाते हैं। ये विविध भाषाओं में प्रसारित होते हैं।
- इसके अलावा देश के लगभग सभी समाचार पत्रों में भी मौसम पूर्वानुमान एवं स्थानीय पूर्वानुमान प्रकाशित किए जाते हैं।
- दूरभाष केन्द्र की विशेष सूचना सेवाओं के द्वारा भी मौसम सम्बन्धी जानकारी जनता तक पहुँचाई जाती है।

कृषि एवं किसानों के लिए सेवाएँ

- कृषि मौसम विज्ञान विभाग द्वारा फसल मौसम कैलेंडर तैयार किये जाते हैं, जिनके माध्यम से फसलों के विकास के

दौरान प्रभावित करने वाले विभिन्न मौसम तत्वों की जानकारी मिलती है।

– साप्ताहिक तौर पर कृषि मौसम परामर्श बुलेटिन जारी किये जाते हैं, जिनका हमारे किसान लाभ उठाते हैं।

– इसके अलावा प्रतिदिन किसानों के लिए कृषक मौसम बुलेटिन भी देश के विभिन्न भागों से जारी किये जाते हैं।

कृषि मौसम परामर्शिका की मुख्य मानावली

– मानसून के आगमन की सूचना के आधार पर खरीफ फसलों की बुवाई/रोपाई।
– अवशेष मृदा जल के आधार पर रबी फसल की बुवाई।
– हवा की गति एवं दिशा के आधार पर कीटनाशकों का छिड़काव।
– वर्षा की तीव्रता के आधार पर उर्वरकों का छिड़काव।
– मौसम पूर्वानुमान के आधार पर नुकसानदेह कीटों एवं पौध रोग के प्रकोप का पूर्वानुमान।
– फसल की क्रांतिक अवस्था पर सिंचाई।
– मौसम आधारित फसल की आवश्यकता के अनुसार सिंचाई की मात्रा एवं अवधि की सुनिश्चितता।
– फसलों की उचित समय पर कटाई हेतु परामर्श।

कृषि परामर्श सेवा का प्रसारण निम्नलिखित साधनों द्वारा किया जाता है –

– आकाशवाणी और दूरदर्शन
– निजी दूरदर्शन और रेडियो चैनेल्स
– समाचार पत्र एवं इन्टरनेट
– भारतीय कृषि अनुसंधान परिषद् और अन्य संबंधित संस्थाएँ/कृषि विश्वविद्यालय/राज्यस्तरीय कृषि प्रसार विभाग/केन्द्रीय कृषि विभाग

कृषि विज्ञान केन्द्र

– किसानों एवं व्यवस्थापक के साथ समय–समय पर विचार विमर्श द्वारा कृषि परामर्श को अधिक उपयोगी बनाना।
– किसानों को अविलम्ब कृषि परामर्श बुलेटिन का वितरण।

- कृषि परामर्श का स्थानीय अधिकाधिक बोली भाषाओं के साथ–साथ अंग्रेजी में भी प्रसारण।
- मौसम की अनिश्चितता में वृद्धि के कारण पिछले कुछ समय से फसल के उपज की पूर्वानुमान की आवश्यकता प्रतीत हो रही है।
- इसे वास्तविकता में लाने के लिए मौसम विज्ञान प्राचलों, मुख्यतया वर्षा और तापमान, विकिरण इत्यादि का अध्ययन कम्प्यूटर आधारित डीसेट क्रॉप मॉडल के द्वारा गेहूँ एवं धान के साथ–साथ अन्य फसलों के लिए फसल उपज पूर्वानुमान आरम्भ किया गया है।
- मात्रात्मक फसल उपज पूर्वानुमान सूत्र द्वारा खरीफ में धान के लिए देश में 22 उपमंडलों के लिए और गेहूँ के लिए 9 उपमंडलों के लिए विकसित किया गया।
- इस कार्य पद्धति के उपयोग से खरीफ एवं रबी के दौरान प्रत्येक माह में फसल उपज के लिए पूर्वानुमान जारी होता है।
- राजस्थान में टिड्डीदल की गतिविधियों के दौरान सात पवन सूचक गुब्बारा वेधशालाओं द्वारा प्राप्त प्रेक्षणों की सहायता से चेतावनी जारी की जाती है।
- फसल कीटाणु, फसलों की बीमारी एवं वर्तमान मौसम प्राचल (पैरामीटर) के आपसी संबंधी का अध्ययन किया जा रहा है।

चक्रवात चेतावनी एवं बाढ़ पूर्वानुमान सेवाएँ

आपदा सम्बन्धी चक्रवातीय तूफान प्रति वर्ष भारतीय तटों को भारी नुकसान पहुँचाते हैं।

- इन तूफानों की पूर्व चेतावनी जान और माल को नुकसान से बचाती है।
- दिल्ली और क्षेत्रीय चेतावनी केन्द्रों पर लगे उपग्रह की सुविधाओं से युक्त संसूचन रेडार तरह–तरह के तूफानों के आने की खबर रखते हैं।
- बाढ़ प्रबंधन में बांधों से पानी छोड़ने की समय–सारणी तैयार करना एक महत्त्वपूर्ण कार्य हैं। सरकार को बाढ़ आने की पूर्व सूचना देने के लिए विशिष्ट नदी बेसिनों में भारत मौसम विज्ञान विभाग के बाढ़ मौसम कार्यालय स्थापित हैं।

भारत की प्रथम मौसम वेधशाला, अलीपुर

सागर कन्या

सागर निधि

निर्लवणीकरण संयत्र

समुद्र में स्थापित आर्गो प्लव

रोसब व गैस हाइड्रेट

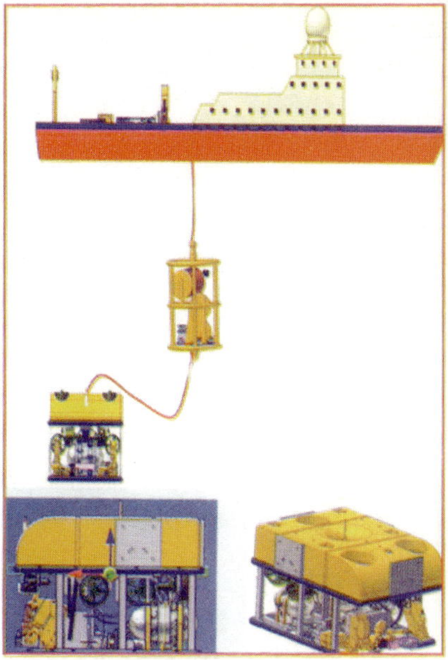

मानव रहित पनडुब्बी

खुला समुद्र पंजर कल्चर

बहुधात्विक पिंडिकाएँ

स्वायत्त परिवेशन शोर मापन प्रणाली का परीक्षण

स्वस्थाने मिट्टी परीक्षक

ध्वनिक परीक्षण सुविधा

आर्गो से प्राप्त समुद्र स्तर की जानकारी

मत्स्य परामर्शी रोवा

इंकॉइस की विविध क्षेत्रों में जनोपयोगी उपलब्धियाँ

सुपर कम्प्यूटर

भारतीय अंटार्कटिक अभियान

प्रथम दक्षिण ध्रुव वैज्ञानिक अभियान

पेंगुईन

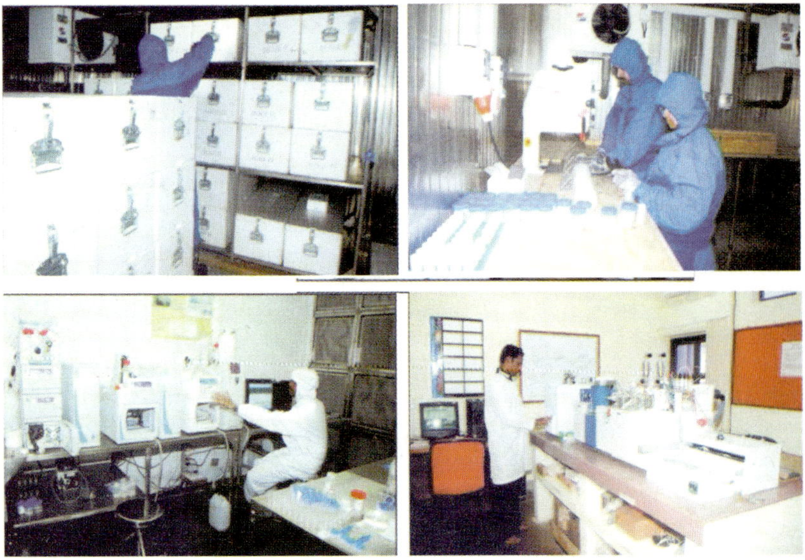

हिमकोर प्रयोगशाला

सौर स्थलीय भौतिकी

रेडियो सोण्ड गुब्बारा

भू वैज्ञानिक चित्र

सीएमएलआरई की उपलब्धियाँ

एनसीईएसएस के शोध की झलक

समुद्र में प्रदूषण

पृथ्वी का बढ़ता तापमान

कार्बनडाईऑक्साइड का बढ़ता उत्सर्जन

पिघलते ग्लेशियर

भविष्य की ऊर्जा

मौसम पूर्वानुमान

- मानसून एक नियमित किन्तु विविधतापूर्ण परिघटना है।
- देश की अर्थव्यवस्था मानसून वर्षा की मात्रा पर काफी निर्भर करती है।
- इस विभाग द्वारा ग्रीष्मकालीन मानसून वर्षा की प्रवृत्ति के लिए मौसम दीर्घावधि पूर्वानुमान नियमित रूप से जारी किये जाते हैं।

भारतीय सेना के लिए सेवाएँ

- भारत मौसम विज्ञान विभाग देश की तीनों रक्षा सेवाओं को मौसम सेवाएँ प्रदान करता है।
- भारतीय वायु सेना इन सेवाओं का सबसे ज्यादा लाभ उठाती है।
- मौसम प्रेक्षण, पूर्वानुमान, नियमित प्रकाशन, बुलेटिन, प्रशिक्षण आदि सेवाएँ हमारी सेनाओं को दी जाती हैं।
- भारतीय वायु सेना एवं भारतीय नौ सेना उनके क्रियाशील स्टेशनों में कई वेधशालाओं का रखरखाव करते हैं। इन वेधशालाओं का निरीक्षण भारत मौसम विज्ञान विभाग द्वारा किया जाता है।

अतिरिक्त सेवाएँ

- भारत के एक विस्तृत भूभाग पर प्रायशः सूखा पड़ता है। सूखा प्रबंधन के लिए वर्षा होने के स्थान और समय की सही जानकारी होनी अपेक्षित है। इस कार्य के अन्तर्गत मौसम विज्ञान और जलवायु विज्ञान की सेवाएँ उपलब्ध करायी जाती है।
- बृहत् हिमालय में हिमपात और हिमस्खलन जोखिम भरी आपदाएं हैं। इन आपदाओं के समय बचाव के कार्यों को ठीक ढंग से करने के लिए भारत मौसम विज्ञान विभाग दुर्गम क्षेत्रों में पूर्वानुमान उपलब्ध कराता है।
- राष्ट्रीय पंचांगों का प्रकाशन, भारतीय राष्ट्रीय कैलेंडर का प्रकाशन, भारतीय पंचांगों की गणना।
- ओजोन छिद्र अध्ययन, अंटार्कटिक मौसम विज्ञान अध्ययन।

विमानन

विमानन के क्षेत्र में, विमान चालकों को उनके वायुमार्ग में मिलने वाले मौसम की सूचना दी जाती है। मौसम प्राचलों (पैरामीटर्स) में निर्धारित परिवर्तन के बारे में पूर्व सूचना दी जाती है। मौसम के विभिन्न प्राचल (जैसे, तापमान, वायुदाब आदि) वायुयान की उड़ान पर अपना प्रभाव डालते हैं। उदाहरणार्थ, पवन की विपरीत दिशा में उड़ान के समय वायुयान की गति पर प्रतिकूल प्रभाव पड़ता है। इसके परिणामस्वरूप वायुयान द्वारा ईंधन की खपत में भी परिवर्तन होता है। इसी प्रकार वायु के तापमान में अंतर के कारण वायुयान की भार ढोने की क्षमता पर असर पड़ता है।

वायुयान की उड़ान को तीन विभिन्न चरणों में मौसम पूर्वानुमान की आवश्यकता पड़ती है। ये हैं –

– उड़ान के समय (टेक–ऑफ)

– उड़ान के दौरान समय (फ्लाइट) एवं

– वायुयान के नीचे उतरते समय (लैंडिंग)।

वायुयान की उड़ान से पूर्व प्रत्येक विमान चालक अथवा उसका प्रतिनिधि हवाई अड्डे में स्थित मौसम कार्यालय में जाकर आवश्यक सिनॉप्टिक मौसम चार्ट तथा उड़ान के तीनों चरणों के दौरान संभावित मौसम के विषय में मौखिक जानकारी भी ग्रहण करता है।

हवाई उड़ान के दौरान भी विमान चालकों को मौसम के विषय में अत्यन्त महत्वपूर्ण सूचना बेतार दूरसंचार प्रणाली द्वारा प्रसारित की जाती है। विमान चालक आल्टीमीटर नामक उपकरण की सहायता से अपने वायुयान की ऊँचाई का पता लगाता है। यह उपकरण वायुदाब के सिद्धान्त पर आधारित होता है। वायुदाब में मामूली अंतर के कारण धरातल से वायुयान की ऊँचाई का अनुमान गलत सिद्ध होने पर भीषण दुर्घटना की आशंका रहती है।

हवाई उड़ान के दौरान वायुमंडल में मेघ परिवार का सबसे खतरनाक सदस्य कपासी वर्षी अथवा झंझावाती बादल मिलने पर विमान चालक को अनेक कठिनाइयों एवं यात्रियों को असुविधाओं का सामना करना पड़ता है। इसका मुख्य कारण यह है कि कपासी वर्षी बादल में वायु का ऊपर व नीचे की ओर तीव्र प्रवाह, घोर गर्जन, बिजली कड़कना, बर्फ जमना, प्रक्षोभ (टर्बुलेंस), आदि विद्यमान होते हैं। वायु के ऊपर व नीचे की ओर तीव्र प्रवाह के कारण वायुयान का संतुलन एवं नियंत्रण बिगड़ सकता है। वायुयान के विभिन्न भागों पर बर्फ जमने से भी वायुयान असंतुलित हो सकता है। प्रक्षोभ के कारण बादल के अंदर

विभिन्न भागों के बीच वायुदाब में अंतर स्थापित हो जाता है, जिसके फलस्वरूप वायुयान अकस्मात् गेंद की भांति ऊपर–नीचे उछलता है और अनियंत्रित होकर पृथ्वी पर गिर सकता है। ऐसी स्थिति में सभी यात्री भयभीत हो जाते हैं।

कृषि

कृषि के क्षेत्र में भी मौसम पूर्वानुमान की सेवाएं उपलब्ध की जाती हैं। कृषि संपदा मुख्यतः वर्षा पर ही निर्भर करती है। अपर्याप्त वर्षा के कारण जमीन शुष्क हो जाती है। इसके फलस्वरूप पेड़–पौधों को आवश्यक मात्रा में नमी न मिलने के कारण वे क्षतिग्रस्त हो जाते हैं तथा सूखा की स्थिति उत्पन्न हो जाती है। वर्षा के अतिरिक्त, फसल का विकास अन्य कारकों पर भी निर्भर करता है। इनमें वायु एवं भूमि का तापमान, आर्द्रता, मेघों की मात्रा, अधिकतम वाष्पोत्सर्जन, मिट्टी का चमकीलापन विशेषरूप से उल्लेखनीय हैं। अतः मौसम के इन प्राचलों पर आधारित संख्यात्मक समीकरणों के प्रयोग से फसल की उपज का पूर्वानुमान लगाया जाता है। कृषकों को फसल की बुवाई से लेकर कटाई के समय तक यदा–कदा मौसम संबंधी महत्वपूर्ण सूचनाएं प्रदान की जाती हैं।

मौसम पूर्वानुमान की मदद से कृषक सिंचाई, कटाई आदि का समुचित प्रबंध करते हैं। इसके अतिरिक्त, मौसम पूर्वानुमान से योजनाकारों को भावी योजनाएं बनाने हेतु मदद मिलती है तथा सरकार खाद्य सामग्री के संभरण एवं वितरण हेतु आवश्यक कदम उठाती है।

चक्रवात चेतावनी

कई अन्य क्षेत्रों में भी मौसम पूर्वानुमान सेवाओं की आवश्यकता रहती है। इनमें चक्रवातों की चेतावनी विशेष रूप से उल्लेखनीय है। चक्रवात में उत्पन्न भीषण वर्षा, प्रचंड पवन गति, तूफानी लहरों आदि से तटवर्ती क्षेत्रों को अपार क्षति पहुंचती है। समुद्री क्षेत्र में छोटी–बड़ी नौकाएं, जलपोत ऊंची–ऊंची दीवारों की भांति उठती–गिरती समुद्री लहरों में झूलने लगते हैं। समुद्र के आस–पास के क्षेत्रों में रहने वाले लोगों को आवश्यक चेतावनी दी जाती है, जिससे लोग समय रहते सुरक्षित स्थानों पर पहुंच जाते हैं (चित्र – 45)।

चित्र – 45. चक्रवात

सन् 1971 से विश्व मौसम विज्ञान संगठन के प्रयत्नों से लोगों को विषम मौसम की पूर्व सूचना उपलब्ध करने के फलस्वरूप जान–माल की क्षति में काफी कमी हुई है। बंगलादेश में सन् 1971 के विनाशकारी चक्रवाती तूफान से तीन लाख लोगों की मृत्यु हो गई थी जबकि सन् 1991 में आए चक्रवाती तूफान में 13000 और सन् 1994 के चक्रवात में केवल 200 लोगों की ही मृत्यु हुई। परंतु फिर भी अक्टूबर 1999 में उड़ीसा का महाचक्रवाती तूफान कुछ विशेष वायुमंडलीय परिस्थितियों में तटीय क्षेत्र में पहुँचने के बाद भीषण रूप धारण कर गया जिससे लगभग 10,000 लोगों की मृत्यु हो गई।

जनसाधारण के अतिरिक्त जल नौकाओं एवं मछुवारों को भी खराब मौसम की चेतावनी से काफी लाभ पहुँचता है।

प्रश्न यह उठता है कि मौसम पूर्वानुमान किस प्रकार किया जाता है? वास्तव में विश्व के कोने–कोने में मौसम वेधशालाओं का जाल बिछा हुआ है। इन वेधशालाओं से दिन में दो से आठ बार एक निश्चित समय

पर वायुमंडलीय दाब, तापमान, आर्द्रता (वायु में नमी) आदि मौसम के विभिन्न आंकड़े रिकॉर्ड करने वाले यंत्रों को मौसम अभिलेखी यंत्र कहा जाता है। पूरे विश्व में 10,000 थल वेधशालाएं, 1000 ऊपरी वायुमंडलीय वेधशालाएं, 7300 समुद्री जहाज, 3000 वायुयान, 300 चलते–फिरते बुई (उत्प्लव) और 300 समुद्री तटों पर बंधे हुए स्थिर बुई द्वारा मौसम प्रेक्षण लिए जाते हैं। 10 ध्रुवीय कक्षा में घूमने वाले और भू–स्थिर मौसम उपग्रहों के अतिरिक्त रेडार से भी बादलों के चित्र लिए जाते हैं।

वायुमंडल के ऊपरी स्तरों में प्रेक्षण के लिए गुब्बारों के साथ मौसम यंत्र एवं ट्रांसमीटर बांध कर इन्हें वायुमंडल में छोड़ दिया जाता है। इनसे पवन गति व दिशा, तापमान, वायुदाब, आर्द्रता आदि के आंकड़े लगभग 18 से 20 किलोमीटर की ऊंचाई तक दिन में एक या दो बार लिए जाते हैं। इस प्रकार थल, जल एवं वायुमंडलीय आंकड़े एकत्रित किए जाते हैं। इन आंकड़ों को दूरसंचार प्रणाली द्वारा विश्व के विभिन्न मौसम केन्द्रों में भेजा जाता है।

मौसम पूर्वानुमान के प्रकार

अवधि के आधार पर मौसम पूर्वानुमान को मुख्यतः तीन वर्गों में बांटा गया है :

1. अल्पावधि पूर्वानुमान, 2. मध्यमावधि पूर्वानमान और

3. दीर्घावधि पूर्वानुमान।

(1) अल्पावधि पूर्वानुमान : इसके अंतर्गत एक प्रकार का मौसम पूर्वानुमान 3 से 18 घंटे की अवधि के लिए, विशेषकर विमानन सेवाओं के लिए तैयार किया जाता है। इसमें विमानों की उड़ान के विभिन्न चरणों के लिए मौसम की विषम परिघटनाओं के बारे में पूर्व सूचना दी जाती है जैसे, चक्रवात, चंडवात (स्कवाल), बिजली कड़कने वाले बादल, मौसम की खराबी तथा पर्वतीय तरंगों के अतिरिक्त पवनगति, तापमान, दृश्यता, मेघाच्छन्नता आदि के बारे में पूर्वानुमान किया जाता है।

दूसरी प्रकार का अल्पावधि पूर्वानुमान 12 से 48 घंटे के लिए तैयार किया जाता है। यह स्थानीय मौसम के पूर्वानुमान के लिए ही प्रयोग किया जाता है। समकालिक मौसम मानचित्रों की सहायता से भविष्य में होने वाले मौसम परिवर्तनों का अनुमान लगाया जाता है। इसके लिए मौसम की विभिन्न परिघटनाओं की उत्पत्ति एवं विकास के बारे में जानकारी होना भी नितांत आवश्यक है। जनसाधारण एवं कृषकों के लिए इस प्रकार का पूर्वानुमान नियमित रूप से टेलीविजन तथा रेडियो द्वारा प्रसारित किया जाता है।

आजकल मौसम के आंकड़े तथा अन्य महत्वपूर्ण जानकारी इंटरनेट के माध्यम से भी दिए जाते हैं। भारत मौसम विज्ञान विभाग की वेबसाइट (www.imd.gov.in) के द्वारा मौसम की उपयोगी सूचना प्राप्त की जा सकती है।

(2) मध्यमावधि पूर्वानुमान : यह पूर्वानुमान 7 से 10 दिन की अवधि के लिए तैयार किया जाता है। यह कृषि, सैनिक व आर्थिक योजनाओं हेतु जल संबंधी चेतावनी देने के लिए उपयोगी सिद्ध होता है।

(3) दीर्घावधि पूर्वानुमान : यह पूर्वानुमान 7 दिन से अधिक की अवधि के लिए तैयार किया जाता है। इसका मुख्य उपयोग कृषि व सैनिक योजनाओं तथा बाढ़ व सूखा की चेतावनी देने के लिए किया जाता है। प्राचीन काल से, मनुष्य ने अल्पावधि एवं दीर्घावधि मौसम पूर्वानुमान हेतु बौद्धिक प्रयास किए हैं। इस तथ्य का उल्लेख भारतीय प्राचीन ग्रंथों में मिलता है। बाइबिल में भी इसका उल्लेख मिलता है। सामान्यतः नक्षत्रों की गति व स्थिति के आधार पर दीर्घावधि पूर्वानुमान किए जाते थे। हम जानते हैं कि सूर्य–कलंक चक्र की निश्चित अवधि 11 वर्ष की है। पृथ्वी पर घटित होने वाली मौसम की अधिकांश परिघटनाएं सूर्य के ताप से ही संचालित एवं नियंत्रित होती हैं। इसलिए अनेक वैज्ञानिकों ने सूर्य–कलंकों व मौसम के विभिन्न घटकों/घटनाओं के बीच सार्थक सहसंबंध ज्ञात करने के प्रयास किए हैं। परंतु अभी तक प्राप्त परिणाम संतोषजनक नहीं रहे हैं।

भारत मौसम विज्ञान विभाग में निरंतर शोधकार्य द्वारा मौसम के विभिन्न घटकों के साथ मानसूनी वर्षा (जून से सितम्बर तक) की भविष्यवाणी की जाती है। यहाँ यह स्पष्ट करना आवश्यक है कि इस प्रकार के सभी मॉडलों में प्राचलों के मध्य सह–संबंध कुछ वर्षों के बाद कम होने लगते हैं। इसके अतिरिक्त, यदि हम इनका प्रयोग छोटे क्षेत्र या कम समय के लिए करते हैं तो आशाजनक परिणाम प्राप्त नहीं होते।

वास्तव में मौसम पूर्वानुमान को अच्छी तरह समझने के लिए यह आवश्यक है कि चलती–फिरती अथवा गतिक प्रणालियों के बारे में जान लिया जाए, क्योंकि इन्हीं के द्वारा विस्तृत क्षेत्र पर मौसम का प्रभाव दृष्टिगोचर होता है। यहाँ कुछ महत्वपूर्ण गतिक प्रणालियों का संक्षिप्त वर्णन प्रस्तुत किया जा रहा है :

उष्णकटिबंधी चक्रवात : ये बहुत ही कम दबाव के क्षेत्र होते हैं, जो भारतीय तटों से टकरा कर अत्यधिक वर्षा और 100 किलोमीटर प्रति घंटा से भी अधिक गति की तूफानी हवाओं को जन्म देते हैं।

पश्चिमी विक्षोभ : नवम्बर से मई के बीच ये कम दबाव के क्षेत्र भूमध्य सागर के पास उत्पन्न होकर पूर्व की ओर बढ़ते हैं और उत्तरी भारत में वर्षा और ओले बरसाते हैं।

टॉरनेडो : टॉरनेडो भी चक्रवात की भांति मौसम की विनाशकारी आपदा है। यद्यपि चक्रवात की तुलना में टॉरनेडो का आकार और विस्तार बहुत छोटा होता है, तथापि इससे होने वाली क्षति विनाशकारी होती है। टॉरनेडो प्रायः कपासी वर्षी अथवा झंझावाती बादलों से नीचे की ओर लटकी हुई विभिन्न आकार–प्रकार की कुप्पियों अथवा हाथी की सूंड के रूप में दिखाई देते हैं। टॉरेनडो के समय झंझावाती बादल की लंबाई 1 से 10 किलोमीटर और ऊंचाई 10 से 16 किलोमीटर होती है।

टॉरनेडो प्रचंड वेग से घूमता हुआ चक्रवाती भ्रामिल होता है। यह झंझावाती बादल के साथ लटकता हुआ अनेक बार पृथ्वी एवं बादल की ओर आता–जाता है और धरातल पर विनाश के चिन्ह छोड़ता जाता है। टॉरनेडो के विकास की विभिन्न अवस्थाएँ चित्र–46 में दी गई है।

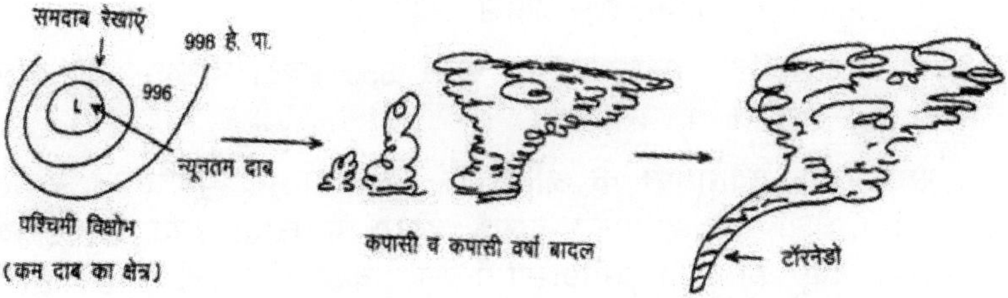

चित्र – 46. टॉरनेडो के विकास की विभिन्न अवस्थाएं

भारत में दीर्घकालीन मौसम (मानसून) पूर्वानुमान

भारत एक कृषि प्रधान देश है तथा हमारे देश का कृषि उत्पादन मुख्यतः ग्रीष्मकालीन मानसून ऋतु के चार महीनों (जून से सितम्बर) के दौरान होने वाली वर्षा पर ही निर्भर करता है। अतः भारत की आर्थिक स्थिति भी मानसूनी वर्षा पर आश्रित है। इसको ध्यान में रखकर मानसूनी वर्षा का दीर्घकालीन पूर्वानुमान पूरे भारत के लिए जारी किया जाता है। भारत मौसम विज्ञान विभाग ने 1988 से 16 प्राचलों पर आधारित दो सांख्यिकी मॉडलों का प्रयोग किया, जिनमें 'पॉवर रिग्रेशन मॉडल' से भारत में होने वाली कुल मानसूनी वर्षा का पूर्वानुमान किया जाता रहा है। इसके अतिरिक्त, वर्षा सामान्य होगी या कम या अधिक, इसका पूर्वानुमान भी 'पैरामीट्रिक मॉडल' द्वारा जारी किया जाता था। समय के साथ, इसमें वर्ष 2000 में चार प्राचलों को बदलना पड़ा जिनके सहसंबंध

मानसूनी वर्षा के साथ कम होने लगे थे। परंतु 2002 में वर्षा का पूर्वानुमान ठीक न निकलने के कारण भारत मौसम विज्ञान विभाग ने 10 प्राचलों पर आधारित दो नए मॉडलों को विकसित किया है। इनमें 6 वर्तमान प्राचल रखे गए हैं, जो भौतिकी दृष्टि से सार्थक हैं और सांख्यिकी दृष्टि से स्थिर भी हैं। इन प्राचलों के नाम निम्नलिखित हैं :

1. अल नीनो (विगत वर्ष जुलाई से सितम्बर तक)
2. यूरेशियाई हिम आवरण – दिसम्बर
3. उत्तर–पश्चिमी यूरोप का तापमान – जनवरी
4. यूरोप की दाब प्रवणता – जनवरी
5. 50 हेक्टो पास्कल पर वायु का पैटर्न – जनवरी व फरवरी
6. अरब सागर का तापमान – जनवरी व फरवरी
7. पूर्वी एशियाई वायुदाब – फरवरी व मार्च
8. दक्षिणी हिंद महासागर का तापमान – मार्च
9. अल नीनो तापमान – अप्रैल, मई, जून
10. दक्षिणी हिंद महासागर के ऊपर 850 हेक्टो पास्कल पर पवन – जनवरी, फरवरी, मार्च

संख्यात्मक पूर्वानुमान के अतिरिक्त, संभावनात्मक पूर्वानुमान मॉडल को उन्हीं प्राचलों पर आधारित करके प्रयोग में लाया गया है। इसके साथ–साथ वर्षा का नया वर्गीकरण निम्न प्रकार किया गया है। इसमें मानसूनी वर्षा को दीर्घकालीन औसत से कमी के आधार पर विभिन्न श्रेणियों में बांटा गया है :

1. अनावृष्टि – 90 प्रतिशत से कम
2. सामान्य से कम – 90 प्रतिशत से 97 प्रतिशत
3. सामान्य के निकट – 98 प्रतिशत से 102 प्रतिशत
4. सामान्य से अधिक – 103 प्रतिशत से 110 प्रतिशत
5. अतिवृष्टि – 110 प्रतिशत से अधिक

भारत मौसम विज्ञान विभाग की नवीनतम उपलब्धियाँ

विगत कुछेक वर्षों में मानसून तथा अन्य प्राकृतिक आपदाओं संबंधी तकनीकी जानकारी भारत के मौसम विज्ञान विभाग ने सही रूप से प्रदान करवाकर देश के सामार्थिक विकास में महत्वपूर्ण योगदान दिया है। तथा अंतरराष्ट्रीय स्तर पर भी अपनी दक्षता की अमिट छाप बनाई है। इन वर्षों

की उल्लेखनीय उपलब्धियों के अन्तर्गत लघु एवं मध्यम रेंज की मौसम पूर्वानुमान सेवाओं की दक्षता में सुधार हुआ है। 109 गंतव्य स्थानों के लिए पांच दिवसीय पर्यटक पूर्वानुमान तथा 318 शहरों के लिए लोक जन हेतु मौसम की जानकारी प्रदान की गई। 130 शहरों के लिए तत्काल समय (Nowcast) पर मौसम की जानकारी और एसएमएस अलर्ट्स, अमरनाथ की यात्रा के लिए विशेष भविष्यवाणी, चार धाम यात्रा, खेलों, रक्षा तथा सेना–सहायक बलों, हुदहुद, निलोफर तथा अन्य चक्रवाती तूफानों तथा परिक्षेत्र वार प्रचंड मौसम चेतावनियों की सही भविष्यवाणियाँ प्रदान की गई है। इसी प्रकार एसएमएस आधारित चक्रवात अलर्ट/चेतावनी तंत्र की स्थापना की जा चुकी है। रेपिड (RAPID) अर्थात् (रियल टाइम एनालिसिस ऑफ प्रोडक्ट्स एंड इन्फॉरमेशन डिसिमिनेशन) की स्थापना। एसएमएस आधारित एयरलाइन्स को कोहरा/धुंध संबंधी सूचना सेवा प्रदान की जा चुकी है। भारत मौसम विज्ञान विभाग ने देश के 70.6 लाख किसानों को एसएमएस द्वारा एग्रोमेट (कृषि मौसम सूचना) परामर्शी सेवाएं प्रदान की है। विभाग ने 1771 विकास परियोजनाओं के पर्यावरणीय प्रभाव का मूल्यांकन किया है, डॉपलर मौसम रेडॉर में अभिवृद्धि, आरवीआर के लिए दृष्टि का विकास, उच्च गति के वायु रिकार्डर का विकास और स्थापना तथा चक्रवात चेतावनी प्रसार तंत्र की स्थापना की है। भारत मौसम विभाग ने विमान चालन तथा डाटा पूर्वानुमान सेवाओं से 39.38 करोड़ रूपये का राजस्व प्राप्त किया है।

भारत मौसम विभाग पृथ्वी एवं वायुमंडलीय विज्ञान के क्षेत्र में मौसम विज्ञान संबंधी सूचनाएं जीवन तथा सम्पत्ति की सुरक्षा हेतु प्रमुख एवं प्रभावी ढंग से प्रदान कर रहा है। इस विभाग की वर्ष 2014 में मानसून संबंधी भविष्यवाणियाँ बिल्कुल सही रही (पूर्वानुमान 87 प्रतिशत वास्तविक 88 प्रतिशत)। इसी प्रकार विभाग की चक्रवातों की उत्पत्ति, तीव्रता/मंदता ट्रेक संबंधी भविष्यवाणियों में भी आशान्वित सुधार हुआ है। विभाग की अनिश्चितताओं संबंधी सूचनाओं में भी कमी आई है। विगत वर्षों में विभाग की कोहरा/धुंध संबंधी पूर्वानुमान सूचना में 60 की अपेक्षा 94 प्रतिशत वृद्धि हुई है। भारत मौसम विभाग की सही विषम एवं प्रचंड घटनाओं संबंधी पूर्वानुमान सूचनाओं की भारत के माननीय प्रधानमंत्री, विश्व मौसम संगठन तथा ग्लोबल मौसम समुदाय ने भूरि–भूरि प्रशंसा की है।

भारत मौसम विभाग की समन्वित एग्रोमैट परामर्शी सेवाओं का कृषक समुदाय की जीविका पर बहुत अच्छा प्रभाव हुआ है। एसएमएस द्वारा कृषि परामर्शी सेवाओं के संचार से किसानों को कृषि उत्पादन में वृद्धि प्राप्त हुई है।

2. राष्ट्रीय समुद्र प्रौद्योगिकी संस्थान, चैन्नई

वस्तुतः समुद्र सदा से ही मानव समाज को प्रभावित करता रहा है। तटीय प्रदेशों में निवास करने वालों का पूरा जीवन ही समुद्र पर निर्भर करता है। जिस प्रकार प्रकृति के विविध रूपों में उषाकाल, संध्याकाल, कल–कल करती नदियों का स्वर, वनों–निकुंजों में चहचहाते पक्षीगण, सभी को आकर्षित करते हैं, उसी प्रकार समुद्र का सौन्दर्य भी कवि हृदय मनुष्य को अपनी ओर खींचता है। समुद्र की उत्ताल तरंगों का उठना–गिरना, लहरों का तटों से टकराना और वापस जाना, उसका विस्तार आदि सभी दृश्य कवि के मानस को उद्वेलित करते हैं।

भारत की आर्थिक व्यवस्था में समुद्रों का महत्वपूर्ण योगदान है। लगभग 7500 किलोमीटर लम्बी तटरेखा तथा 200 समुद्री मील का 21 लाख वर्ग किलोमीटर का अनन्य आर्थिक क्षेत्र सजीव व निर्जीव संपदा का स्रोत है जिस पर देश की 25 प्रतिशत जनसंख्या निर्भर है। एक आकलन के अनुसार विश्व की कुल खाद्य एवं ऑक्सीजन की खपत का लगभग 20 प्रतिशत हिस्सा समुद्र से ही प्राप्त होता है।

आज इक्कीसवीं सदी में बढ़ते सूचना क्रांति के युग में जब हम सागर की अतल गहराई में झांकते हैं, तब हम पाते हैं कि सागर केवल जल ही नहीं वरन् यह बहुत से जीवनदायक तत्वों का असीमित स्रोत है। इसमें निहित, छिपी संपदाओं का भंडार हमारी विशेष निधि है, जिस पर समस्त मानव समुदाय को गर्व हो सकता है। सूचना, जैव एवं नैनो क्रांति के इस युग में विश्व का प्रत्येक देश सागर से संबंधित अधिकाधिक जानकारी प्राप्त करने की होड़ में लगा हुआ है। हमारा भारत देश भी उन अग्रगण्य, देशों में से हैं, जिसने सागर के अन्वेषण, विदोहन के पश्चात् बहुत से ऐसे रहस्यों को उजागर किया है जिनकी हम कल्पना भी नहीं कर सकते थे।

महासागर में अन्वेषणों के लिए प्रयुक्त की जाने वाली प्रौद्योगिकियों की कहानी हम लोग **"नल–नीर"** इंजीनियरों की सहायता से सृजित **"सेतुसमुद्रम"** पुल तथा ऐतिहासिक दार्शनिक–कोलम्बस, व्यापारी वासकोडिगामा के समुद्र तटीय प्रदेशों में पहुंचने के लिए प्रयोग की कई प्रौद्योगिकियों की कथाएं सुनते चले आ रहे हैं।

देश के पृथ्वी विज्ञान मंत्रालय के अधीन कार्यरत अनेक अनुसंधान संस्थानों के निष्णात वैज्ञानिक अपनी प्रखर मेधा शक्ति, विशद् अनुभव तथा अक्षुण्ण ज्ञान से निष्ठापूर्वक सागरीय अनुसंधान को निरंतर नई दिशा देने में तथा इस क्षेत्र में प्रगति के नित–नये आयाम स्थापित करने में रत हैं। इस दिशा में चैन्नई में नवम्बर 1993 में स्थापित राष्ट्रीय समुद्र प्रौद्योगिकी संस्थान (National Institute of Ocean Technology) जो

कि एन॰आई॰ओ॰टी॰ (N.I.O.T) के नाम से प्रसिद्ध है, ने अनुसंधान एवं विकास के क्षेत्र में चहुंमुखी विकास कर प्रगति के नये आयाम स्थापित किए हैं।

राष्ट्रीय समुद्र प्रौद्योगिकी संस्थान (एन॰आई॰ओ॰टी॰) की स्थापना नवम्बर 1993 में भारत सरकार के विज्ञान और प्रौद्योगिकी मंत्रालय के महासागर विकास विभाग की एक तकनीकी शाखा के रूप में, तमिलनाडु सोसायटी के अधिनियम के तहत की गई थी। इस संस्थान का प्रबंधन एक शासी (जी॰सी॰) परिषद् द्वारा किया जाता है जिसके अध्यक्ष पृथ्वी–विज्ञान मंत्रालय के सचिव होते है तथा निदेशक, संस्थान के प्रमुख होते हैं। इस संस्थान ने अपनी स्थापना के एक दशक तक आई॰आई॰टी॰, चैन्नई के परिसर में ही कार्य किया, तत्पश्चात् वर्ष 2000 से अपने स्वयं के विशाल 50 एकड़ में फैले परिसर (चित्र – 47) में कार्य कर रहा है। वर्तमान में इस संस्थान के निदेशक डॉ॰ एम॰ ए॰ आत्मानंद (चित्र – 48) है।

चित्र – 47. एन॰आई॰ओ॰टी॰ परिसर

चित्र – 48. डॉ. एम॰ए॰ आत्मानन्द

एन॰आई॰ओ॰टी॰ समुद्र अनुसंधान के निम्नांकित क्षेत्रों में अनवरत अनुसंधान कार्य कर रहा है।

1. समुद्री ऊर्जा तथा स्वच्छ जल,
2. गहरे सागर की प्रौद्योगिकी एवं खनन,
3. तटीय तथा पर्यावरणीय अभियांत्रिकी,
4. समुद्री उपकरण तथा
5. द्वीपों के लिए महासागर विज्ञान और प्रौद्योगिकी

इसके अतिरिक्त यह संस्थान पोत प्रबंधन केन्द्र एवं राष्ट्रीय आंकड़ा प्लव कार्यक्रम का भी संचालन करता है। इस संस्थान के चैन्नई में नीलंगराई तथा अंडमान व निकोबार द्वीप समूह में पोर्टब्लेयर में द्वीपों के लिए समुद्र विज्ञान एवं प्रौद्योगिकी गतिविधियो पर आधारित दो संचालित केन्द्र भी हैं।

(i) सागर से पेयजल एवं ऊर्जा

स्वच्छ पेयजल न केवल भारत वरन् सम्पूर्ण विश्व की ज्वलंत समस्या है तथा यह प्रत्येक जीव की आधारभूत आवश्यकता भी है। परंतु इसके अत्यल्प स्रोत हैं और उपभोक्ता बहुत अधिक है, इसलिए कम आपूर्ति होने के कारण ऐसा कहा जाता है कि अगला विश्व युद्ध पानी के लिए होगा। तो क्या इस जटिल समस्या का कोई समाधान नहीं है? आवश्यकता है पीने का पानी मिले जो लोगों को अपरंपरागत साधनों से उपलब्ध कराया जाए। परन्तु यह ध्यान में रहे कि ऐसे पानी को कम लागत पर जनमानस को उपलब्ध करवाया जाए। अतः हमें देखना है कि तटीय क्षेत्र में समुद्र के खारे जल को किस प्रकार लवण रहित करके प्राप्त किया जा सकता है।

समुद्री जल को विलवणीकृत करने और मीठा पानी तैयार करने के लिए कई विलवणीकरण प्रक्रियाएं अपनाई गई हैं। इन विलवणीकरण प्रौद्योगिकीयों में आसवन, बहुचरण फ्लैश (एम॰एस॰एफ॰) आसवन, वाष्प संपीडन, सौर आसवन, प्रतिवर्ती परासरण, विद्युत् अपोहन, आयन विनिमय तथा प्रशीतित विलवणीकरण शामिल हैं। वस्तुतः विलवणीकरण प्रक्रियाएं भी दो प्रकार की होती है – तापीय प्रणालियां, जिनमें जलवाष्प उत्पन्न करने के लिए इसके क्वथनांक बिंदु तक जल को गरम करना होता है तथा दूसरी झिल्ली प्रक्रियाएं, जिनमें स्वच्छ जल उत्पन्न करने के लिए जल अथवा लवण को हिलाने के लिए एक सापेक्ष रूप से पारगम्य झिल्ली का उपयोग किया जाता है। एन॰आई॰ओ॰टी॰ चैन्नई ने निम्न या न्यून तापमान तापीय विलवणीकरण (Low temperature thermal disalination) या एल॰टी॰टी॰डी॰ प्रणाली का डिजाइन बनाकर इसे तैयार किया तथा शुरू भी कर दिया है। वस्तुतः एल॰टी॰टी॰डी॰ एक ऐसी प्रक्रिया है जिसके द्वारा निम्न निर्वात स्थितियों के अंतर्गत गरम सतही समुद्री जल को तेजी से प्रवाहित करते हुए तथा ठंडे गहरे समुद्री जल का उपयोग करके वाष्प को संघनित करके स्वच्छ जल तैयार किया जाता है।

प्रयोगशाला और फील्ड दोनों में काफी प्रयोग करने के पश्चात् एन॰आई॰ओ॰टी॰ चैन्नई ने मई 2005 में समुद्री जल से स्वच्छ जल उत्पन्न करने के लिए कावारट्टी, लक्षद्वीप में 1,00,000 लीटर प्रतिदिन की क्षमतावाला एक प्रौद्योगिकी प्रदर्शन विलवणीकरण संयंत्र शुरू किया है। यह विश्व में अपनी किस्म का पहला संयंत्र है।

उष्णकटिबंधीय हिंद महासागर में गरम सतही जल और गहराई में ठंडा जल अधिक पाया जाता है। एन॰आई॰ओ॰टी॰ ने फ्लैश वाष्पीकृत सतही जल के संघनन के लिए मल्टीस्टेज फ्लैश वाष्पीकरण की अपेक्षा 300 मीटर गहराई में स्थित ठंडे उप सतही जल का उपयोग किया था। इस संस्थान (एन॰आई॰ओ॰टी॰) के वैज्ञानिकों ने गहन अन्वेषण द्वारा ज्ञात किया विलवणीकरण की एल॰टी॰टी॰डी॰ विधि पर्यावरण अनुकूल है और यह जल कृषि और वातानुकूलन के लिए भी लाभदायक है।

एल॰टी॰टी॰डी॰ प्रौद्योगिकी के लाभ

1. इस प्रक्रिया के अंतर्गत केवल एक प्रतिशत फीड जल को स्वच्छ जल में परिवर्तित किया जाएगा, इस प्रकार पर्यावरण की दृष्टि से कोई समस्या नहीं है। यह प्रौद्योगिकी भारत के द्वीप प्रदेशों के लिए अधिक उपयुक्त हैं।
2. एल॰टी॰टी॰डी॰ से उत्पादित जल अन्य प्रणालियों की तुलना में अत्यधिक शुद्ध होता है।
3. इस प्रक्रिया से जुड़ा यह प्राथमिक उत्पाद वायुमंडल से कार्बनडाइऑक्साइड को घटाने में भी सहायक होगा।
4. एल॰टी॰टी॰डी॰ प्रौद्योगिकी में समुद्र जल का पहले अथवा बाद में किसी भी प्रकार से रासायनिक शोधन अपेक्षित नहीं है। इस कारण से प्रदूषण की समस्याएं बहुत कम है। तथा यह द्वीप प्रदेशों के लिए उपयुक्त है। इसमें अन्य विलवणीकरण प्रक्रियाओं की तुलना में प्रचालन संबंधी रख–रखाव की समस्याएं अपेक्षाकृत कम हैं।

एन॰आई॰ओ॰टी॰ ने अपने सफल प्रयोगों द्वारा तूतीकोरिन से 40 कि॰मी॰ दूर बार्ज (नाव) पर बने निर्लवणीकरण संयत्र से समुद्री जल से

स्वच्छ जल तैयार करने के लिए एल॰टी॰टी॰डी॰ प्रौद्योगिकी का सफल प्रदर्शन किया है तथा जल की गुणवत्ता भी उत्तम किस्म की पाई है। इस प्रौद्योगिकी को निम्नांकित चित्र (49 से 52) में दर्शाया गया है। प्रमुखतः इस प्रौद्योगिकी में दो मुख्य उपकरण फ्लैश चैम्बर और संघनित्र होते हैं। फ्लैश चैम्बर में निर्वात स्थिति में गरम समुद्री जल का वाष्पीकरण होता है और वाष्प संघनक में संघनित होकर मीठे जल में परिवर्तित हो जाती है।

चित्र – 49. नौका अरोपित निर्लवणीकरण संयंत्र

चित्र – 50. कावारट्टी निर्लवणीकरण संयंत्र का सम्पूर्ण दृश्य

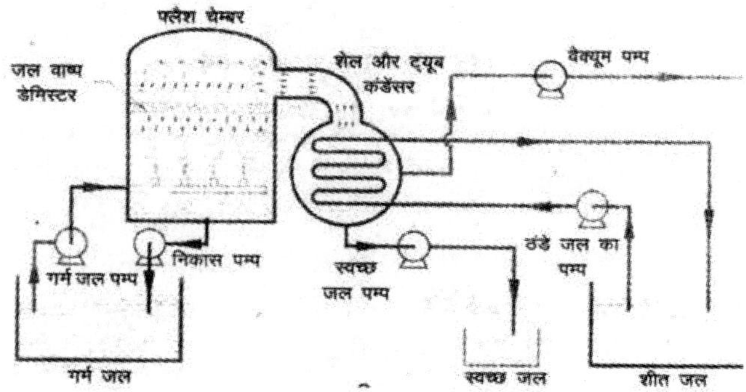

चित्र – 51. तापमान तापीय विलवणीकरण संयंत्र

चित्र – 52. सफल कावाराती विलवणीकरण संयंत्र

भारत की तटीय जनसंख्या की अधिकांश आवश्यकताओं को पूरा करने के लिए एन॰आई॰ओ॰टी॰ उच्चतर क्षमता वाले संयंत्रों अर्थात् 10 से 100 लाख लीटर प्रतिदिन की क्षमता वाले संयंत्रों का डिजाइन बनाने, इनका विकास करके इन्हें संस्थापित करने तथा प्रदर्शित करने में कार्यरत हैं।

(ii) तरंग चालित विलवणीकरण प्रणाली

पृथ्वी विज्ञान मंत्रालय के इस संस्थान ने दोलायमान जल कॉलम (Oscillating Water Column) सिद्धान्त का प्रयोग करते हुए तरंग ऊर्जा को विद्युत् ऊर्जा में परिवर्तित करने की परिकल्पना की गई और वर्ष 1990 में आई॰आई॰टी॰ चैन्नई के अंतर विषयी ऊर्जा दल द्वारा विझिंझम में तरंग ऊर्जा संयंत्र का परीक्षण किया गया। ऐसा विचार किया गया कि इस ऊर्जा का प्रयोग किसी भार (लोड) को चलाने के लिए किया जा सकता है। इसके लिए भार के रूप में विलवणीकरण संयंत्र को चलाने की योजना बनाई गई। यह उत्क्रम परासरण (Reverse Osmosis) आधारित विलवणीकरण संयंत्र है जिसकी क्षमता एक लाख लीटर प्रतिदिन है। इसका संचालन तरंग ऊर्जा का प्रयोग करके किया गया।

परिक्षणोपरांत यह ऊर्जा प्रणाली उपयुक्त पायी गई। और इससे अपेक्षित मात्रा में स्वच्छ जल प्राप्त हो रहा है। जिसे स्थानीय समुदाय को उपलब्ध करवाया जा रहा है (चित्र – 53)।

तरंग चालित विलवणीकरण प्रणाली

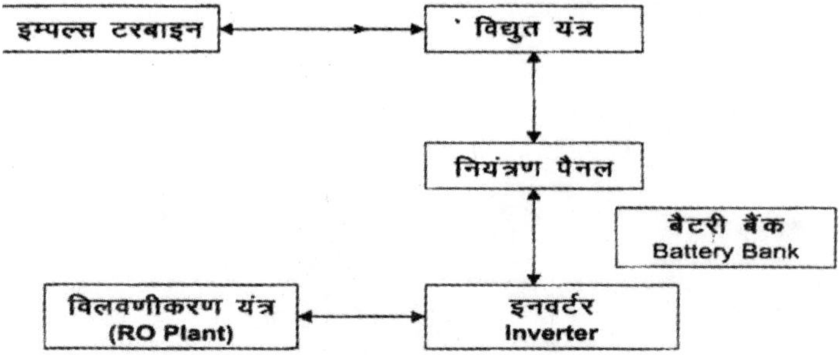

चित्र –53. तरंग चालित विलवणीकरण प्रणाली

विलवणीकरण में आर्गो प्लव की उपादेयता

वस्तुतः विलवणीकरण प्रक्रिया में हम समुद्री जल में से लवणता या घुलनशील लवणों को पृथक करते हैं। विलवणीकरण संयंत्र की परिकल्पना के पूर्व हमें समुद्री जल की लवणता और तापमान के बारे में जानकारी होना अत्यंत आवश्यक है। इस संदर्भ में **"आर्गो प्लव"** जिसका निर्माण एन॰आई॰ओ॰टी॰ तथा इंकॉइस द्वारा किया गया है, बहुत उपयोगी है। आर्गो का प्राथमिक लक्ष्य है सागर के अंदर 2000 मीटर ऊपर की ओर तापमान और लवणता को मापना।

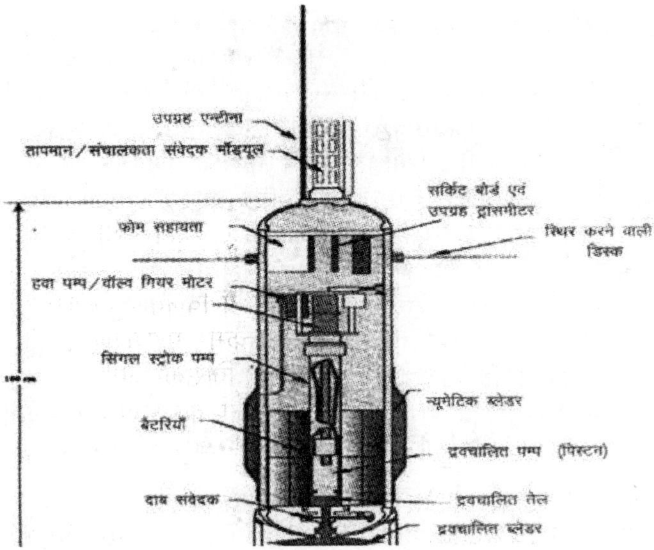

चित्र – 54अ. समुद्र में स्थापित आर्गो प्लव

आर्गो प्लवों द्वारा हम समुद्र की विभिन्न गहराइयों पर तापमान की जानकारी एकत्र कर सकते हैं। इस जानकारी से हम ज्ञात कर सकते हैं कि विलवणीकरण संयंत्र के लिए अवांछित तापमान वाला जल कितनी गहराई पर उपलब्ध है। यह जानकारी विलवणीकरण संयंत्र की स्थापना की लागत का अनुमान लगाने में उपयोगी सिद्ध हो सकती है। उदाहरण के तौर पर इस जानकारी से हम अवांछित तापमान वाले जल की गहराई प्राप्त करके उसकी संयंत्र से दूरी माप सकते हैं, जिससे संयंत्र में उपयोग होने वाले उपकरणों, जैसे पाईप की लंबाई ज्ञात कर सकते हैं (चित्र – 54 अ, ब)।

चित्र – 54ब. समुद्र में स्थापित आर्गो प्लव

(iii) रोसब तथा गैस हाइड्रेट

राष्ट्रीय समुद्र प्रौद्योगिकी संस्थान (एन॰आई॰ओ॰टी॰) के वैज्ञानिकों ने मास्को के इ॰डी॰बी॰ओ॰ई॰ के संयुक्त तत्वावधान में एक विद्युत् चालित सुदूर संचालनीय अधोजलीय (Under Water) यान बनाया है (चित्र – 55)। यह यान अत्याधुनिक सुदूर संचालनीय यान (आर॰ओ॰वी॰), टेथर प्रबंधन प्रणाली (टी॰एम॰एस॰), पुर्न प्राप्ति प्रणाली (एल॰ए॰आर॰एस॰), उच्च वोल्टेज, उच्च आवृत्ति का ऊर्जा परिवर्तन व संप्रेषण प्रणाली, डाटा (आंकड़ा) टेलीमिट्री (चित्र – 56 अ व ब) व ग्रहण प्रणाली (हार्डवेयर), समेकित नौचालन प्रणाली (सॉफ्टवेयर) से सुसज्जित हैं।

एन॰आई॰ओ॰टी॰ के वैज्ञानिकों ने जुलाई 2008 में सागर निधि जलयान पर (चेन्नई समुद्री तट के समीप) प्रमोचन (Launching) तथा पुर्नप्राप्ति प्रणाली की शुरुआत की। इसमें कर्षण तथा भंडारण कार्य एक

साथ एक ही समय सम्पन्न हुए। इस प्रयोग से भविष्य में सामुद्रिक अन्वेषण में नई दिशा मिलेगी।

चित्र – 55. सुदूर परिचालित वाहन, रोसब 6000

गैस हाइड्रेट, जो ऊर्जा के भावी स्रोत है, के विकास में भी इस संस्थान के वैज्ञानिकों ने बहुत कार्य किया है। इसी क्रम में स्वायत्त मध्यवर्तन प्रणाली (Autonomous Coring System) का विकास किया गया है (चित्र – 57)। इससे भारतीय परिप्रेक्ष्य में गैस हाइड्रेट की

अवस्थिति का प्रमाणन सिद्ध हो जाएगा। इस कार्य के लिए अमेरिका की मेसर्स विलियम्सन एंड एसोशियट्स कंपनी का सहयोग भी लिया गया है।

चित्र – 56अ. समुद्र के नीचे बिजली नियंत्रण

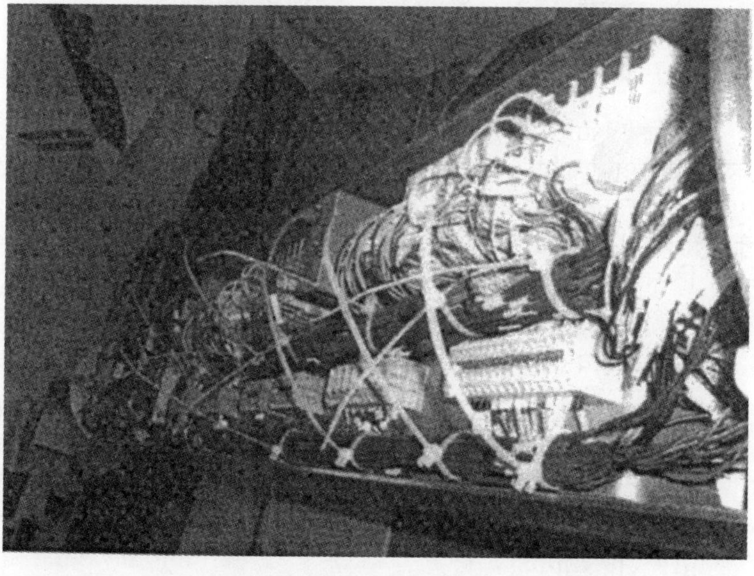

चित्र – 56ब. समुद्र के नीचे टेलीमेट्री एसेम्बली

चित्र – 57. स्वायत्त कोरिंग प्रणाली

(iv) सामुद्रिक ध्वनिकी

सामुद्रिक ध्वनिकी में अनुसंधान तथा विकास की गतिविधियों को बढ़ावा देने हेतु एन॰आई॰ओ॰टी॰ में 11वीं पंचवर्षीय योजना के तहत एक सामुद्रिक ध्वनिकी अनुसंधान समूह का गठन किया गया है। यद्यपि यह समूह भी सामुद्रिक ध्वनिकी के क्षेत्र में अत्यन्त गहन अध्ययन कर रहा है, तथापि निम्नांकित क्षेत्रों में इस समूह की विशेष परियोजनाएं हैं –

(i) सामुद्रिक परिवेश पर ध्वनि विस्तरण और मॉडलिंग का अध्ययन।

(ii) ध्वन्यात्मक समुद्र विज्ञान (Acoustical Ocenography) विशेषतः उथले पानी को परिवेष्ठित करने वाली ध्वनियों का मापन और अभिलक्षण, परिवेशी ध्वनि का पूर्वानुमान एवं मॉडलिंग, समुद्रतल वर्गीकरण एवं अभिलक्षण (चित्र – 58)

(iii) जैव ध्वनिकी

(iv) विशिष्ट अनुप्रयोग के क्षेत्रों, यथा – अधोभाग संबंधित मशीन प्रणालियों के लिए विशिष्ट प्रयोजन निमित्त संबंधित मशीन प्रणालियों का विकास।

चित्र – 58. ध्वनिक परीक्षण सुविधा

एन॰आई॰ओ॰टी॰ द्वारा सामुद्रिक ध्वनिकी कार्यक्रम के अंतर्गत निम्नांकित अंतर संस्थापनात्मक प्रायोजनाओं पर भी अनुसंधान कार्य चल रहा है।

(अ) जल के नीचे ध्वनि स्त्रोतों के स्थानीयकरण व सिग्नल अनुमानन के लिए "वैक्टर हाइड्रोफोन एरे" (Vector Hydrophone Array)

(ब) उथले जल में समुद्रतल प्रभाव के साथ कम आवृत्ति की ध्वनिकी का प्रचारण।

इस संस्थान में ध्वनिक ज्वार–भाटा मापक जैसे स्वदेशी उपकरणों का विकास किया है तथा पेटेंट भी प्राप्त किए हैं।

एन॰आई॰ओ॰टी॰ ने महासागरों में प्रेक्षण प्रणाली को प्रभावी बनाने हेतु कई कार्य किए है, जिनमें जनवरी 2008 से दिसम्बर 2008 के मध्य में 28 बुई (Bouy) नेटवर्क के स्थान पर 40 बुई (Bouy) नेटवर्क

स्थापित किए है, तथा इनका अरबसागर एवं बंगाल की खाड़ी में सफल प्रदर्शन भी हुआ है।

चित्र – 59. स्वायत्त परिवेशन शोर मापन प्रणाली का परीक्षण

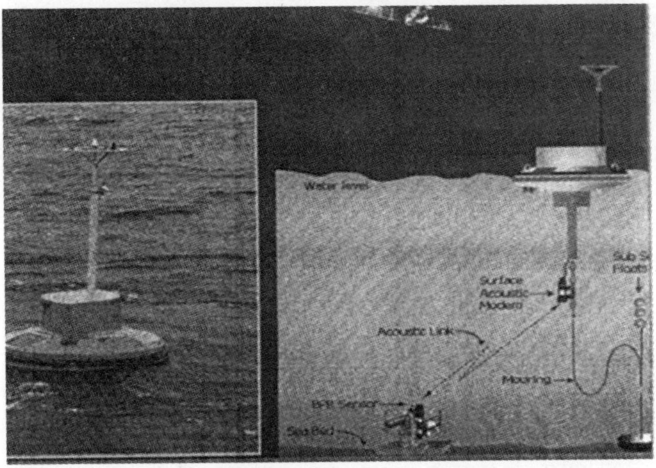

चित्र – 60. सुनामी प्लव प्रणाली

इसी प्रकार वेब आधारित तरंग पूर्वानुमान प्रणाली (चित्र – 59) का भी विकास किया गया है। सुनामी रूपी चक्रवात की पूर्व चेतावनी हेतु

फरवरी 2009 में बंगाल की खाड़ी में विहार भी करवाया गया, जिसमें 3 सुनामी बुई (Bouy) का परिचालन (चित्र–60) सफलता से हो चुका है।

(v) सामुद्रिक सेंसर एवं इलेक्ट्रॉनिक्स

वस्तुतः सागरीय जल के नीचे लगाये जाने वाले समस्त उपकरण ध्वनिकी पर आधारित होते है। अतः इसके लिए जलाधीन या जल के नीचे लगाए जाने वाले ध्वनिकी सेंसर बनाना अत्यावश्यक समझा गया। एन॰आई॰ओ॰टी॰ के सामुद्रिक सेंसर तथा इलेक्ट्रॉनिक्स समूह ने इस क्षेत्र में दक्षता अर्जित की है। इस संस्थान के वैज्ञानिकों ने समुद्री जल के नीचे फाइबर ऑप्टिक कनेक्टर का विकास (चित्र – 61) किया है तथा इसका सफल उत्पादन एवं परीक्षण भी किया है। इसी प्रकार सुनामी पूर्व चेतावनी प्रणाली के लिए समुद्री तल के नीचे के दाब को ज्ञात करने हेतु "तलीय दाब रिकॉर्डर" (Bottom Pressure Recorder) या बी॰पी॰आर॰ का विकास (चित्र – 62) भी किया है। इस रिकॉर्डर का विकास स्वदेशी तकनीक से किया गया है।

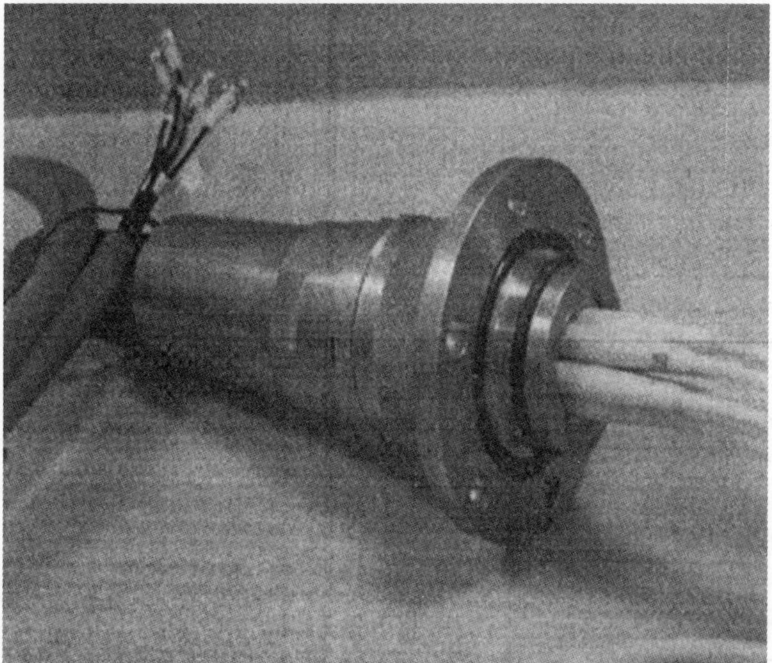

चित्र – 61. जल के नीचे फाइबर ऑप्टिक कनेक्टर

चित्र – 62. प्रोटोटाइप बी०पी०आर०

(vi) द्वीपों के लिए महासागर विज्ञान एवं प्रौद्योगिकी

वस्तुतः द्वीपों के लिए महासागर विज्ञान एवं प्रौद्योगिकी के तहत पाँच प्रमुख गतिविधियों को समाविष्ट किया गया है, ये है – मुक्त सागर, पंजर कल्चर (Open sea Cage culture), सामुद्रिक सूक्ष्म शैवाल, जैव प्रौद्योगिकी, द्वीप संसाधन सूचना प्रणाली, सामुद्रिक जैव सूचना विज्ञान तथा सामुद्रिक अनुप्रयोग के लिए सामग्री। इसके अतिरिक्त दो परियोजनाएं, यथा – महासागर से संभाव्य औषधियों का विकास तथा तटीय महासागर मॉनीटरन और भविष्यकथन प्रणाली क्रमशः अंडमान, निकोबार क्षेत्रों में कार्यरत है।

(vii) गहन जल प्रौद्योगिकी महासागरीय उत्खनन

भारत पहला ऐसा विकासशील देश है, जिसे संयुक्त राष्ट्र संघ की ओर से सागर से बहुधात्विक पिंडिकाएं निकालने हेतु अनुमति प्रदान की गई है। इसके लिए उसे मध्यहिन्द महासागर में एक बड़ा क्षेत्र भी प्रदान किया गया है। भारत इस क्षेत्र से बड़े पैमाने पर पिंडिकाएं निकाल कर उनसे विभिन्न धातुएं निष्कर्षित कर सकता है।

एन॰आई॰ओ॰टी॰ चेन्नई सागरतल से बहुधात्विक पिंडिकाएं उत्खनित करने की प्रौद्योगिकी के विकास हेतु जर्मनी के सीजेन (Siegen) विश्वविद्यालय के इंस्टीट्यूट ऑफ कॉनस्ट्रक्शन (Institute of Konstruktion, (1 ks) के साथ सक्रिय रूप से कार्य कर रहा है। क्रालर आधारित उत्खनन मशीन और एक लचीली उत्खनन प्रणाली (Flexible riser System) को विकसित कर 500 मीटर जल की गहराई में जल के नीचे उत्खनन का कार्य (चित्र – 63), एवं पम्पिंग तथा परिचालन का कार्य मार्च–अप्रैल 2006 में सम्पन्न हुआ है। वर्तमान में विद्यमान क्रालर में सुधार किया जा रहा है, एक संग्राहक चूर्णक प्रणाली का पिंडिकाओं को उठाकर उन्हें पूर्ण करने हेतु उपयोग किया जा रहा है जिससे उन्हें समुद्र सतह पर रहने वाले आश्रय जलयान (Mothership) को भेजा जा सके।

चित्र – 63. क्रालर के लिए नया चैसिस

स्वस्थाने मिट्टी के गुणों का परीक्षण करने में सक्षम एक मृदा परीक्षक (Soil tester) को विकसित किय गया है (चित्र – 64) तथा हिंद महासागर के मध्य भाग में (सेट्रल इंडियन ओशन बेसिन) 5200 मीटर गहराई में नवंबर 2006 में इसका सफल परीक्षण भी किया जा चुका है। इस मृदा या मिट्टी परीक्षक के भार तथा आकार को कम व छोटा करने के प्रयास जारी है जिससे इसका दीर्घकालीन परिचालन हो सके। इन अनुसंधान परिणामों के आधार पर सागर की 6000 मीटर गहराई में उत्खनन संभव है।

चित्र – **64**. स्वस्थाने मिट्टी परीक्षक

(viii) जलयान प्रबंधन कक्ष

समुद्र संबंधी कार्यक्रमों के सफल कार्यान्वयन के लिए जलयान प्रबंधन कक्ष उपयोग करने वाले अनुसंधान संस्थानों के लिए तथा पृथ्वी–विज्ञान मंत्रालय के लिए अनुसंधान जलयानों की व्यवस्था भी एन॰आई॰ओ॰टी॰ करता है।

सागर पूर्वी और पश्चिमी दो तटीय अनुसंधान जलयान है जो तटीय सागर मानीटरन और भविष्य कथन प्रणाली (COMPAS) तथा समेकित तटीय और समुद्र क्षेत्र प्रबंधन (ICMAM) कार्यक्रमों की देखरेख करता है। ये यान विश्वविद्यालयों एवं अनुसंधान संस्थानों को भी अन्वेषण में सहायता प्रदान करते हैं।

सागर निधि एक प्रौद्योगिकी प्रदर्शक जलयान है और यह पृथ्वी विज्ञान मंत्रालय के चालू और नये कार्यक्रमों के लिए गहन सागर उत्खन्न, सुदूर संचालनीय यान, स्वायत्त जलाधीन यान, उपकरण प्रौद्योगिकी प्रदर्शन कार्यक्रमों को आधार देने के लिए सर्वेक्षण एवं अनुसंधान के कार्यों में प्रभावी भूमिका निभाता है। इसके अतिरिक्त महासागर अनुसंधान एवं बुई (Bouy) टेंडर वेसल, सागर मंजूषा (चित्र – 65) यान, एवं बार्ज सागर शक्ति यान भी महासागरीय अन्वेषण हेतु कार्यरत है।

चित्र – **65.** सागर मंजूषा

राष्ट्रीय समुद्र प्रौद्योगिकी संस्थान की समाजोपयोगी उपलब्धियाँ

इनका संक्षिप्त विवरण निम्नवत् हैं –

कल्पसर परियोजना – गुजरात में वर्षा बहुत कम होती है। वहाँ प्रायशः सूखा पड़ जाता है। सूखे का स्थायी हल निकालने की दृष्टि से गुजरात सरकार ने गुजरात की नदियों – नर्मदा तथा अन्य नदियों – के जल का उपयोग करने की एक योजना बनाई है। इस योजना के अनुसार खंभात की खाड़ी के आर–पार कल्पसर स्थान पर एक बाँध बनाया गया है। इस बाँध से संबंद्ध सर्वेक्षण कार्य, यथा – सागर की गहराई मापना, ज्वार और जलधारा के प्रेक्षण, धरती का स्थायित्व आदि कार्य राष्ट्रीय समुद्र प्रौद्योगिकी संस्थान को सौंप गए थे। वे सब कार्य इस संस्थान ने सफलतापूर्वक संपन्न कर लिये हैं।

हुगली ज्वारनदमुख – कोलकाता बंदरगाह के गार्डन रीच और हल्दिया अड्डों तक समुद्री मार्ग से पहुँचने के लिए हुगली ज्वारनदमुख का उपयोग करना पड़ता है। प्राकृतिक कारणों से इस ज्वारनदमुख की आकृति बदलती रहती है। इसलिए इसमें बड़ी मात्रा में तलछट जमने लगती है। यह तलछट जेलिंघम चैनल, जो हल्दिया अड्डे तक पहुँचने का एकमात्र समुद्री मार्ग है, में अधिक तेजी से जमती है।

अतएव नौ परिवहन को निरंतर चालू रखने हेतु इस तलछट, जिसका एक वर्ष में आयतन लगभग 2 करोड़ घन मी॰ तक पहुँच जाता है, को हटाना पड़ता है। इसमें हर वर्ष लगभग 300 करोड़ रुपये का खर्च आता है। इस भारी खर्च को कम करने का सर्वोत्तम उपाय है जेलिंघम

चैनल में तलछटीकरण में कमी करना। इस संबंध में उपाय सुझाने का कार्य राष्ट्रीय समुद्र प्रौद्योगिकी संस्थान को सौंपा गया। इसके लिए संस्थान ने उस ज्वारनदमुख में मिलनेवाली नदियों के बहाव, उनकी तलछट बहाकर लाने की क्षमता तथा अन्य अनेक कारकों के अध्ययन किए। उनके आधार पर इस संस्थान ने एक अल्पकालीन योजना तैयार की।

इस योजना के अंतर्गत, प्रायोगिक आधार पर, चैनल में एक जलमग्न रोधिका (डाइक) बनाई गई। यह रोधिका लगभग 2 कि॰मी॰ लंबी है और इसके निर्माण के लिए 20 मी॰ लंबी और 3 मी॰ व्यास की भू–नलिकाओं का उपयोग किया गया।

राष्ट्रीय समुद्र प्रौद्योगिकी संस्थान ने जर्मनी के सीगेल विश्वविद्यालय के इंस्टीट्यूट फॉर कॉस्ट्रक्शन के सहयोग से एक क्राउलर आधारित खनन मशीन और एक लचीला उत्थापक विकसित किया है। इस खनन मशीन और उत्थापक को 410 मी॰ की गहराई तक सफलतापूर्वक परखा भी जा चुका है।

चित्र – 66. मानव रहित पनडुब्बी

अब इस क्राउलर उत्थापक में सुधार करके उसे सागर में से 500 मी॰ गहराई से रेत निकालने और उसे सागर की सतह पर खड़े जहाज में भरने योग्य बना लिया गया है। यह क्राउलर मुलायम तल पर भी आसानी से चल सकता है। इसे भारतीय तटों पर विभिन्न स्थलों पर परखा भी जा चुका है।

सागर में विभिन्न गहराइयों पर सर्वेक्षण कार्य करने हेतु एक मानवरहित पनडुब्बी विकसित करने के लिए राष्ट्रीय समुद्र प्रौद्योगिकी संस्थान ने एक कार्यक्रम तैयार किया है। इसके अंतर्गत एक ऐसी पनडुब्बी तैयार की जाएगी, जो सागर में 6,000 मी॰ की गहराई तक जा सके। 2.5 x 1.5 x 1.5 मी॰ आकार और लगभग 2,000 कि॰ग्रा॰ वजन की इस पनडुब्बी में स्वचालित यंत्र लगे होंगे (चित्र – 66)।

द्वीपों के लिए विलवणीकरण

वस्तुतः छोटे टापुओं में पेयजल की कमी होती है इस कारण जल–जन्य रोगों की भी बहुतायता रहती है। इस्सो – एनआईओटी द्वारा विकसित न्यून तापमान तापीय प्रौद्योगिकी विश्व में एक मात्र ऐसी विलक्षण तकनीक है जो पेयजल की समस्या के निदान में सामर्थ्य रखती है। इस प्रकार की स्वदेशीय प्रौद्योगिकी का लक्षद्वीप के तीन टापुओं, यथा – कावारत्ती, अगेती तथा मिनिकॉय में सफलता से प्रयोग किया गया। इस प्रौद्योगिकी की एक विशेषता यह भी है कि इससे गहरे समुद्रों के शीतल जल का उपयोग वातानुकूलन में तथा जलकृषि में भी किया जा सकता है।

चक्रवात और सुनामी के लिए सही समय पर समुद्री आंकड़े

प्रायशः बंगाल की खाड़ी में बहुत चक्रवात आते हैं जिनमें कुछ अरब सागर से उत्पन्न होते हैं। वर्ष 1997 से भारतीय समुद्रों में लंगर डाली हुई नावों पर बुई के नेटवर्क से सही समय पर आंकड़ों का प्रसार भारत मौसम विज्ञान विभाग को किया जा रहा है। वर्तमान में ओमनी बुई (Bouy) जिसमें सतही एवं अधस्तही सेंसर होते हैं, का उपयोग मौसम विज्ञानीय एवं समुद्र विज्ञानीय प्राचलों हेतु गहरे समुद्र में किया जाता है।

इस प्रकार के बुई प्रेक्षणों से फेलिन एवं हुदहुद चक्रवातों के मार्ग एवं प्रभाव के बारे में भविष्यवाणियाँ करने में बहुत सहायता मिली है। वर्ष 2004 में सुनामी से हुए नुकसान के बाद एन आई ओ टी ने भारतीय समुद्रों में सुनामी बुई तंत्र की स्थापना की है तथा इनके आंकड़ों को हैदराबाद स्थित इकॉइस के सुनामी चेतावनी केन्द्र को प्रेषित किया जाता है। जून 2014 में एक बुई की स्थापना आर्कटिक के ध्रुवीय क्षेत्र में भी की गई है।

मत्स्य संग्रहण युक्ति एवं कृत्रिम प्रवालभित्ति

वस्तुतः मत्स्य संग्रहण युक्तियाँ समुद्र पर संपीडित प्लवी तंत्र होती है जो मछलियों को अपनी ओर आकर्षित करती है, जिसके फलस्वरूप मछुआरों को अपने जीविकोपार्जन हेतु अच्छी संख्या में मछलियाँ प्राप्त हो जाती हैं। एनआईओटी द्वारा अंडमान तथा लक्षद्वीप द्वीपों में 38 स्थानों पर मत्स्य संग्रहण युक्ति की सुविधा प्रदान की गई है।

कृत्रिम प्रवालभित्ति मछलियों के पुनर्वास का कार्य करते हैं तथा उन्हें ट्राल (बड़ा जाल) से संरक्षण प्रदान करते हैं। वे कछुओं के आवास एवं शरणस्थल में सहायता तथा पारंपरिक मछुआरों के लिए भी लाभप्रद होते हैं। इस संस्थान द्वारा ओडिसा के समुद्र तट पर कृत्रिम प्रवालभित्ति का निर्माण किया गया है।

मछुआरों के लिए खुले सागर में पंजर कल्चर

खुले सागर पंजर से नई समुद्री मछलियों के कल्चर में सहायता मिलती है। खुले सागर पंजर कल्चर का भारत में पहली बार प्रदर्शन आंध्रप्रदेश के ओथाचातथ्रम (Othachathram), कवाली (Kavali) तथा नेल्लोर में, अंडमान की उत्तरी खाड़ी में तथा तमिलनाडु के ओलइकुडा और रामेश्वरम् में किया गया है।

लहरी एटलस

एन आई ओ टी द्वारा सितम्बर 2014 में भारतीय तट के लिए लहर एटलस तैयार किया गया है। इससे समुद्र तट पर ज्वार, लहरें तथा जलस्तर के बारे में, जो कि तटीय क्षेत्र की अवसंरचनाओं के आयोजना, विश्लेषण हेतु आवश्यक होती है, के बारे में जानकारी प्राप्त होगी।

बायोडीजल

इस संस्थान ने सूक्ष्म शैवाल से बायोडीजल प्राप्त करने की दिशा में भी कार्य किया है। कावारत्ती तथा चेन्नई क्षेत्र में सूक्ष्म शैवाल के संवर्धन हेतु फोटोबायोरिएक्टर तथा ट्यूबलर फोटोबायोरिएक्टर का क्रमशः विकास किया गया है।

गहरे समुद्र में खनन

यह देखा गया है कि समुद्री जल संस्तर की 5000–5700 मीटर गहराई पर ग्रंथिकाएं (Nodules) पायी जाती है, यह समुद्र जल संस्तर बहुत भारी उपकरणों को सहन करने में संवेदनशील होता है। चूंकि

खनन उपकरण को समुद्र तल की विभिन्न स्थालाकृतियों पर बिना क्षति हुए पारगमन करना होता है, तभी इसके द्वारा विशाल क्षेत्र से धात्विक पिंडिकाएं प्राप्त हो सकती है।

इस समस्या के हल हेतु एनआईओटी द्वारा सुदूर परिचालित उपसागर स्वस्थाने (रिमोटली ऑपरेबल सब सी इन सीटू) सॉयल टेस्टर विकसित किया गया है तथा इसका सफल परीक्षण समुद्र की 5462 मीटर गहराई पर केन्द्रीय भारतीय महासागर बेसिन (CIOB) में किया जा चुका है।

3. भारतीय राष्ट्रीय महासागर सूचना सेवा केन्द्र (इंकॉइस), हैदराबाद

हमारा भारत देश आज विश्व के उन अग्रगण्य देशों की श्रेणी में है जहाँ महासागरीय क्षेत्र में उच्च स्तरीय अन्वेषण कार्य हो रहा है। देश के पृथ्वी विज्ञान मंत्रालय के अधीनस्थ कार्यरत अनेक शोध संस्थानों के प्रबुद्ध वैज्ञानिक अपनी विलक्षण प्रतिभा, विवेक एवं राष्ट्रीय भावना से पूर्ण दक्षता के साथ सागरीय अनुसंधान कार्य में रत है तथा विश्व स्तर पर भारत की महिमा मंडित करने, देश की खाद्य, ऊर्जा, जल, आर्थिक क्षेत्र में प्रगति के नये आयाम स्थापित करने में सक्रिय रूप से कार्य कर रहे हैं। इस दिशा में हैदराबाद में स्थित भारतीय राष्ट्रीय महासागर सूचना सेवा केन्द्र (Indian National Centre for Ocean Information Centre (INCOIS) जो कि इंकॉइस के नाम से प्रख्यात है, ने अपनी स्थापना से ही महासागर विषयक बहुमूल्य एवं विलक्षण सूचनाएं प्रदान कर न केवल वैज्ञानिक वरन् समुद्र पर अपनी जीविका के लिए निर्भर मछुआरों सहित अनेकानेक लोगों को लाभान्वित किया है। तो आइए, इंकॉइस के तकनीकी योगदान को जानें।

भारतीय राष्ट्रीय महासागर सूचना सेवा केन्द्र (इंकॉइस) की स्थापना 3 फरवरी 1999 को हैदराबाद में आंध्रप्रदेश (तेलगांना क्षेत्र) के सार्वजनिक सोसायटी पंजीकरण अधिनियम, 1350 फासली (Fasli) के अंतर्गत एक तकनीकी सोसायटी के रूप में की गई थी। इस केन्द्र का प्रबंधन एक शासी (जी०सी०) परिषद् द्वारा किया जाता है जिसके अध्यक्ष पृथ्वी विज्ञान मंत्रालय के सचिव होते है तथा निदेशक, इस केन्द्र के प्रमुख होते हैं। अपनी स्थापना से इस केन्द्र ने कुछ वर्षों तक हैदराबाद में ही अन्य भवन में कार्य किया, तत्पश्चात् सितम्बर 2004 से अपने स्वयं के विशाल 50 एकड़ में फैले परिसर (चित्र – 67) में सक्रिय रूप से कार्य कर रहा है।

चित्र – 67. इंकॉइस मुख्य परिसर

भारतीय राष्ट्रीय महासागर सूचना सेवा केन्द्र का प्रमुख लक्ष्य है – सूचना प्रबंधन और महासागर मॉडलिंग में प्रणालीबद्ध व संकेन्द्रित अनुसंधान द्वारा दीर्घकालीन महासागरीय प्रेक्षणों एवं निरन्तर सुधारों से समाज, उद्योग, सरकारी संस्थाओं और वैज्ञानिक समुदाय को उच्च स्तरीय महासागरीय आँकड़े, सूचना एवं परामर्शी सेवाएं प्रदान करना। इंकॉइस के वर्तमान निदेशक डॉ. एस.एस.सी. शेनॉय (चित्र – 68) है।

चित्र – 68. इंकॉइस के वर्तमान निदेशक डॉ. एस.एस.सी. शेनॉय

इंकॉइस के निम्नांकित उद्देश्य हैं –

– सुनामी एवं तूफानी लहरों के लिए पूर्व चेतावनी प्रणाली स्थापित करना।

– उपग्रह समुद्र विज्ञान सहित महासागर सूचना और सेवाओं के क्षेत्र में अनुसंधान करना, सहायता प्रदान करना, प्रोत्साहन देना और मार्गदर्शन कर समन्वय स्थापित करना।

- महासागर सूचना और सेवाओं के लिए आँकड़ा संग्रहण, विश्लेषण, व्याख्या और अभिलेखन हेतु प्रणालियाँ स्थापित करना, इन्हें बनाए रखना तथा संचालित करना।
- मत्स्यन, खनिजों, तेल, जीव विज्ञान, जल विज्ञान, बेथीमेट्री, भू विज्ञान, मौसम विज्ञान, तटीय क्षेत्र प्रबंधन तथा संबंधित संसाधनों के संबंध में जानकारी प्राप्त करने के लिए उपग्रह प्रौद्योगिकी, जहाजों, प्लवों, नावों या किसी अन्य साधनों का प्रयोग करते हुए सर्वेक्षण करना और वांछित सूचनाएं प्राप्त करना।
- उपभोक्ताओं के लिए मूल्य योजित आंकड़ा उत्पादों के साथ आंकडे प्राप्त कर उन्हें उपलब्ध करवाना।
- महासागरीय सुदूर संवेदन, समुद्री विज्ञान, वायुमंडलीय विज्ञान/मौसम विज्ञान तथा तटीय क्षेत्र प्रबंधन के क्षेत्र में अन्य राष्ट्रीय एवं अंतरराष्ट्रीय संस्थाओं के साथ सहयोग एवं उनसे जुड़ना।
- महासागरीय प्राचलों, महासागर वायुमंडलीय अंतःसंपर्क अध्ययनों, तटीय क्षेत्र सूचना, आंकड़ा जनन, आंकड़ा विश्लेषण और आंकड़ा संग्रहण से संबंधित विर्निदिष्ट क्षेत्रों में शोध करने हेतु अनुसंधान केन्द्रों को सहायता प्रदान करना।
- महासागर विज्ञान तथा प्रौद्योगिकी के संबंध में नवीन अनुसंधान तथा अध्ययन को उन्नत करने के लिए प्रशिक्षण, संगोष्ठियाँ तथा महासम्मेलन आयोजित करना।
- पर्यावरणीय स्थितियों और जीवन स्तर में सुधार लाने में अनुसंधान को बढ़ावा देने तथा समाज की आवश्यकताओं को पूरा करने के लिए प्रयोक्ताओं को प्रिंट, ध्वनि अथवा इलेक्ट्रॉनिक माध्यमों जैसे – प्रौद्योगिकीय रूप से संभावित तरीकों के माध्यम से जानकारी, अन्वेषण परिणामों, आंकड़े, मानचित्र एवं डिजिटल जानकारी को प्रकाशित कर प्रसारित करना।
- महासागरीय सूचना तथा सेवाओं के क्षेत्र में परामर्शी सेवाएं प्रदान करना,
- उपग्रह प्रेक्षणों से प्राप्त महासागर आंकड़ों की नियमितता, सुसंगमता तथा अत्याधुनिक गुणवत्ता सुनिश्चित करने हेतु अंतरिक्ष एजेंसियों के साथ समन्वय स्थापित करना।

- समुद्री सूचना जुटाने में महासागरीय तथा संबंधित कार्यक्रमों को बढ़ावा देने के लिए सरकारी एवं गैर–सरकारी एजेंसियों अथवा संगठनों को प्रोत्साहन एवं सहयोग प्रदान करना।
- इंकॉइस के उपर्युक्त सभी या किसी एक भी उद्देश्य को प्राप्त करने तथा उसे आगे बढ़ाने के लिए आवश्यक, प्रासंगिक अथवा सहायक सभी विधि–मान्य कार्य करना।

इंकॉइस, अपनी संगठनात्मक उत्कृष्टता, राष्ट्रीय प्रासंगिकता तथा अंतरराष्ट्रीय उपादेयता के परिप्रेक्ष्य में महासागरीय विज्ञान, वायुमंडलीय विज्ञान, अंतरिक्ष अनुप्रयोग, सूचना एवं संचार प्रौद्योगिकी वाले उत्कृष्ट केन्द्रों के साथ परस्पर परिचर्चा एवं नेटवर्किंग ज्ञान के द्वारा वैज्ञानिक ज्ञान का उपयोग उत्पादों तथा सेवाओं के रूप में प्रदान कर रहा है।

इंकॉइस के अनुसंधान समूह : इंकॉइस में प्रमुखतः चार निम्नलिखित अनुसंधान समूह है जिनमें निष्णात वैज्ञानिक महासागर विषयक गहन अध्ययन एवं अन्वेषण कार्य में रत हैं।

1. मॉडलिंग एवं महासागर प्रेक्षण समूह (एम ओ जी)
2. परामर्शी सेवाएँ एवं उपग्रह समुद्र विज्ञान समूह (ए॰एस॰जी॰)
3. सूचना सेवाएं एवं महासागर विज्ञान समूह (आई॰एस॰जी॰)
4. कम्प्यूटर संबंधी सुविधाएं एवं वेब आधारित सेवाएं समूह (सी॰डब्ल्यू॰जी॰)

1. महासागरीय मॉडलिंग : इंकॉइस द्वारा महासागरीय मॉडलिंग में निम्नांकित प्रयोजनानुसार कार्य किए जाते हैं :–

(1) उपयुक्त समय पर तथा आकाशीय आंकड़ों के आधार पर महासागर की विगत, वर्तमान तथा भावी दशा का विवरण प्रदान करना।

(2) वायुमंडलीय मॉडलों के लिए आवेग प्रदान कर मौसम/मानसून तथा जलवायु के पूर्वानुमान में योगदान देना।

(3) महासागरीय तथा समुद्री पर्यावरण की परिवर्तनशीलता को समझना।

(4) समुद्री प्रेक्षण प्रणाली को अनुकूल बनाना।

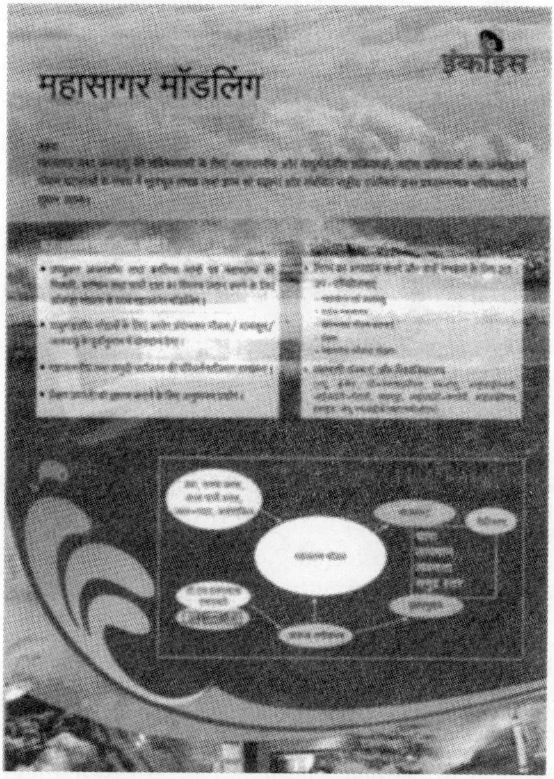

भारतीय आर्गो प्लव परियोजना – वस्तुतः आर्गो एक अंतरराष्ट्रीय कार्यक्रम है जो कि तापमान और लवणता के सामयिक प्रेक्षण लेने के लिए अभिकल्प किया गया है। इससे ऊपरी समुद्र की संरचना को बेहतर ढंग से समझने तथा जलवायु पूर्वानुमान करने में वृद्धि होगी। विश्व मौसम संगठन (डब्ल्यू॰एम॰ओ॰) द्वारा प्राधिकृत अंतरराष्ट्रीय आर्गो परियोजना तथा यूनेस्को की अंतरराष्ट्रीय समुद्र विज्ञान संस्था (आई॰ओ॰सी॰) का उद्देश्य वर्ष 2006 तक 3000 आर्गो फ्लोटों को वैश्विक व्यूह पर तैनात करने की योजना थी जिससे कि 300 कि॰मी॰ x 300 कि॰मी॰ के आकाशीय विभेदन पर वैश्विक व्यूह स्थापित किया जा सके। आर्गो प्रोफाइल फ्लोट से ऊपरी समुद्र के तापमान, लवणता एवं वेग का सामयिक तौर पर निरंतर मॉनीटरन किया जाता है। एआरजीओएस उपग्रह तंत्र द्वारा आर्गो फ्लोट से आँकड़े प्राप्त किए जाते हैं तथा इंटरनेट एवं जीटीएस नेटवर्क द्वारा निर्दिष्ट आँकड़ा केन्द्रों पर विश्व समुदाय को 24 घंटे के भीतर भेजने से पूर्व संसाधित किए जाते हैं। इस परियोजना का आधारभूत लक्ष्य निहित समय में महासागरीय विषयक निशुल्क आंकड़े उपलब्ध करवाना है (चित्र – 69)।

चित्र – 69. समुद्र में स्थापित आर्गो प्लव

इंकॉइस द्वारा भारतीय आर्गो परियोजना का कार्यान्वयन संयुक्त रूप से राष्ट्रीय समुद्री अनुसंधान संस्थान (एन॰आई॰ओ॰टी॰), वायुमंडलीय एवं महासागरीय विज्ञान केन्द्र (सी॰ए॰ओ॰एस॰) भारतीय विज्ञान संस्थान तथा अन्य प्रमुख अनुसंधान संस्थानों की सक्रिय भागीदारी से हुआ है। भारतीय आर्गो परियोजना के तहत 175 आर्गो फ्लोट को उष्ण कटिबंधीय हिंद महासागर में तैनात किया जाना है। तथा राष्ट्रीय स्तर पर आर्गो आँकड़ों का अभिग्रहण एवं प्रक्रमण तंत्र स्थापित करना, क्षेत्रीय आर्गो आँकड़ा प्रचलन केन्द्र की स्थापना, सागर आँकड़ा तंत्र के विकास को आत्मसात् करना, आर्गो आँकड़ों का विश्लेषण, उपयोग तथा राष्ट्रीय स्तर पर क्षमता निर्माण करना है।

प्रत्येक आर्गो प्लव, तापमान तथा लवणता का रेखाचित्र हर दस दिन में प्राप्त करता है तथा आँकड़ों को उपग्रह द्वारा भेजकर तुरंत जी॰टी॰एस॰ द्वारा उपलब्ध करवा दिया जाता है।

बढ़ते हुए समुद्री जल स्तर का अवबोध : इंकॉइस ने उपग्रह अल्टीमेट्री का प्रयोग करके पाया कि विश्व के महासागर तथा हिंद महासागर एक ही मात्रा में बढ़ रहे हैं (3.10 और 3.18 मि॰मी॰/वर्ष)। वर्ष 2003 से 2008 के समुद्र स्तर का आर्गो काल की उसी अवधि से पुनः विश्लेषण करने पर विदित हुआ कि वैश्विक स्तर पर विश्व की मध्य सतह की बढ़ोतरी अब धीमी हो गई है (2.01 मि॰मी॰/वर्ष)। इसके विपरीत, इस अवधि में, हिंद महासागर के बढ़ने की गति दर तेज थी (7.052 ± 0.6 मि॰मी॰/वर्ष)। आर्गो तथा ग्रेस ऑकड़ों के विश्लेषण करने पर ज्ञात होता है कि विश्व के महासागर में तापीय विस्तारण और पानी की बढ़ती हुई मात्रा का योगदान क्रमशः 0.16 ± 0.6 मि॰मी॰ प्रति वर्ष और : 2.01 ± 0.6 मि॰मी॰ प्रति वर्ष था। इसके विपरीत, हिंद महासागर में

तापीय विस्तारण (2.63 ± 0.3 मि॰मी॰/वर्ष) कुल समुद्र की बढ़ोतरी की दर से लगभग आधा था। इससे यह आशय स्पष्ट होता है कि भारतीय समुद्र का स्तर तापीय विस्तारण और पानी की बढ़ोतरी, दोनों कारणों से विश्व के औसत स्तर से अधिक तेज गति से बढ़ रहा है (चित्र – 70)।

चित्र – 70. आर्गो से प्राप्त बढ़ते हुए समुद्र स्तर की जानकारी

2. मत्स्य समुदाय के लाभ हेतु परामर्शी (पी॰एफ॰जेड) सेवाएँ

भारत के तटीय क्षेत्रों में रहने वाले लगभग 70 लाख लोग, अपनी आजीविका के लिए मछली पकड़ने के व्यवसाय में लगे हुए हैं। मछलियों के जमा होने के संभाव्य क्षेत्रों के बारे में समय पर विश्वसनीय और अल्पकालिक पूर्वानुमान, मछलियों के उपलब्ध होने के स्थलों को ढूंढने में लगने वाले समय और प्रयास को कम करने में मछुआरों को लाभ पहुँचाएगा। इस प्रकार उनकी सामाजिक और आर्थिक स्थिति में सुधार होगा। समुद्र विकास, अंतरिक्ष एवं मत्स्य विज्ञान के वैज्ञानिकों के संयुक्त प्रयासों से सुदूर संवेदन और जी॰आई॰एस॰ तकनीकों से ऐसे अल्पावधि पूर्वानुमान संबंधी सेवा प्रदान करने के कार्य चरम सीमा तक पहुंच गए हैं।

भारतीय सुदूर संवेदन उपग्रह (आई॰आर॰एस॰पी॰–4) से प्राप्त क्लोरोफिल और अमेरिकी एनओएए उपग्रह से प्राप्त समुद्र परत तापमान सूचना इस जानकारी को प्राप्त करने का मूल निवेश है। मछलियों की अधिकता वाले संभावित क्षेत्र, जिनमें समुद्री अग्रभाग, टेढे–मेढे बहने की

प्रक्रिया, भंवर और उत्प्रवाही क्षेत्रों जैसे लक्षण प्रतीत होते हैं, इनको उपग्रह चित्रों से पहचान कर नौचालन चार्टों में उतारा जाता है और संभाव्य मत्स्य क्षेत्रों (पीएफजेड) के रूप में दर्शाया जाता है। वेब – जीआईएस के उपयोग से जानकारी एकत्र करने, उनके विश्लेषण, लक्षणों की जानकारी देने, मानचित्रों को तैयार करने और सूचनाओं के प्रसार में जी॰आई॰एस॰ एक बहुत सहज उपस्कर है।

सुदूर संवेदन तकनीक द्वारा मछलियों के लिए अनुकूल तापमान क्रम पहचान कर उनका चयन किया जाता है, जिससे उनकी संख्या में वृद्धि हो सके। वस्तुतः तापमान सीधे उनकी चयापचयन दर, बड़े होने, संख्या बढ़ाने और विकास की गति को प्रभावित करता है। वह उनके स्थानांतरण, उनके भौगोलिक और पारितंत्रीय फैलाव को भी प्रभावित करता है। कुछ मछलियाँ लगभग 0.03° सेल्सियस तापमान परिवर्तनों पर प्रतिक्रिया व्यक्त करती है। लार्वा के बढ़ने के लिए आहार के अतिरिक्त उनके जीवित रहने के लिए तापमान भी एक मुख्य और महत्वपूर्ण घटक है। मछली और उसके लार्वा के लिए आहार की उपलब्धता तथा पादप प्लैंक्टॉन उत्पादन की मात्रा का सीधा संबंध तापमान के मौसमी परिवर्तनों और प्रकाश की मात्रा से गहराई से जुड़ा है। अतः मछलियों का फैलाव सामान्य तौर पर विद्यमान वातावरणीय स्थितियों, मुख्यतया आहार और तापमान से संबंधित है। उपर्युक्त तथ्यों के आधार पर समुद्री मत्स्य संपदा का पता लगाने में इन सभी समुद्र विज्ञान संबंधी प्राचलों में तापमान और समुद्र रंग (आहार से संबंधित) का व्यापक रूप में उपयोग किया गया है।

इंकॉइस द्वारा संभाव्य मत्स्य क्षेत्र (पी॰एफ॰जेड॰) सूचनाओं का समय पर प्रसारण करने के लिए इलेक्ट्रॉनिक डिजिटल डिस्प्ले बोर्ड (डी॰डी॰बी॰) के रूप में एक नई संकल्पना तैयार की गई। प्रथम डी॰डी॰बी॰, जो अपने आप में पहला कार्यक्रम था, को उसके कार्यान्वयन के परिशीलन के लिए रत्नागिरी, महाराष्ट्र में स्थापित किया गया। इस नयी शुरुआत को सफलता से लागू करने के पश्चात् भारत के तटवर्ती प्रांतों और उसके द्वीपों पर हर जगह 15 से अधिक डी॰डी॰बी॰ और स्थापित किए गए। प्रत्येक पूर्वानुमान को सप्ताह में तीन बार इंकॉइस से सीधे अद्यतन किया जा रहा है।

इंकॉइस ने गुजरात, महाराष्ट्र, कर्नाटक, गोवा, केरल, तमिलनाडु, आंध्रप्रदेश, उड़ीसा, पश्चिम बंगाल, अंडमान–निकोबार और लक्षद्वीप सहित भारत के समूचे तटवर्ती प्रदेशों के 12 खंडों में फैले लगभग 230 क्षेत्रों को फैक्स और टेलीफोन आधारित बहुभाषी (गुजराती, हिंदी, कन्नड़, मलयालम, तेलगु, उड़िया और बंगाली) पीएफजेड सूचनाएं प्रसारित की है।

पीएफजेड संबंधी सूचनाएं ई–मेल तथा वेबसाइट (www.incois.gov.in) पर भी सुलभ करवाई गई है। इस प्रकार की सेवाओं से मछुआरों को मछली खोजने में 30 से 70 प्रतिशत तक समय कम लगता है और इसके साथ–साथ डीजल, तेल और बहुमूल्य मानव श्रम में भी बचत होती है। यह प्रेक्षित किया गया है कि जलयानों की संख्या और उसी स्टॉक के प्रयोग के आधार पर मछली पकड़ने में किए गए प्रयासों की इकाई दर में भी सुधार हुआ है (चित्र–71)।

चित्र – 71. मत्स्य परामर्शी सेवा

अतः उपग्रह आधारित एस॰एस॰टी॰/क्लोरोफिल युक्त पीएफजेड सूचनाएं कम श्रम से अधिक मछलियां पकड़ने में प्रामाणिक रूप में उपयोगी सिद्ध हो रही हैं। पीएफजेड लक्षणों को अलग करने और इन सूचनाओं को इंटरनेट और वेब–जीआईएस द्वारा सारे प्रयोक्ताओं को प्रदान करने इंकॉइस का यह कार्य अत्यंत ही सराहनीय एवं रोजगारोन्मुख है (चित्र–72)।

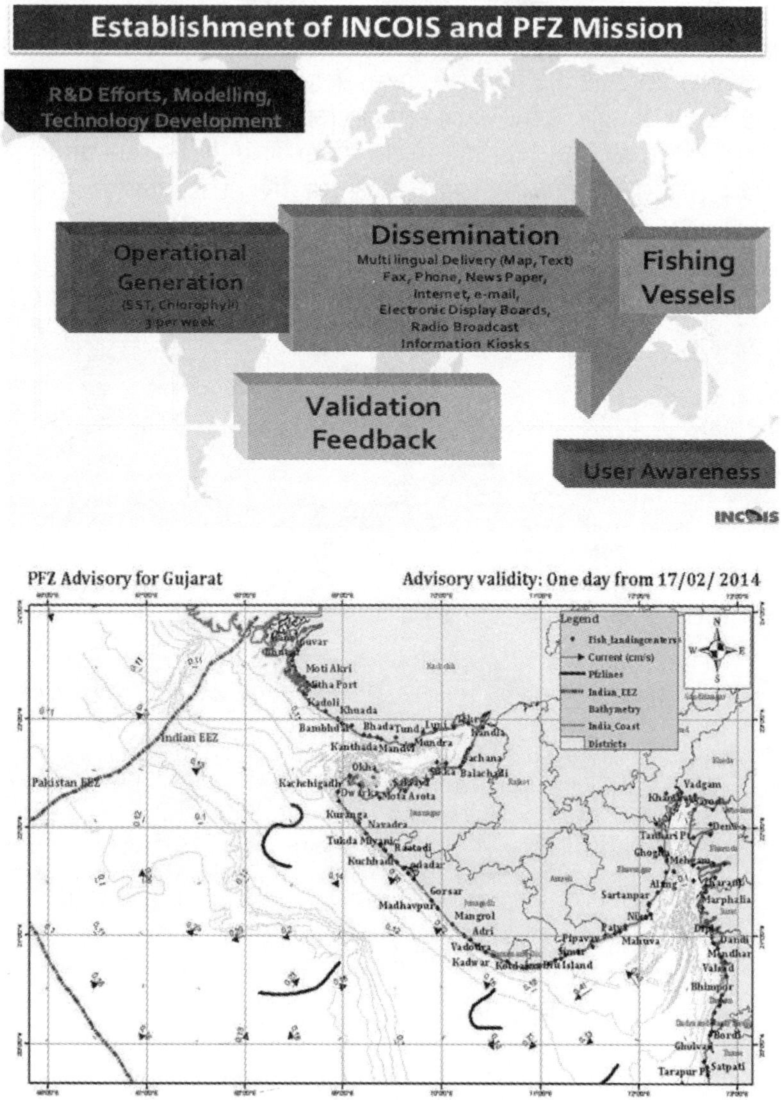

चित्र – **72.** पीएफजेड सेवा

3. महासागरीय स्थिति का पूर्वानुमान

इंकॉइस, एन॰सी॰एम॰आर॰डब्ल्यू॰एफ॰ और इस्सो – एमडब्ल्यूएफ से पूर्वानुमानित हवाओं का प्रयोग करते हुए तरंगों की ऊँचाई और तरंगों की

दिशाओं द्वारा बताई गई महासागर स्थिति का पूर्वानुमान करता है। इस सेवा से जहाज पर कार्य करने वाले, मछली पकड़ने वाले, सागर तटों पर उद्योगों, बंदरगाहों और हार्बरों के साथ ही नौ सेना, तटीय गार्ड आदि को 2, 5 और 7 दिन पूर्व ही महासागर की स्थिति की पूर्व सूचना मिल जाती है। यह सेवा प्रतिदिन वैश्विक (1° x 1° भू मंडलीय रिजोल्यूशन), आंचलिक (0.25° x 0.25° भू मंडलीय रिजोल्यूशन), तटों के समीप (गुजरात, गोवा, महाराष्ट्र, कर्नाटक, केरल, तमिलनाडु, आंध्रप्रदेश, उड़ीसा, पश्चिम बंगाल के लिए 10 x 10 कि॰मी॰ पर और विनिर्दिष्ट स्थानों पर (पुडुचेरी, तमिलनाडु, महाराष्ट्र) तथा अन्य राज्यों के 52 मछली उतारने वाले केन्द्रों में 6–8 बार दी जाती है (चित्र – 73)।

चित्र – 73. महासागरीय स्थिति का पूर्वानुमान

हाइवेव अलर्ट सेवा – तटीय स्थानों पर रहने वाले समुदायों विशेषकर मछुआरा समुदाय की निरंतर मांग को दृष्टिगत रखते हुए इंकॉइस ने ''उच्च तरंग चेतावनी'' या ''हाईवेव अलर्ट'' नामक एक नया उत्पाद तैयार किया है जिससे समुद्री तूफान या उच्च लहरों की स्थिति के दौरान तटीय क्षेत्रों के पास संभावित उच्च लहरों के बारे में सूचना उपलब्ध कराई जा सके। इस प्रणाली को पूर्व में 9–12 नवंबर 2009 को अरब सागर में तूफान ''फयान'' के गुजरने के दौरान करवार, कर्नाटक के मछुवारों को उच्च लहरों की स्थिति बताने के लिए आरंभ किया गया था। तत्पश्चात् इस सेवा का 10–15 दिसम्बर 2009 के दौरान बंगाल की खाड़ी के ऊपर और फिर 31 मार्च से 2 अप्रैल 2010 के दौरान उड़ीसा और पश्चिम बंगाल के तटों पर तूफान ''वार्ड'' के संबंध में सूचना प्रदान करने के लिए प्रयोग किया गया (चित्र – 74 व 75)।

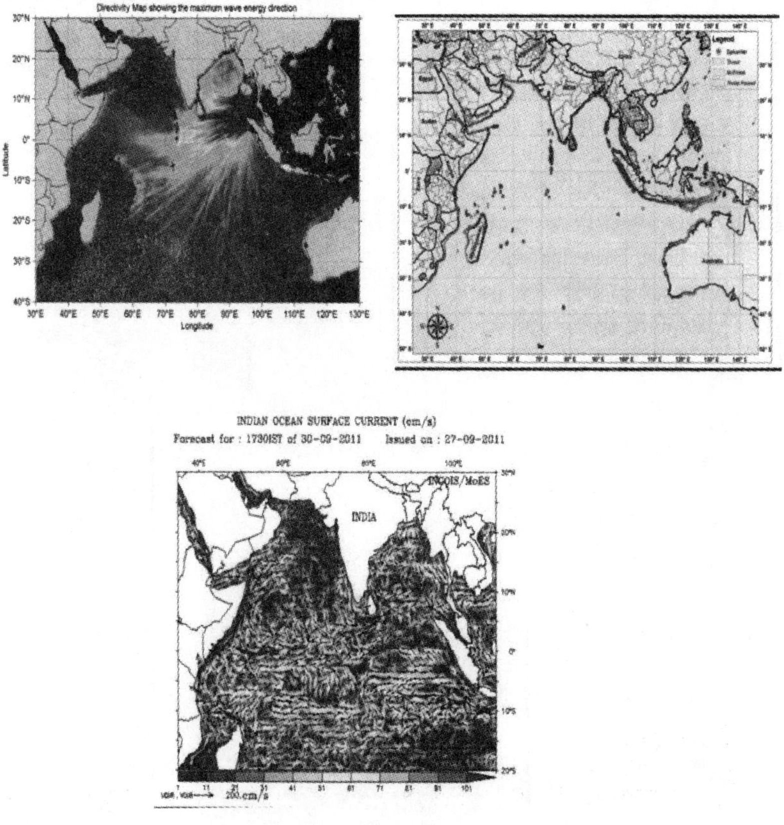

चित्र – 74. हाईवेव अलर्ट सेवा

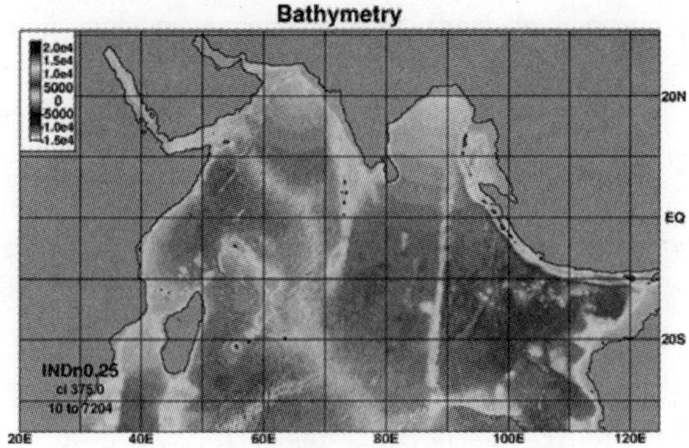

चित्र – 75.

4. सुनामी तथा तूफानी लहरों की पूर्व सूचना

वस्तुतः सुनामी (Tsunami) विशाल, तेजी से चलने वाली सागर तरंगे हैं जो सागर तल पर भूकंप के कारण हुए व्यापक परिवर्तन के कारण शुरू होती हैं। कभी–कभी पानी के नीचे भू–स्खलन या ज्वालामुखी के फटने से भी ऐसी स्थिति बनती है। ये तरंगें लगभग 1000 किलोमीटर प्रतिघंटा की गति से चलती हैं। जब ये तरंगें उथले पानी में पहुंचती हैं तो इनकी गति धीमी हो जाती है परंतु उनकी ऊँचाई (3–20 मीटर) बहुत बढ़ जाती है और उनके बीच की दूरी कम हो जाती है। ये तटस्थ आबादी को तथा सम्पत्ति को अत्यधिक नुकसान पहुँचाती है (चित्र – 76)।

चित्र – 76. सुनामी तरंगें

भारत सरकार के पृथ्वी विज्ञान मंत्रालय ने देश में महासागरीय आपदाओं से हो रहे भयंकर नुकसान तथा देश के तटीय क्षेत्र पर लगभग 40 करोड़ की क्षति को दृष्टिगत रखते हुए यह निश्चित किया कि इस क्षेत्र में शीघ्र ही सूचना केन्द्र की स्थापना किया जाना नितांत आवश्यक है। इस दृष्टि से भारत सरकार ने विज्ञान एवं प्रौद्योगिकी मंत्रालय, अंतरिक्ष विभाग, सी॰एस॰आई॰आर॰ तथा पृथ्वी विज्ञान मंत्रालय के शीर्ष वैज्ञानिकों की अनुशंसा पर सुनामी और तूफानी लहरों की पूर्व चेतावनी हेतु एक सूचना तंत्र इंकॉइस में वर्ष 2006 को स्थापित किया।

इंकॉइस में यह राष्ट्रीय सुनामी पूर्व चेतावनी केन्द्र (एनटीईडब्ल्यूसी) 24x7 अर्थात् निरन्तर 24 घंटे कार्य करता है। यह केन्द्र भूकम्प संबंधी सूचना भारतीय मौसम विज्ञान विभाग, सुनामी पूर्व सूचना केन्द्र, जापान, मौसम विज्ञान एजेन्सी पेसीफिक, भारतीय सर्वेक्षण विभाग, राष्ट्रीय समुद्री प्रौद्योगिकी संस्थान एवं अन्य अंतरराष्ट्रीय स्टेशनों से ज्वार मापन आँकड़े प्राप्त करता है। पृथ्वी विज्ञान मंत्रालय द्वारा जारी मानक प्रचालन विधि का आई टी डब्ल्यू सी द्वारा कार्यान्वयन किया जाता है तथा यह व्यवस्था सही ढंग से कार्य कर रही है (चित्र – 77 व 78)।

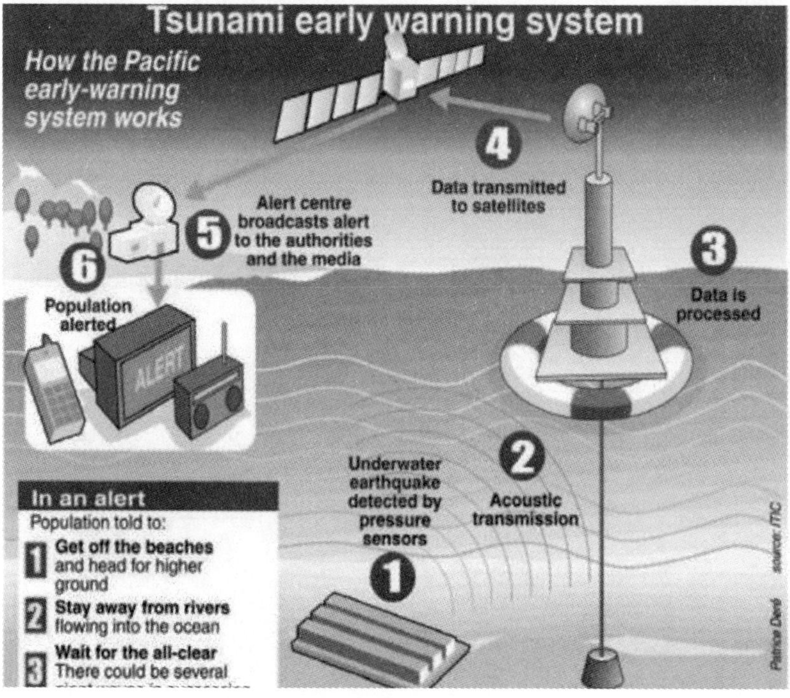

चित्र – 77. सुनामी पूर्व चेतावनी तंत्र

चित्र – 78. सुनामी चेतावनी केन्द्र

इंकॉइस वी सैट उपग्रह से एनआईओटी द्वारा इस प्रकार सूचनाएँ प्राप्त करता है। आपदा प्रबंधन के लिए वास्तविक निजी नेटवर्क को एक हिस्से के रूप में इंकॉइस में, उच्च शक्ति का ऐन्टिना तथा विडियो कान्फ्रेंसिंग उपकरण से सुसज्जित किया गया है, जिसे देश के 22 राज्यों एवं केन्द्र शासित प्रदेशों में विडियो तथा ऑडियो से जोड़ा गया है।

इस केन्द्र ने अप्रैल 2009 से मार्च 2010 तक 165 बड़े भूकंपों का पता लगाकर इसकी शीघ्र सूचना उपलब्ध करवाई। इंकॉइस में इस प्रकार की विश्व स्तरीय अत्याधुनिक सुविधा प्राप्त है।

इस केन्द्र ने 29 सितम्बर 2009 को समोआ द्वीप क्षेत्र में आए भूकंप का 17 : 48 : 10 (यूटीसी) पर 4 मिनट में पता लगाया और आरंभिक बुलेटिन/ई–मेल 10 मिनट में प्रसारित कर दी कि ''इस सुनामी से हिंद महासागर के क्षेत्र को किसी भी प्रकार का खतरा नहीं है'' (चित्र – 79)।

चित्र – 79.

इसी प्रकार इस केन्द्र ने 30 सितम्बर 2009 को दक्षिण सुमात्रा, इंडोनेशिया में आये भूकंप का 10:16:07 (यूटीसी) पर 4 मिनट में पता लगाया और प्रथम बुलेटिन/ई–मेल भूकंप के 6 मिनट में प्रसारित कर दिया। इसका दूसरा बुलेटिन भूकंप के आने के 38 मिनट बाद मॉडल द्वारा तैयार की गई परिस्थितियों का परीक्षण करने के पश्चात् जारी किया गया जिसमें भूकंप की अद्यतन जानकारी उपलब्ध करवाई गई तथा सूचना दी गई कि ''मॉडल सिमूलेशन्स में भारतीय तट के जल स्तर में परिवर्तन के कोई महत्वपूर्ण संकेत नहीं है। अतः भारतीय क्षेत्र में सुनामी का खतरा नहीं हैं (चित्र – 80 व 81)।

चित्र – 80. भूकंप का पूर्वानुमान हेतु इंकॉइस द्वारा बंगाल की खाड़ी में लगाए गए बॉटम प्रेशर रिकार्डर

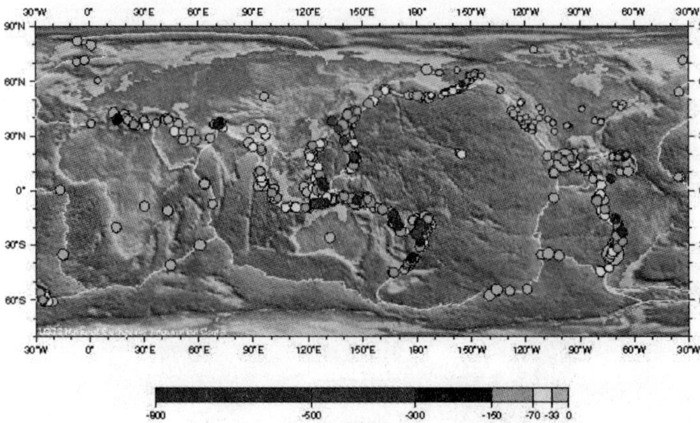

चित्र – 81. भूकंप स्टेशनों से प्राप्त आंकड़े

अंतरराष्ट्रीय परिदृश्य में इंकॉइस

इंकॉइस ने अपनी स्थापना से ही आँकड़ा संग्रहण तथा सहभागिता एवं क्षमता उन्नयन जैसे कार्यक्रमों में अग्रगण्य रहकर विश्व के महासागर अनुसंधान संस्थानों के साथ सहयोग करने में प्रमुख भूमिका निभाई है जिससे इस विषयक प्रभावी अन्वेषण एवं जनोपयोगी कार्यों का निष्पादन हो सके। भारत, अंतर शासकीय समुद्री विज्ञान आयोग (आई॰ओ॰सी॰) का संस्थापक सदस्य ही नहीं वरन् कार्यकारी परिषद् का भी लगातार सदस्य रहा है। इंकॉइस में अपनी स्थापना से आई॰ओ॰जी॰ओ॰ओ॰एस॰ का सचिवालय कार्यरत है, जिससे 15 देशों का प्रतिनिधित्व है। इसी प्रकार विश्वभर में वैश्विक महासागरीय क्रियाकलापों को कार्यान्वित करने और उन्हें बढ़ाने के उद्देश्य से गठित बड़े महासागरीय संस्थानों के अंतरराष्ट्रीय नेटवर्क के रूप में इंकॉइस ने वैश्विक महासागर के प्रेक्षण के लिए सहभागिता (पी॰ओ॰जी॰ओ॰) में महत्वपूर्ण भूमिका जारी रखी है। भारत–ब्राजील दक्षिण अफ्रीका सहयोग नेटवर्क में भी इंकॉइस ने महासागरीय संसाधन विषयक महत्वपूर्ण जानकारियां प्रदान की है (चित्र – 82)।

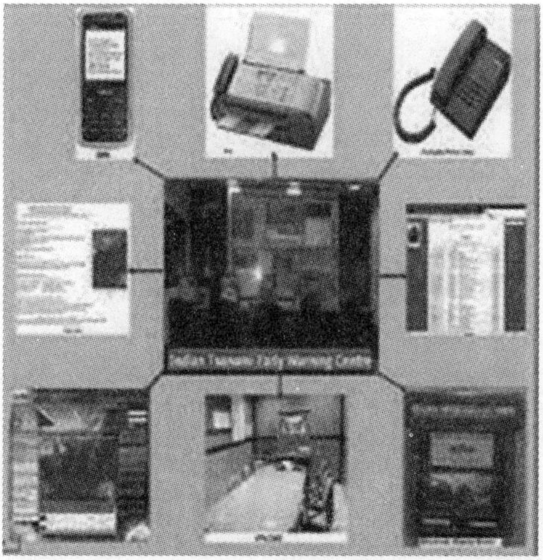

चित्र – 82. अंतरराष्ट्रीय परिदृश्य में इंकॉइस

जापान में हुई आपदा की सूचना में इंकॉइस की भूमिका

इंकॉइस के निदेशक डॉ॰ एस॰एस॰सी॰ शिनॉय, जो अंतरराष्ट्रीय ख्याति प्राप्त भू समुद्री भौतिकी के वैज्ञानिक हैं; ने इंकॉइस में स्थापित भारतीय सुनामी एवं तूफानी लहरों के लिए पूर्व चेतावनी तंत्र के माध्यम

से जापान के होंसू (Honshu) के पूर्व तटीय क्षेत्र में आए भूकंप की सूचना को 11 मार्च 2011 को 11 बजकर 16 मिनट और 23 सेकण्ड आई एस टी (05 : 46 : 23 यूटीसी) पर ई–मेल द्वारा भेज दी थी। इस दुखद घटना पर इंकॉइस ने घटना के घटित होने के मात्र सात मिनट में ही दो बुलेटिन जारी किए तथा यह बताया कि हिंद महासागर का क्षेत्र इस सुनामी से प्रभावित नहीं है।

5. कम्प्यूटेशनल सुविधा तथा महासागर सूचना बैंक

इंकॉइस में संस्थापित एचपीसी सिस्टम को 64 बिट रिस्क आधारित एसएमपी क्लस्टर से अधिक आर्किटेक्चर पर निर्मित किया गया है, जो कुल 512 पॉवर, 6 प्रोसेसर कोट एक साथ करते हुए 7.2 टेस–फ्लॉप्स का अधिकतम निष्पादन देते हैं और इसमें 166 टीबी उपयोगयुक्त भंडारण सहित 2 टीबी मेमौरी होती है। इस सिस्टम को विश्वसनीय और अतिरिक्त तकनीकी सहयोग सेवा जैसे – डीजी पॉवर, यूपीएस पॉवर, प्रीसीसन एसी, 24 x 7 आधारित वाटर प्रोसेस कूलिंग सिस्टम भी प्रदान किया गया है (चित्र – 83)।

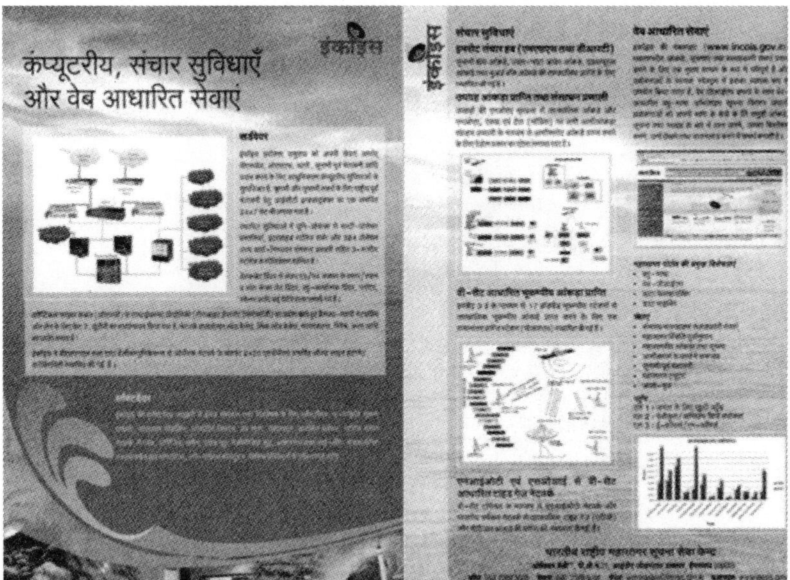

चित्र – 83.

महासागर विज्ञान आँकड़ों हेतु इंकॉइस देश और एनओडीसी के रूप में प्राधिकृत आईओडीई/आईओसी का केन्द्रीय संग्रहण केन्द्र है।

इंकॉइस हिंद महासागर क्षेत्र के लिए राष्ट्रीय आर्गो आँकड़ा केन्द्र और आर्गो क्षेत्रीय आँकड़ा (डाटा) केन्द्र के रूप में भी सेवाएँ प्रदान करता है। इंकॉइस में आशियन सैट–2 भू स्टेशन की स्थापना भी की जा चुकी है।

6. उपग्रह तटीय एवं समुद्र वैज्ञानिक अनुसंधान (सैटकोर)

इंकॉइस ग्यारहवीं पंचवर्षीय योजना के दौरान सैटकोर कार्यक्रम के लिए मुख्य समन्वयकर्ता है। यह कार्यक्रम क्लोरोजिन तथा हिंद महासागर गूज के जरिए अंतरराष्ट्रीय रूप से वैश्विक पहलुओं से जुड़ा हुआ है। तटीय महासागर के लिए आयोगूज योगदान के रूप में पहचान किये गये क्लोरोजिन का लक्ष्य हिन्द महासागर परिधि के देशों के तटीय क्षेत्रों के साथ क्लोरोफिल तथा एसएसटी मानचित्रों की नेटवर्किंग तथा वितरण है (चित्र–84)।

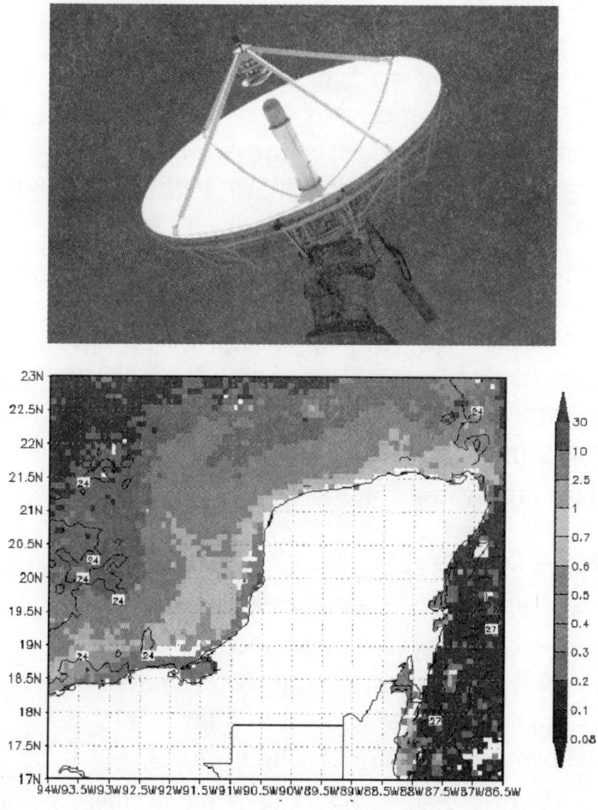

चित्र – 84. उपग्रह तटीय एवं समुद्र वैज्ञानिक अनुसंधान (सैटकोर) एवं क्लोरोफिल मानचित्र

इंकॉइस क्लोरोफिल, एसएसटी मानचित्र तथा समय शृंखला मापन प्रदान करने के लिए इस कार्यक्रम में शामिल हुआ है। इसके कार्य क्षेत्र में शामिल हैं – (1) प्रचालनात्मक प्रयोक्ताओं को सहायता देने के लिए उपग्रह आंकड़े का तात्कालिक संसाधन और लगभग तात्कालिक उपग्रह आंकड़ा उत्पादों जैसे क्लोरोफिल, एसएसटी, के 490 तथा टीएसएम को तैयार करना तथा वैब प्रसारण और (2) विश्वविद्यालयों तथा अनुसंधान संस्थानों को शामिल कर भारतीय तटीय पानी में मुख्य भौतिक तथा जैव भू–रसायन मानदंडों के मापन के लिए गोवा, मंगलोर, कोच्चि, पांडिचेरी, परांगीपेट्टै, नागापट्टीनम, मछलीपट्टनम तथा विशाखापट्टनम तटों के पास समय शृंखला स्टेशनों की स्थापना, सुदूर संवेदी आंकड़ा आधार के साथ स्वस्थाने प्रेक्षणों का संपूरक बनकर परियोजना उपग्रह से प्राप्त उत्पादों के वैधीकरण की परिकल्पना करना है।

इंकॉइस की महत्वपूर्ण उपलब्धियाँ

विगत वर्षों में भारतीय राष्ट्रीय महासागर सूचना सेवा केन्द्र (इंकॉइस), हैदराबाद ने विविध क्षेत्रों, पणबंधधारियों (स्टेक होल्डरों) के लिए नई सेवाएं प्रदान की है। तथा आधारतंत्र विकास, जनशक्ति में वृद्धि, प्रचालन समुद्र विज्ञान के लिए अंतरराष्ट्रीय प्रशिक्षण केन्द्र की स्थापना तथा शोध कार्यों में अभिवृद्धि की है।

मॉडलिंग क्रियाकलापों में नये विकास के कारण हिन्द महासागर में महासागरीय धाराओं का सही पूर्वानुमान, महासागर सतह के तापमान, मिश्रित सतही गहराई तथा थर्मोक्लाइन (वह गहराई जिस पर जल के तापमान में तीव्रगामी परिवर्तन होता है) गहराई के बारे में सही 'सूचना प्राप्त हो रही है। इसके अतिरिक्त इस केन्द्र द्वारा महासागरीय प्रेक्षणों के समावेशन के आधार पर वैश्विक महासागरीय डाटा विश्लेषण (Global Ocean data analysis) संबंधी जानकारी प्रतिदिन सुलभ कराई जाती है।

इंकॉइस द्वारा हिन्द महासागर के लहरों की स्थिति संबंधी पूर्वानुमान के अतिरिक्त कुछ विशिष्ट पूर्वानुमान, यथा – उच्च लहरों, समुद्री प्रांतों एवं टापूओं में महासागरीय स्थिति, बंदरगाहों, नौ परिवहन के रास्तों एवं हार्बरों के लिए महासागरीय स्थिति पूर्वानुमान आदि विकसित किए गए हैं। तथा तत्संबंधित उपभोक्ताओं को उनकी विशिष्ट आवश्यकताओं के अनुरूप पूर्वानुमान उपलब्ध करवाए गये हैं।

भारत के तटीय क्षेत्रों में रहने वाले लाखों मछुआरों को, जो मछली पकड़ने के व्यवसाय से जुड़े हुए हैं, को पूर्व में सप्ताह में तीन बार उपलब्ध करवाई गई परामर्शी सेवाओं की अपेक्षा अब बहु उपग्रहों से प्राप्त

आँकड़ों के आधार पर प्रतिदिन परामर्शी (पी॰एफ॰जेड) सेवाएँ उपलब्ध करवाई जाती है। जीआईएस की नई प्रौद्योगिकी को अपनाकर मत्स्य परामर्शी सेवाओं के मानचित्रों एवं प्रपत्रों में नवीकरण एवं वृद्धि की गई है (चित्र – 85)।

चित्र – 85.

वर्तमान में प्रेक्षण तंत्रों की गुणवत्ता एवं उपलब्धता में अभिवृद्धि एवं सुधार हेतु अनेक नवीन प्रेक्षण तंत्र महासागरीय आँकड़ों के सही समय में प्राप्त करने हेतु विकसित एवं स्थापित किए गए हैं। इंकॉइस ने इनसैट के प्रयोग के आधार पर तकनीकी आँकड़ों का संप्रेषण विकसित किया है। भारत के समुद्र तटों पर समुद्री लहरों संबंधी सही जानकारी प्राप्त करने हेतु इंकॉइस ने "11 वेव राइडर बुइयाँ (Wave rider buoys) स्थापित की है (चित्र – 86)। इसी प्रकार महासागरों से मौसम संबंधी आँकड़े प्राप्त करने हेतु इंकॉइस ने पृथ्वी विज्ञान मंत्रालय के जलयानों पर स्वचालित मौसम स्टेशन (Automated weather Station) स्थापित किए हैं।

विगत वर्षों में इंकॉइस ने भारतीय उपग्रहों और एमपीएलएस लाइनों के माध्यम से वीएसटीएस द्वारा राष्ट्रीय भूकम्पीय तथा जीपीएस नेटवर्क की स्थापना कर सम्पूर्ण देश में फैले 150 भूकम्पीय एवं जीपीएस स्टेशनों को जोड़ा हैं। इंकॉइस एवं भारत मौसम विज्ञान विभाग, नई दिल्ली ने समर्पित (Dedicated) आँकड़ा केन्द्रों की स्थापना भी की गई हैं जो भूकम्पीय एवं जीपीएस स्टेशनों से प्रचालन उपयोग हेतु सही समय

में ऑकड़े प्राप्त करते हैं, जो शोध कार्य हेतु शोधार्थियों को प्रेषित किए जाते हैं।

चित्र – 86. वेव राइडर बुइयाँ

इंकॉइस में स्थापित राष्ट्रीय सुनामी पूर्व चेतावनी केन्द्र ने अंतरराष्ट्रीय समुदाय द्वारा निर्धारित भूकम्प एवं सुनामी संबंधी सही सूचना एवं बुलेटिन का सही समय पर प्रसारण विषयक लक्ष्यों को पूरा किया है। इंकॉइस की इस महत्वपूर्ण उपलब्धि के कारण यूनेस्को के अंतरराजकीय समुद्री विज्ञान आयोग (आईओसी) ने अक्टूबर 2012 में इंकॉइस को हिंद महासागर क्षेत्र के सभी 23 देशों के लिए "रिजनल सुनामी सर्विस प्रोवाइडर" की संज्ञा प्रदान की है। सुनामी पूर्व चेतावनी तंत्र ने कई उपलब्धियाँ प्राप्त की है, जैसे – विकास और संक्रियात्मकता की परस्परता वेबसाइट, विकास और संक्रियात्मकता का "डिसिजन सपोर्ट सिस्टम" जिससे वैश्विक स्तर पर महासागरों की सूचना प्राप्त हो सके। इस संस्थान ने हाल ही में विकट डाटा प्रसारण तंत्र के प्रसार हेतु इंटीग्रेटेड इन सीटू ओशन डाटा एंड इन्फॉरमेशन सिस्टम (IODIS) विकसित किया गया है।

अतः भारतीय राष्ट्रीय महासागर सूचना सेवा केन्द्र (इंकॉइस) ने अपनी स्थापना के मात्र सोलह वर्षों में ही देश की आर्थिक, वैज्ञानिक, सामाजिक एवं शैक्षणिक क्षेत्रों में महत्वपूर्ण योगदान देकर राष्ट्रोन्नति में अहम् भूमिका निभाई है तथा कालांतर में भी यह संस्थान समुद्री अनुसंधान एवं विस्तार सेवाओं के लिए मील का पत्थर साबित होगा।

4. भारतीय उष्णदेशीय मौसम विज्ञान संस्थान, पुणे

देश में, स्वतंत्रता के बाद सन् 1950 में जब आर्थिक विकास कार्यक्रम आरंभ किया गया उस समय मूलभूत वायुमंडलीय समस्याओं तथा उष्णकटिबंधीय क्षेत्रों में, विशेषरूप से मानसून क्षेत्रों में, मौसम प्रणाली तथा जलवायु संबंधित प्रक्रियाओं सहित मानसून की क्रियाविधि को समझना अति आवश्यक हो गया था। इस आवश्यकता को ध्यान में रखते हुए विश्व मौसम विज्ञान संस्थान (वर्ल्ड मीटिरियोलॉजी ऑर्गेनाइजेनशन – डब्ल्यूएमओ) ने अपने तीसरे सम्मेलन में उष्णकटिबंधीय देशों में मौसम विज्ञान अनुसंधान तथा प्रशिक्षण संस्थान खोलने की संस्तुति की। इस प्रस्ताव को भारत सरकार द्वारा पंचवर्षीय योजना के अंतर्गत औपचारिक रूप से अनुमोदित किया गया। इस प्रकार 17 नवम्बर 1962 को भारतीय मौसम विज्ञान विभाग से अलग इकाई के रूप में उष्णदेशीय मौसम विज्ञान संस्थान की स्थापना की गई। भारत सरकार द्वारा 1 अप्रैल 1971 को इसे भारतीय उष्णदेशीय मौसम विज्ञान संस्थान (आईआईटीएम) नाम दिया गया। प्रारंभिक वर्षों में यह संस्थान मौसम विज्ञान विभाग के साथ पर्यटन एवं नागर विमानन मंत्रालय के अंतर्गत कार्य कर रहा था किन्तु बाद में सन् 1985 में इसे विज्ञान और प्रौद्योगिकी विभाग के अंतर्गत लाया गया। इसके बाद 12 जुलाई 2006 से यह संस्थान विशेष रूप से स्थापित पृथ्वी विज्ञान मंत्रालय के प्रशासनिक नियंत्रण में है। आज यह संस्थान पुणे के पाषाण क्षेत्र में कार्यरत है (चित्र – 87)।

चित्र – 87. आई आई टी एम, पुणे

शुरुआत में यह संस्थान मौसम विज्ञान विभाग के शिवाजी नगर स्थित भवन रामदुर्ग हाऊस तथा कुछ किराए के स्थानों पर कार्य कर

रहा था। पाषाण परिसर का विकास खंडों में हुआ तथा कुछ प्रभागों ने वहां सन् 1982 से काम करना शुरू कर दिया तथा पूरे संस्थान का कामकाज यहां सन् 1989 से शुरू हुआ। मौसम विज्ञान तथा वायुमंडलीय विज्ञान के क्षेत्र में सामान्य वैज्ञानिक ज्ञान के विकास के लिए यह एक प्रमुख संस्थान है। इस संस्थान के अनुसंधान कार्यों का अनुप्रयोग कृषि, आर्थिक, स्वास्थ्य, जल संसाधन, परिवहन, संचार आदि अनेक क्षेत्रों में हो रहा है। आज यह संस्थान मानसून मौसम विज्ञान में प्राथमिक तथा व्यावहारिक अनुसंधान हेतु राष्ट्रीय केन्द्र के रूप में कार्यरत है।

कृषि प्रधान देश होने के कारण हमारे देश के लिए मानसून का विशेष महत्व है। हमारे देश में वर्ष भर में होने वाली कुल वर्षा का 80 प्रतिशत मानसून के दौरान ही हो जाता है। हमारे देश की अधिकांश कृषि इसी वर्षा पर निर्भर करती है। इस कारण मानसून का हमारे देश की अर्थव्यवस्था से सीधा संबंध है। इसलिए काफी समय से मानसून को प्रभावित करने वाले कारकों का अध्ययन किया जा रहा है ताकि मौसम की सटीक भविष्यवाणी की जा सके। भारतीय उष्णकटिबंधीय मौसम विज्ञान संस्थान मौसम पूर्वानुमान से संबंधित अनुसंधान कार्यों में महत्वपूर्ण भूमिका निभाता है। ऐसे अनुसंधान कार्यों की बदौलत ही भारतीय मौसम विभाग सहित अन्य संस्थाएँ सटीक पूर्वानुमान करने में सफल हो पाती है।

भारतीय उष्णकटिबंधीय मौसम विज्ञान संस्थान वैश्विक स्तर पर अनेक संस्थाओं के साथ कार्य करते हुए भारतीय मानसून पर पड़ने वाले विभिन्न कारकों के प्रभावों का गंभीरता से अध्ययन करता है। यह संस्थान वायुमंडल– महासागर जलवायु प्रणाली एवं जलवायु विज्ञान में उत्कृष्टता के वैश्विक केन्द्र के रूप में पहचान बनाने के लिए निरंतर प्रयासरत है। मानसूनी पूर्वानुमानों में उन्नत दक्षता के साथ पूर्वानुमान प्रणाली के विकास के लिए लगातार अनुसंधानरत इस संस्थान की प्रगति सराहनीय रही है।

मौसम विज्ञान में बढ़ते अनुसंधान कार्य

भारतीय उष्णदेशीय मौसम विज्ञान संस्थान का लक्ष्य मौसम तथा जलवायु पूर्वानुमान में सुधार हेतु आवश्यक महासागर–वायुमंडल जलवायु प्रणाली पर प्राथमिक अनुसंधान में, संस्थान को विश्व के उत्कृष्ट केन्द्र के रूप में स्थापित करना है। इसके लिए संस्थान द्वारा अन्वेषण, विकास एवं प्रभावी वायुमंडलीय विज्ञान को समझने में सक्षम अनुसंधान प्रतिभावों का विकास किया जाता रहा है। जलवायु अध्ययन के अनुप्रयोग तथा विकास में कार्यरत अन्य अनुसंधान संस्थानों के साथ सहयोग कर यह संस्थान वैज्ञानिक उपलब्धियों की ओर अग्रसर है (चित्र – 88)।

चित्र – 88. एच पी सी कम्प्यूटर

इस संस्थान द्वारा अवलोकनों के माध्यम से उष्णकटिबंधीय जलवायु प्रणाली की प्राथमिक भौतिकी की समझ में वृद्धि हेतु आवश्यक मुख्य अवसंरचरना का विकास किया गया है। इसके साथ ही यह संस्थान मानसून पूर्वानुमान पर कार्य करने एवं मौसम विज्ञान में अन्य महत्वपूर्ण समस्याओं के समाधान हेतु अच्छी संख्या में प्रशिक्षित जनशक्ति का निर्माण करने की दिशा में भी कार्यरत है।

इस संस्थान के संस्थापक निदेशक लब्ध प्रतिष्ठ जलवायु विज्ञानी प्रो॰ पी॰आर॰ पिशारोटी रहे हैं। वर्तमान में इस संस्थान के निदेशक डॉ॰ माधवन नायर राजीवन (चित्र – 89) है।

चित्र – 89. डॉ॰ माधवन नायर राजीवन

अनुसंधान कार्यक्रमों का बढ़ता दायरा

यह संस्थान अनेक द्विपक्षीय अनुसंधान कार्यक्रमों में भागीदारी निभा रहा है। ऐसे कार्यक्रमों में जलस्रोतों पर जलवायु परिवर्तन के प्रभाव पर

भारत–यूके कार्यक्रम, मानवजनित जलवायु परिवर्तन से भारतीय ग्रीष्म मानसून की संवेदनशीलता के अध्ययन हेतु भारत–फ्रांस कार्यक्रम, वायुविलय अध्ययनों पर भारत–संयुक्त राज्य अमेरिका (डीएसटी – एनएसएफ) परियोजना, यू॰के॰ – भारत शिक्षा एवं अनुसंधान अग्रणीयता, (यूकेटी) वैश्विक परिवर्तन अनुसंधान हेतु एशिया–प्रशांत नेटवर्क (एपीएन), विज्ञान और प्रौद्योगिकी में सहयोग हेतु भारत–बुल्गारिया कार्यक्रम, एशियाई जमाव (सीएडी) के संयोजन पर भारत–स्वीडिश सहयोगी कार्यक्रम आदि शामिल हैं।

सहभागिता कार्यक्रम

यह संस्थान विभिन्न अभियानों, जैसे – अंटार्कटिका अभियान, आर्कटिक अभियान, मानसून–77, दक्षिणी महासागर अभियान, विज्ञान और प्रौद्योगिकी विभाग के भारतीय जलवायु अनुसंधान कार्यक्रम, भारतीय महासागर मॉडलन (इंडोमॉड) कार्यक्रम सहित पर्यावरण और वन मंत्रालय की पर्यावरणीय सूचना प्रणाली (ईन्विस) में भी सहयोग कर रहा है।

अंतरराष्ट्रीय कार्यक्रमों में भारत की बढ़ती साझेदारी

मौसम विज्ञान से संबंधित भारत के विभिन्न संस्थान आज अनेक अंतरराष्ट्रीय कार्यक्रमों में योगदान दे रहे हैं। कुछ विशिष्ठ अंतरराष्ट्रीय कार्यक्रमों, जैसे – विश्व जलवायु अनुसंधान कार्यक्रम (वर्ल्ड क्लाइमेट रिसर्च प्रोग्राम – डब्ल्यूसीआरपी), अंतरराष्ट्रीय भूमंडल एवं जैवमंडल कार्यक्रम (इंटरनेशनल जिओस्फियर बायोस्फियर प्रोग्राम – आईजीबीपी), जलवायु परिवर्तन का अंतरसरकारी पैनेल (इंटरगवर्नमेंटल पेनल ऑन क्लाइमेट चेंज – आईपीसीसी), जलवायु परिवर्तन पर संयुक्त राष्ट्र फ्रेमवर्क सम्मेलन (यूनाइटेड नेशंस फ्रेमवर्क कन्वेंशन ऑन क्लाइमेट चेंज – यूएनएफसीसीसी) आदि शामिल हैं।

मानसून के पूर्वानुमान हेतु राष्ट्रीय मानसून मिशन

मानसून का हमारे देश के लिए विशेष महत्व है। यह भी कहा जा सकता है कि भारतीय ग्रीष्म मानसून भारतीय उपमहाद्वीप, विशेषकर कृषि प्रधान देश, भारत की जीवनरेखा है। हम सब जानते हैं कि मानसून का आरंभ, समयावधि एवं मात्रा हमारे देश को बहुत अधिक प्रभावित करती है। मानसून का पूर्वानुमान हमेशा एक चुनौती रहा है। लेकिन अब देश में मानसूनी वर्षा के सटीक व बेहतर पूर्वानुमान के लिए राष्ट्रीय मानसून मिशन की शुरुआत की गई है। इसके तहत मानसूनी वर्षा, तापमान और मौसमी घटनाओं के पूर्वानुमान को बेहतर बनाने के प्रयास किए जा रहे हैं

(चित्र – 90)। राष्ट्रीय मानसून मिशन के अंतर्गत एक गतिकीय पूर्वानुमान प्रणाली का विकास किया जा रहा है। इसके अंतर्गत मौसम व जलवायु परिवर्तन में पूर्वानुमान को और बेहतर बनाने के लिए नई व आधुनिक कम्प्यूटर प्रणाली तथा रेडार के अलावा नए आधुनिक उपकरणों को भी शामिल किया गया है और साथ ही दिन भर में किए जाने वाले प्रेक्षणों (आब्जरवेशंस) की संख्या को भी बढ़ाया गया है।

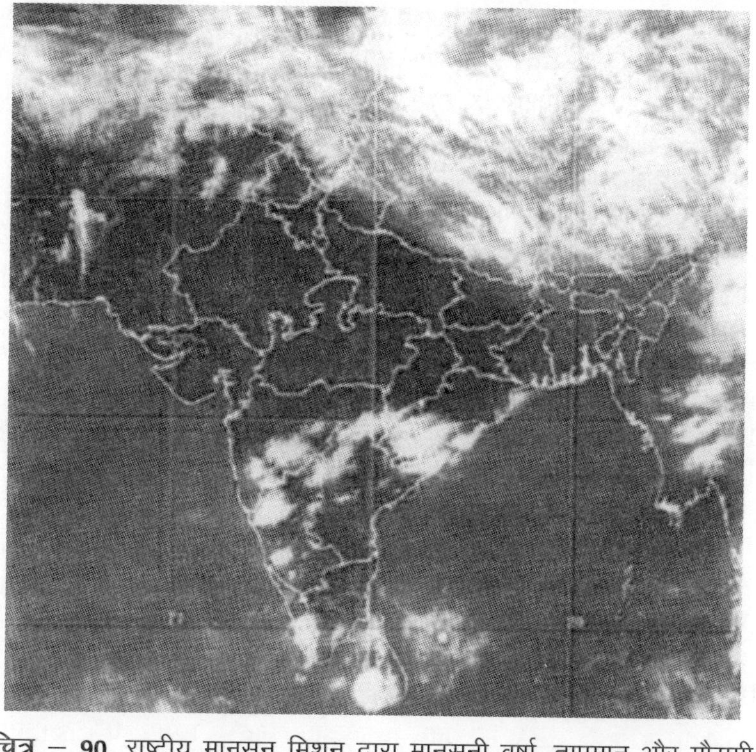

चित्र – 90. राष्ट्रीय मानसून मिशन द्वारा मानसूनी वर्षा, तापमान और मौसमी घटनाओं की भविष्यवाणी को बेहतर बनाने के प्रयास किए जा रहे हैं

राष्ट्रीय मानसून मिशन को सफल बनाने के लिए अनेक राष्ट्रीय व अंतरराष्ट्रीय शैक्षिक एवं अनुसंधान संस्थान मिल कर प्रयासरत हैं। इस मिशन के सामंजस्य का दायित्व पुणे स्थित भारतीय उष्णदेशीय मौसम विज्ञान संस्थान (इंडियन इंस्टि्टयूट ऑफ ट्रॉपिकल मीटीरियोलॉजी–आईआईटीएम) को सौंपा गया है। इसके अलावा अन्य भारतीय अनुसंधान संस्थान परस्पर मिल कर नए वैज्ञानिक विषयों के साथ देश में मौसम पूर्वानुमान को बेहतर बनाने की योजनाएं तैयार कर रहे हैं। राष्ट्रीय मानसून मिशन के अंतर्गत अगले दो–तीन वर्षों में संशोधित दक्षता के

साथ एक भारतीय गतिकीय पूर्वानुमान प्रणाली को विकसित करने के लिए मौसम विज्ञान से संबंधित अनेक राष्ट्रीय एवं अंतरराष्ट्रीय संस्थाएं साझेदारी कर रही है। इस मिशन के समग्र क्रियाकलापों पर चौकसी रखने के लिए एक मिशन निदेशालय की स्थापना आईआईटीएम में की गई है। इस मिशन का मुख्य उद्देश्य मानसून पूर्वानुमान कौशल सुधारने के लिए शैक्षणिक एवं अनुसंधान संस्थाओं एवं संक्रियात्मक संस्थाओं, के बीच साझेदारी विकसित करना है। इसके अलावा यह मिशन ऋतुवीय एवं विस्तृत परास (रेंज) पूर्वानुमान प्रणाली एवं लघु एवं मध्यम परास पूर्वानुमान प्रणाली के पूर्वानुमान कौशल को सुधारने के लिए एक अत्याधुनिक गतिकीय प्रतिरूपण (डायनेमिकल प्रिडिक्शन) फ्रेमवर्क की स्थापना करना है।

इस मिशन को सफल बनाने के लिए भारत सरकार के पृथ्वी–विज्ञान मंत्रालय ने 'भारतीय मानसूनी वर्षा के गतिकीय मौसमी पूर्वानुमान के अध्ययन के लिए तकनीकी सहयोग' अनुबंध के तहत राष्ट्रीय महासागरीय एवं वायुमंडलीय प्रशासन के साथ समझौता ज्ञापन पर हस्ताक्षर किए हैं। इस मिशन के अंतर्गत पूर्वानुमान कौशल को सुधारने के लिए इसकी सामर्थ्य और कमजोरियों पर कार्य करते हुए नए भौतिक प्राचलों (पैरामीटर्स) का उपयोग कर एक भारतीय प्रतिरूप (इंडियन मॉडल) विकसित किया जाएगा। इसके बाद यूनाइटेड किंगडम मीटिरियोलॉजिकल कार्यालय द्वारा विकसित यूनीफाइड मॉडल अर्थात् एकीकृत प्रतिरूप का उपयोग लघु से मध्यम परास के पूर्वानुमान के लिए भी किया जाएगा। मिशन का मौसमी पूर्वानुमान घटक आईआईटीएम, पुणे एवं लघु से लेकर मध्यम परास पूर्वानुमान राष्ट्रीय मध्यम अवधि मौसम पूर्वानुमान केंद्र, नोएडा, उत्तर प्रदेश द्वारा समन्वित किया जा रहा है।

मेघ भौतिकी प्रयोगशाला

भारतीय उष्णकटिबंधीय मौसम विज्ञान संस्थान द्वारा महाराष्ट्र के महाबलेश्वर में एशिया में अपनी तरह की पहली मेघ भौतिकी प्रयोगशाला (हाई ऐल्टिट्यूड क्लाउड फिजिक्स लेबोरेटरी) की स्थापना की गई है (चित्र–91)। यह प्रयोगशाला महाबलेश्वर स्थित भारतीय मौसम विज्ञान विभाग के भवन में ही प्रारंभ की गई थी परन्तु अब इसके लिए आईआईटीएम द्वारा अलग से एक भवन का निर्माण कर लिया गया है। इस प्रयोगशाला के लिए प्रसिद्ध पर्यटन स्थल महाबलेश्वर को इसकी विशिष्ट स्थलाकृति के कारण चुना गया है। वस्तुतः महाबलेश्वर में प्रतिवर्ष औसतन 500 सेंटीमीटर वर्षा होती है जबकि इससे 300 किलोमीटर दूर स्थित क्षेत्र मंधार देवी में नाम मात्र की ही वर्षा होती है।

चित्र – 91. सुपरकम्प्यूटर 'पृथ्वी' – मौसम विज्ञान अनुसंधान की बढ़ती गति

समुद्र तल से 1500 मीटर की ऊँचाई पर स्थित इस प्रयोगशाला के द्वारा बादलों के बनने की प्रक्रिया का अध्ययन किया जा रहा है। इसके अलावा अनेक उपकरणों और यंत्रों से बादलों के बनने पर वायुमंडलीय कारकों के प्रभावों का अध्ययन किया जा रहा है। इस प्रयोगशाला की सहायता से मौसम पूर्वानुमान अधिक परिशुद्धता से किया जा सकेगा। यह प्रयोगशाला अपने देश ही नहीं बल्कि एशिया में भी अपनी तरह की पहली प्रयोगशाला है, जो अत्यंत आधुनिक उपकरणों के माध्यम से बादलों के अंदर सूक्ष्म भौतिकी तथा गतिकी और पर्यावरण के साथ उनकी अंतःक्रिया पर सतत नजर रखती है। इस प्रयोगशाला द्वारा एकत्र की जाने वाली सूचनाओं का उपयोग मानसून के पूर्वानुमान एवं कृषि कार्यों की योजना बनाने के लिए किया जा रहा है।

मेघ बीजन कार्यक्रम

हमारे देश में वर्षा की असमानता देखी जाती है, एक ही मौसम में कहीं पर बाढ़ आती है तो कुछ ऐसे भी हिस्से होते हैं जो वर्षा से वंचित रह जाते हैं। कुछ लोगों का मानना है कि वर्षा से वंचित क्षेत्रों में कृत्रिम वर्षा बड़ा सहारा साबित हो सकती है। आईआईटीएम कृत्रिम वर्षा संबंधी अनुसंधान प्रयोगों के लिए देश में प्रख्यात है। इस संस्थान ने वर्ष 2008–2009 से वायुवीय मेघ बीजन (क्लाउड सीडिंग) द्वारा वर्षा करने संबंधी संभावना को लेकर अनुसंधान कार्य आरंभ किया। इस परियोजना को मेघ वायुविलय परस्पर क्रिया एवं अवक्षेपण संवृद्धि प्रयोग (क्लाउड एयरोसोल

इंटरेक्शन एंड प्रिसिपिटेशन एनहेंसमेंट इक्सपेरिमेंट–काइपीक्स) नाम दिया गया है। इसके अंतर्गत हर वर्ष मानसून के दौरान देश के किसी क्षेत्र में एक यंत्रीकृत वायुयान की मदद से बादलों के अंदर की स्थितियों पर नजर रखी जाती है। जून से अगस्त के दौरान मानसून–पूर्व एवं सक्रिय मानसून के समय बादलों में सूक्ष्म भौतिकीय कारकों पर गहन नजर रखी जाती है। बादलों में स्थित पानी की बूंदों, बर्फ आदि पर विभिन्न कारकों के प्रभावों का अध्ययन किया जाता है। बादलों में पानी की सूक्ष्म बूंदों के वर्षा की बूंदों में बदलने की परिघटना को समझा जाता है। बादलों पर प्रदूषण के प्रभाव का भी अध्ययन किया जाता है। अनुसंधान कार्यों के द्वारा बादलों में उपस्थित जल कणिकाओं की भौतिकीय एवं गतिकीय गतिविधियों का अध्ययन किया जाता है। ऐसे अध्ययनों के माध्यम से वर्षा की परिघटना को समझने के साथ ही कृत्रिम वर्षा करवाने की संभावना पर विचार किया जा रहा है।

प्रौद्योगिकी से बदलती पूर्वानुमान की राह

आज नए वैज्ञानिक उपकरणों और उपग्रहों से प्राप्त आंकड़ों तथा चित्रों से मौसम वैज्ञानिकों को मानसून का पूर्वानुमान लगाने में बहुत सहायता मिल रही है। वे अधिकतर लगभग यथातथ्य अर्थात् सटीक पूर्वानुमान भी लगा रहे हैं। वर्तमान समय में बादलों तथा मौसम रेडार प्रणाली, जीपीएस रेडियोसोन्ड (लाइटनिंग डिस्चार्ज) आदि को शामिल करते हुए पर्यावरण तथा बादलों की प्रक्रिया के परस्पर प्रेक्षणों का अवलोकन किया जा रहा है। इसके माध्यम से अवक्षेपण करने वाले पर्यावरण के साथ बादलों तथा इसकी परस्पर प्रक्रिया को समझने में सुधार हेतु केंद्रित प्रेक्षणीय तथा मॉडलन संबंधी कार्य किए जा रहे हैं। आईआईटीएम में दीर्घ अवधि आधार पर अनुसंधान कार्यक्रमों को बढ़ावा देने के लिए अवसंरचना का विकास किया गया है। यहाँ जलवायु मॉडलन तथा विस्तृत परास पूर्वानुमान संबंधी कार्य करने के लिए पर्याप्त भंडारण क्षमता युक्त सुपरकम्प्यूटर की स्थापना की गई है। इससे अति उच्च संख्या प्राप्त करने की क्षमता, विशाल मेमोरी (ऑटोमैटिक डेटा स्टोरेज), निष्कासन प्रणाली के साथ समुचित अभिकलन (कैलकुलेटिंग) प्रणाली का विकास हुआ है। आज एक स्वायत्तशासी संस्थान के रूप में कार्य करते हुए भारतीय उष्णकटिबंधीय मौसम विज्ञान संस्थान मौसम पूर्वानुमान की परिशुद्धता की दिशा में महत्वपूर्ण अनुसंधान कार्य के माध्यम से राष्ट्र एवं विज्ञान की सेवा कर रहा है (चित्र – 92)।

चित्र – 92. आधुनिक उपकरणों द्वारा विभिन्न मौसमी आंकड़ों की प्राप्ति का सरलीकरण।

मौसमी एवं विस्तृत परास पूर्वानुमान

मानसून की विसंगतियां एवं चरम घटनाएं कृषि, जल प्रबंधन एवं जान–माल की हानि कर सकती हैं। इसलिए भारतीय ग्रीष्म मानसून के पूर्वानुमान की उपयोगिता काफी बढ़ जाती है। पूर्वानुमान के लिए विभिन्न गतिकीय प्रतिरूप इस तथ्य पर आधारित होता है कि धीमी गति से घटने–बढ़ने वाली स्थितियां, जैसे – समुद्र की सतह का तापमान, मृदा आर्द्रता, हिम आवरण आदि उष्णकटिबंध में वायुमंडलीय विकास पर प्रभाव डालते हैं। दो से तीन सप्ताह का पूर्वानुमान बुवाई, कटाई, जल संसाधनों के प्रबंधन में बहुत लाभदायक हो सकता है।

वायु गुणवत्ता पूर्वानुमान और अनुसंधान प्रणाली (सिस्टम ऑफ क्वालिटी वेदर फॉरकास्टिंग एंड रिसर्च–सफर)

'सफर–पुणे 2012' परियोजना के अंतर्गत पुणे महानगरीय क्षेत्र के विभिन्न वायुमंडलीय प्राचलों, जैसे – तापमान, हवा की गति एवं दिशा, वर्षा की मात्रा, आर्द्रता तथा वायु प्रदूषण स्तर का प्रेक्षण किया जाता है। इसके अंतर्गत वायु में ओजोन, कार्बनमोनोक्सॉइड, नाइट्रोजन, सल्फर–डाइऑक्साइड, वाष्पशील कार्बनिक यौगिक आदि कारकों के स्तरों को प्रदर्शित किया जाता है (चित्र–93)।

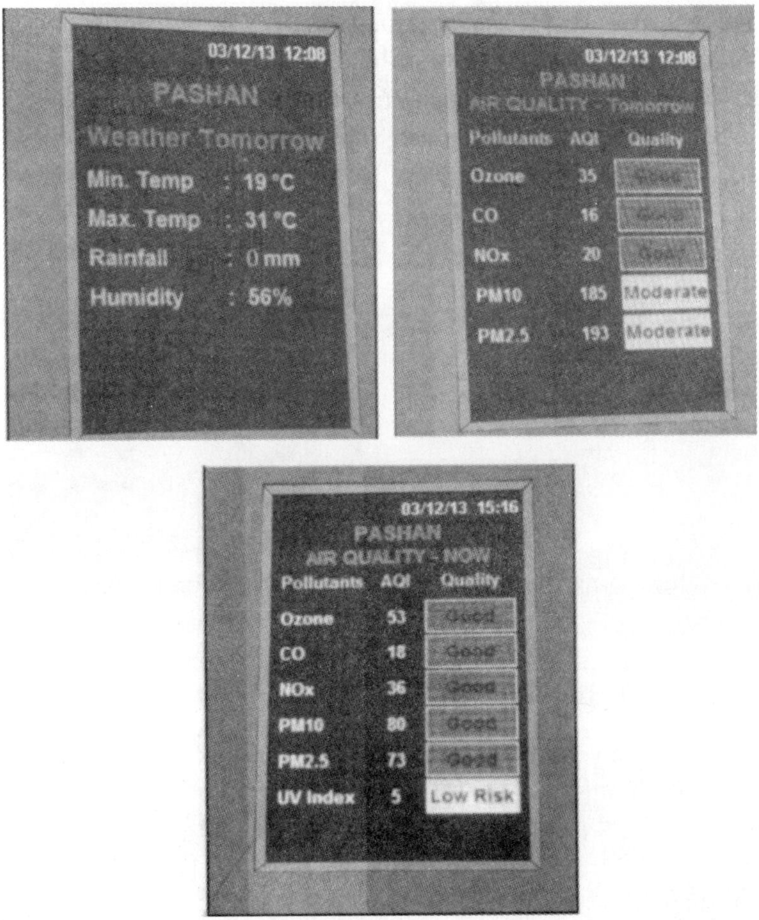

चित्र – 93. आईआईटीएम द्वारा स्थानीय स्तर पर तापमान, हवा की गति एवं दिशा, वर्षा की मात्रा, आर्द्रता, वायु प्रदूषण स्तर जैसे विभिन्न वायुमंडलीय प्राचलों की जानकारी दी जाती है।

5. राष्ट्रीय अंटार्कटिक एवं समुद्री अनुसंधान केन्द्र, गोवा

उच्च स्तरीय वैज्ञानिक अनुसंधान के लिए एक पीठ के रूप में अंटार्कटिका के महत्व को दृष्टिगत् रखते हुए, भारत ने अपना प्रथम अंटार्कटिक अभियान 1981 में प्रारंभ किया। तब से, भारत ने महासागर विकास विभाग, जो वर्तमान में पृथ्वी विज्ञान मंत्रालय है, के अन्तर्गत बहुसंस्थायी विशेषज्ञों के विवेकपूर्ण व सामंजस्यपूर्ण प्रयासों के तहत दोनों ध्रुवीय विज्ञान व संबंधित संभारों में उल्लेखनीय प्रगति की है। इससे अंटार्कटिक वार्षिक अभियानों को जारी रखने और सम्पूर्ण वर्ष भर उनको जीवंत बनाये रखने हेतु मार्ग प्रशस्त हुआ है।

विविध अंटार्कटिक अभियानों से अर्जित लाभों को प्रेरित व सशक्त बनाये रखने के उद्देश्य से एवम् ध्रुवीय व समुद्र विज्ञान के अग्रणी क्षेत्रों में अनुसंधान को बढ़ावा देने के लिए, सन् 1988 में गोवा में "अंटार्कटिक अध्ययन केन्द्र" स्थापित किया गया। विभाग को वास्को–द–गामा, गोवा में 11.79 हेक्टेयर भूखण्ड, केन्द्र की स्थापना के लिए तत्कालीन गोवा, दमन एवम् दीव केन्द्रशासित प्रदेश के प्रशासन द्वारा अधिकृत किया गया।

चित्र – 94. एनसीएओआर भवन

8 जून 1999 को आयोजित विभाग की व्यय समिति (ईएफसी) की बैठक में महासागर विकास विभाग के स्वायत्त संस्थान के रूप में केंद्र को स्थापित करने की स्वीकृति प्रदान की गई। फलस्वरूप सम्बद्ध कार्यालय 25 मई 1998 को गोवा के सोसायटी पंजीकरण अधिनियम के तहत एक स्वायत्त संस्था के रुप में पंजीकृत किया गया। केन्द्र का पुनः नामकरण करते हुए उसे "राष्ट्रीय अंटार्कटिक एवम् समुद्री अनुसंधान केन्द्र"

(एनसीएओआर) नाम दिया गया और इसे 5 अप्रैल 2000 को राष्ट्र को समर्पित किया गया (चित्र – 94)।

राष्ट्रीय अंटार्कटिक एवं समुद्री अनुसंधान केन्द्र (एनसीएओआर) भारत सरकार के पृथ्वी विज्ञान मंत्रालय का एक स्वायत्त अनुसंधान एवं विकास संस्थान है। इस संस्थान का मिशन अधिदेश अंटार्कटिका में भारत की प्रत्यक्ष व प्रभावी उपस्थिति सुनिश्चित करने तथा दक्षिणी महाद्वीप एवं समीपस्थ समुद्रों में राष्ट्रों के वैश्विक ढांचे के अन्तर्गत भारत के कार्यनीतिक हितों को अक्षुण्ण बनाये रखने के लिए देश के ध्रुवीय विज्ञान एवं संभार गतिविधियों के सम्पूर्ण क्षेत्र का नियोजन, संवर्धन, समन्वयन और क्रियान्वयन करना है।

- एनसीएओआर में वैज्ञानिक अधिदेश बहुविधायी है। एक जटिल ढांचे में प्रचालित, एनसीएओआर ध्रुवीय विज्ञान के ऐसे विशिष्ट क्षेत्रों में, जिनकी ओर भारत के अन्य संस्थानों का ध्यान केन्द्रित नहीं हो रहा होता है, में अनुसंधान करता है।

- ध्रुवीय क्षेत्रों में सतत अनुसंधान और साथ ही पुरापर्यावरण के संरक्षण के प्रति भारत की वचनबद्धता ने एनसीएओआर में विविध ध्रुवीय अनुसंधान एवं विकास प्रयोगशालाओं की स्थापना के लिए मूल आधार प्रदान किए हैं। देश में पहली बार, एनसीएओआर ने हिमकोर प्रयोगशाला स्थापित की जिसमें बर्फ एवं हिम प्रादर्शों के परिरक्षण एवं प्रक्रियण के लिए परा निम्न तापमान –25° सेन्टीग्रेड रखा गया है, साथ ही साथ संदूषक मुक्त पर्यावरण में हिम प्रादर्शों के अध्ययन के लिए विशुद्ध प्रयोगशाला सुविधाएं भी प्रदान की गई हैं। कुछ अन्य विशिष्ट प्रयोगशालाओं में ध्रुवीय जीवविज्ञान प्रयोगशाला, ध्रुवीय पर्यावरण प्रयोगशाला, ध्रुवीय सुदूर संवेदी प्रयोगशाला, हिमांकजीवविज्ञान प्रयोगशाला, ध्रुवीय सूक्ष्म जीवाश्मविज्ञान प्रयोगशाला और समुद्री आइसोटोप प्रयोगशाला सम्मिलित हैं।

- एनसीएओआर भारत का बहुमूल्य आभूषण माने जाने वाले अतिउत्कृष्ट शीतकालीन स्टेशन ''मैत्री'' का प्रबंधन एवं रख–रखाव करता है।

- एनसीएओआर, उच्च समुद्रों के सर्वेक्षण एवं अन्वेषण के लिए समर्पित बहुविधायी विश्वस्तरीय समुद्री अनुसंधान जलयान ओ आरवी ''सागर कन्या'' का भी प्रबंधन करता है। वर्ष 1983 से प्रारंभ हुआ देश का ध्वजपोत अनुसंधान जलयान

''सागरकन्या'' अरबसागर, बंगाल की खाड़ी और दक्षिणी महासागर में अनुसंधान के लिए कार्य करता है।

ñ एनसीएओआर अनेक राष्ट्रीय एवं अंतर राष्ट्रीय महत्व की परियोजनाओं के संचालन में अपना सक्रिय योगदान प्रदान करता है। सबसे महत्वपूर्ण परियोजनाओं के अन्तर्गत महाद्वीपीय मग्नतट सीमा कमीशन (सीएलसीएस), एकीकृत महासागर उच्छेदन कार्यक्रम (आईओडीपी), अनन्य आर्थिक क्षेत्र (ईईजेड), दक्षिणी महासागर अध्ययन अंतरराष्ट्रीय ट्रांस अंटार्कटिक वैज्ञानिक अभियान (आईटीएएसई), अंतरराष्ट्रीय ध्रुवीय वर्ष अध्ययन, आदि शामिल हैं। एनसीएओआर की केन्द्र में निष्पादित अनुसंधान एवं विकास परियोजनाओं के अन्तर्गत हिम व हिमकोर अध्ययन, ध्रुवीय विज्ञान, ध्रुवीय पर्यावरण, ध्रुवीय सुदूर संवेदन, दक्षिणी महासागर अध्ययन और हिमांक जीव वैज्ञानिक अध्ययन सम्मिलित हैं (चित्र – 95)

चित्र – 95. भारतीय अंटार्कटिक अभियान

वर्तमान में इस संस्थान के कार्यवाहक निदेशक डॉ० एम० रविचन्द्रन (चित्र–96) है।

चित्र – 96. डॉ० एम० रविचन्द्रन

प्रथम भारतीय अभियान ने जनवरी 1982 में अंटार्कटिका की भूमि पर पहली बार अपने कदम रखे और तब से वैज्ञानिक अनुसंधानों का संचालन करते हुए स्थायी स्टेशनों ''दक्षिण गंगोत्री'' (1983–88) और ''मैत्री'' (1989 से अब तक) को स्थापित किया गया। भारतीय अनुसंधान स्टेशन में उपलब्ध अवसंरचना वैज्ञानिकों को विविध विधाओं, जैसे – वातावरणीय विज्ञान और मौसमविज्ञान, पृथ्वीविज्ञान और हिमनद विज्ञान, जीवविज्ञान और पर्यावरणीय विज्ञान, मानव शारीरिक चिकित्सा विज्ञान तथा अभियांत्रिकी और संचार आदि में अग्रणी अनुसंधान करने के लिए सक्षम है। इन अनुसंधान कार्यक्रमों में से अनेक कार्यक्रम, अंटार्कटिक अनुसंधान वैज्ञानिक समिति (स्कार) के तत्वाधान में सम्पादित भूमण्डलीय प्रयोगों के लिये, सीधे योगदान देते हैं और अंटार्कटिक संधि राष्ट्रों, जैसे– जर्मनी, इटली, फ्रांस, पेरू, कोलम्बिया, रोमानिया, नार्वे और संयुक्त राज्य अमेरिका के साथ सक्रिय भागीदारी रखते हैं। स्वायत्त संस्थान के रुप में नामित करने के पश्चात् से, एनसीएओआर एक नोडल एजेन्सी के रूप में राष्ट्रीय अंटार्कटिक कार्यक्रम से संबंधित योजनाओं के निर्धारण, समन्वयन तथा समस्त गतिविधियों के कार्यान्वयन के लिए उत्तरदायी है, जिससे अंटार्कटिक वैज्ञानिक अभियानों को सफलतापूर्वक प्रारंभ किया जा सके।

अंटार्कटिका में भारतीय उद्यम बहुसंस्थायी व बहुविधायी हैं जहाँ साठ से अधिक संस्थान, अनुसंधान व विकास संगठन, प्रमुख विश्व विद्यालय, सर्वेक्षण संस्थान और आईआईटी भाग लेते हैं। इन अभियानों की कुछ महत्वपूर्ण उपलब्धियों विषयक संक्षिप्त जानकारी इस प्रकार है –

1. वातावरणीय विज्ञान

अंटार्कटिक वातावरणीय विज्ञान कार्यक्रम बहुसंस्थायी है और इसमें अनेक वैज्ञानिक संस्थानों की भागीदारी देखी जा सकती है। जिनमें प्रमुख संस्थान हैं – भारत मौसम विज्ञान विभाग (आईएमडी), राष्ट्रीय भौतिकीय प्रयोगशाला (एनपीएल), भारतीय भूचुम्बकीय संस्थान (आई आई जी), कलकत्ता विश्वविद्यालय और भौतिकीय अनुसंधान प्रयोगशाला, बरकत्तुल्लाह विश्वविद्यालय द्वारा संचालित वैज्ञानिक कार्यक्रमों के अनिवार्य क्षेत्रों के अन्तर्गत और स्थलीय भौतिकी (ऊपरी वातावरण तथा भूचुम्बकत्व), मध्य वातावरणीय अध्ययन और निम्न वातावरणीय अध्ययन (मौसम, जलवायु और सीमायी परतें) सम्मिलित हैं।

2. सौर स्थलीय भौतिकी

सामान्यतौर पर पृथ्वी का ध्रुवीय ज्योति क्षेत्र दोनों गोलार्धों में 65° और 75° भूचुम्बकीय अक्षांशों के मध्य पाया जाता है और उस क्षेत्र का

प्रतिनिधित्व करता हैं जहाँ सौर वायु ऊर्जा और ऊर्जत्व कणों का सीधा स्थानान्तरण पृथ्वी के निकट वातावरण में होता है। ये क्षेत्र सौर स्थलीय ऊर्जा युग्मन के अध्ययन के लिए आदर्श क्षेत्र होते हैं। मैत्री, चुम्बकीय रूप से शांत परिस्थितियों वाले ध्रुवज्योतीय अण्डाकार भाग के ठीक विषुवत् रेखा की ओर वाले भाग पर स्थित है, भूचुम्बकीय विक्षोभों वाली परिस्थितियों के अन्तर्गत आने वाले अण्डाकार भाग की तुलना में इसकी स्थिति बेहतर है। यह स्थिति ही मैत्री को, सौर व भूचुम्बकीय परिस्थितियों को परिवर्तित करने के लिए उत्तरदायी ध्रुवज्योतीय अण्डाकार भाग के अध्ययन के लिए, अद्वितीय बनाती है। आई आई जी पिछले दो दशकों से मैत्री में फ्लक्सगेट चुम्बकत्वमापी (एफ एम) का प्रचालन कर रहा है। ये एफ एम सतही भूचुम्बकत्व क्षेत्र के तीन लम्बकोणीय घटकों X, Y तथा Z में परिवर्तनों अपवर्तनों (डी वी) के अभिलेखन करते रहते हैं। एफ एम के अलावा, मैत्री में एक रेडियोमीटर की भी स्थापना ब्रह्माडीय रेडियो शोर के भूमि पर रेडियो संकेत शक्ति के अभिलेखन के लिये की गई हैं। दो उपकरणों का संयुक्त प्रचालन ध्रुवज्योतीय भौतिकी में एक यथेष्ट दृष्टि प्रदान करता है। आँकड़ों के साथ परिणामों की तुलना, मैत्री और अन्य दक्षिण गोलार्धीय स्टेशनों में पूरे वर्षों में चुम्बकीय क्षेत्र में तीव्रता से अवनति को दर्शाती है (चित्र – 97)।

चित्र – 97. सौर स्थलीय भौतिकी

3. मध्य एवं निम्न वातावरणीय अध्ययन

मध्य एवम् निम्न वातावरणीय अध्ययनों के क्षेत्र में, आईएमडी और एन पी एल का महत्वपूर्ण योगदान रहा है। मैत्री में मौसम वैज्ञानिक

वेधशाला के दो उद्देश्य हैं, एक प्रचालनीय उपयोगिता तथा दूसरा अनुसंधान। भारतीय ध्रुवीय कार्यक्रम का एक अन्य महत्वपूर्ण घटक ओजोन पर्यवेक्षण है, जो 1987 से लगातार जारी है, 1999 से समय–समय पर कुल ओजोन प्रेक्षणों को डॉबसन, स्पेक्ट्रोमीटर, मल्टीमीटर वेब सिस्टम और उत्कृष्ट ब्रीवर स्पेक्ट्रोमीटर द्वारा लिया जा रहा है। रेडियो सोण्ड गुब्बारा उड़ानें भी नियमित रूप से कुछ मौसम प्राचलों के मापन के लिये प्रचालित की जाती रहती हैं। मैत्री के मौसमीय आँकड़े www.metmaitri.ind.in पर उपलब्ध हैं (चित्र – 98)।

चित्र – 98. रेड़ियो सोण्ड गुब्बारा

4. ध्रुवीय जीवविज्ञान

ध्रुवीय क्षेत्र एवम् इसके अतिसंवेदनशील पारिस्थितिक तंत्र विविध भूमण्डलीय तंत्रों के प्रचालन में प्रमुख भूमिका निभाते हैं। ऐसे पारिस्थितिक तंत्र आंतरिक रूप से अस्थिर होते हैं, क्योंकि पर्यावरण में होने वाले किंचित परिवर्तनों से भी इनको गंभीर रूप से क्षति पहुँच सकती है। यह सर्वविदित है कि ध्रुवीय जीवों की वृद्धि दर धीमी होती है और किसी भी क्षति की पूर्ति में इनको काफी लम्बा समय लगता है। भारतीय वैज्ञानिकों द्वारा अंटार्कटिका में लिये जा रहे जीववैज्ञानिक अध्ययन समुद्रहिम सूक्ष्मजीवों, जीवित नितलस्थ समुदायों, अलवणीय जल और स्थलीय पारिस्थितिक तंत्रों, जैवविविधता और अन्य संबंधित घटनाओं पर केन्द्रित हैं। इनकी उपलब्धियों के कुछ अंश निम्नानुसार हैं –

(अ) जैवविविधता की जैवसूची तैयार की गई है और जैव तकनीकी में इसकी संभावित उपयोगिता पर अध्ययन किया जा रहा है। प्लवकीय व नितलस्य समुदायों की बहुलता,

विविधता और उत्तरजीविता संबंधी तथ्यों का अध्ययन किया जा चुका है।

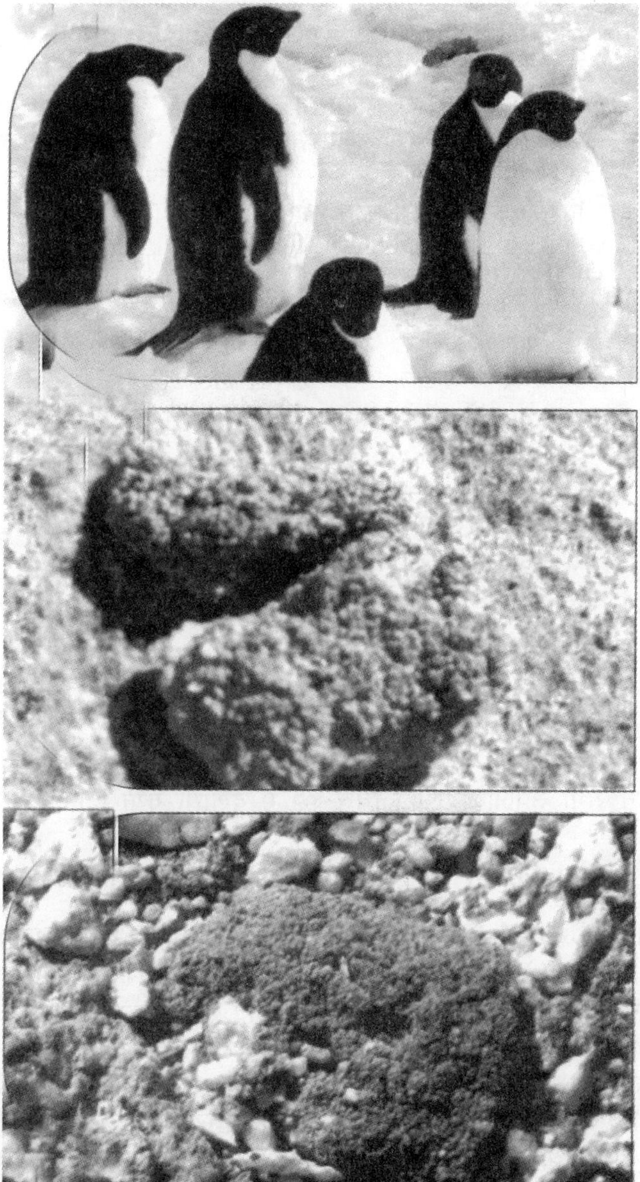

चित्र – 99. ध्रुवीय जीव विज्ञान संबंधित उपलब्धियां

(ब) शैवालों की 30 प्रजातियाँ, जो प्रमुखरूप से सायनोबैक्टीरिया हैं, को श्रीमाचेर मरुद्यान की अलवणीय झीलों से अभिलेखित किया गया है।

(स) डाइएजोट्राफिक सायनोबैक्टीरियम एनाबीना के अंटार्कटिका व उष्णकटिबंधीय पृथककृतों की क्षारीय फास्फेटेज प्रक्रिया (मोनोएस्टेरेज) पर तापमान का प्रभाव देखा गया है। प्राप्त परिणामों से साइनोबैक्टीरिया में क्षारीय फास्फेटेज प्रक्रिया की ऊर्जा पर भविष्य में किये जाने वाले तुलनात्मक अध्ययनों के लिए एक आधार मिलने की संभावना है।

(द) पादपजातों व प्राणिजातों का समर्थन करने वाली आंतरिक प्रक्रियाओं को समझने के लिए पारिस्थितिक तंत्रों के अध्ययन करने के प्रयास किये गये हैं।

(य) श्रीमाचेर मरुद्यान से प्राप्त जल व मृदा प्रादर्शों में साईक्रोट्राफिक बैक्टीरिया के विषमांगी (हेटेरोजीनस) समूह और यीस्ट की उपस्थिति पायी गई है। सूक्ष्म जीवों की शारीरिकीय, जैवरासायनिक व आणविक जीवविज्ञान के आधार पर अंटार्कटिक सूक्ष्मजीवों की विकास विशेषताओं को समझना संभव हो गया है।

(र) प्रजातियों की विविधता और विभिन्न सूक्ष्म जलवायुवीय परिस्थितियों में वितरण के लिए श्रीमाचेर मरुद्यान के व्यवस्थित मानचित्रण के प्रयास किये गये और श्रीमाचेर मरुद्यान के लाइकेनों पर एक मोनोग्राफ तैयार किया जा चुका है।

इन सभी उपलब्धियों को चित्र–99 में दर्शाया गया है।

5. पर्यावरणीय विज्ञान

मैत्री में पर्यावरणीय प्राचलों का पर्यवेक्षण अंटार्कटिका की पर्यावरण संरक्षण समिति (सेप) द्वारा निर्धारित मानदण्डों के अनुरुप किया गया है। भारत ने अपने नवीन अनुसंधान स्टेशन स्थल, लार्समान पर्वत में पर्यावरणीय पहलुओं पर आधार रेखा आँकड़ा एकत्रण संबंधी अध्ययनों की भी पहल की है। प्रमुख उपलब्धियों के अन्तर्गत लार्समान पर्वत से पर्यावरणीय प्राचलों पर भारतीय वैज्ञानिक द्वारा एकत्रित आधार रेखा आँकड़ों के आधार पर प्रारूपिक सी ई ई (अंटार्कटिक संधि के पर्यावरण संरक्षण नयाचार के अनुच्छेद–1 के तदनुसार तैयार की गई) को तैयार करना शामिल है। यह भी भारत की उपलब्धि है कि अंटार्कटिका में

निम्नलिखित स्थलों को अंटार्कटिक संधितंत्र के अन्तर्गत "विशिष्ट संरक्षित क्षेत्र" के रूप में नामित किया गया है।

– ऐतिहासिक स्थलों और स्मारकों (एचएसएम – 44) के अन्तर्गत प्रथम भारतीय स्टेशन 'दक्षिण गंगोत्री' का स्थल, प्रिन्सेस एस्ट्रिड किस्ट ड्रानिंग मॉल लेण्ड शामिल है।

– दक्षिण गंगोत्री हिमनद अंटार्कटिक विशेष रूप से संरक्षित क्षेत्र के रूप में (एएसपीए 163) तथा लार्समान पर्वत, पूर्वी अंटार्कटिक विशेषरूप से प्रबंधित क्षेत्र के रूप में (एएसएमए 6)

6. भूवैज्ञानिक अध्ययन

हमारे देश के विभिन्न संस्थानों एवं विश्वविद्यालयों के भूवैज्ञानिकों द्वारा निरन्तर किये जा रहे कार्यों के फलस्वरूप अंटार्कटिका के विभिन्न भूवैज्ञानिक पहलुओं पर एक समृद्ध आँकड़ा भण्डार तैयार हो चुका है। प्रमुख भूमिका निभाने वाले संस्थानों में भारतीय भूवैज्ञानिक सर्वेक्षण (जीएसआई), राष्ट्रीय भूभौतिकीय अनुसंधान संस्थान (एन जी आर आई), राष्ट्रीय समुद्र विज्ञान संस्थान (एन आई ओ), बीरबल साहनी पुरावनस्पति विज्ञान संस्थान (बीएसआई पी), जादवपुर विश्वविद्यालय, वाडिया हिमालयन भूविज्ञान संस्थान (डब्ल्यू आईएचजी) तथा हिम एवं अवधाव अध्ययन प्रतिष्ठान (एसएएसई) शामिल है। अद्यतन भारतीय अभियानों की महत्वपूर्ण उपलब्धियों में से एक उपलब्धि 1 : 50,000 मापक पर क्षेत्रीय भूवैज्ञानिक मानचित्रण द्वारा 5° पूर्व और 15° पूर्व देशान्तरों के मध्य पूर्वी अंटार्कटिका के सीडीएमएल में 20,000 वर्ग कि॰मी॰ से अधिक के क्षेत्र को सम्मिलित किया गया है। इस क्षेत्र के भागों को शामिल करते हुए चार भूवैज्ञानिक मानचित्र पहले से ही प्रकाशित हो चुके हैं और अंटार्कटिक देशों में वितरित भी कर दिये गये हैं। क्षेत्र के शैलों का विस्तृत रुपांतरित इतिहास भी तैयार किया गया है (चित्र – 100)।

7. भूआकारिकीय अध्ययन

भू दृश्य के विकास तथा श्रीमाचेर और इसके दक्षिण क्षेत्रों विशेषरूप से वोलदेट क्षेत्र में पहाड़ियों और घाटियों की स्थापत्य रीतियों का आकार प्रदान करने वाली विविध निक्षेपित तथा अनाच्छादनीय प्रक्रियाओं की पहचान हेतु समृद्ध आँकड़ों को एकत्रित करने में जी एस आई और एन सी ए ओ आर का विशेष योगदान है। यह तथ्य भी सामने आया है कि हिमनदों की बर्फ के कम होने के फलस्वरूप वे पीछे को जा रहे हैं,

इसके कारण श्रीमाचेर मरुद्यान इसके 14 कि॰मी॰ लम्बे सम्पूर्ण उत्तरी सीमांत के साथ एक ऊर्ध्वाधर ढाल प्रदर्शित करता है। हिमनदीय कगारों के कम से कम चार स्तरों को श्रीमाचेर मरुद्यान में मान्यता मिली है और ताप स्फुरदीप्ति विधियों द्वारा इनके अध्ययन जारी हैं। वर्तमान में विलुप्त हो रहे हिमनदों, जीवाश्म घाटियों, पिघले जल वाली झीलों की उत्पत्ति और उनका वर्गीकरण, भूमिदृश्य विकास आदि के वेगों के तरीकों को समझने के लिए अध्ययन किये गये हैं। श्रीमाचेर मरुद्यान का एक भूआकारिकीय मानचित्र सन् 2006 में प्रकाशित किया गया है।

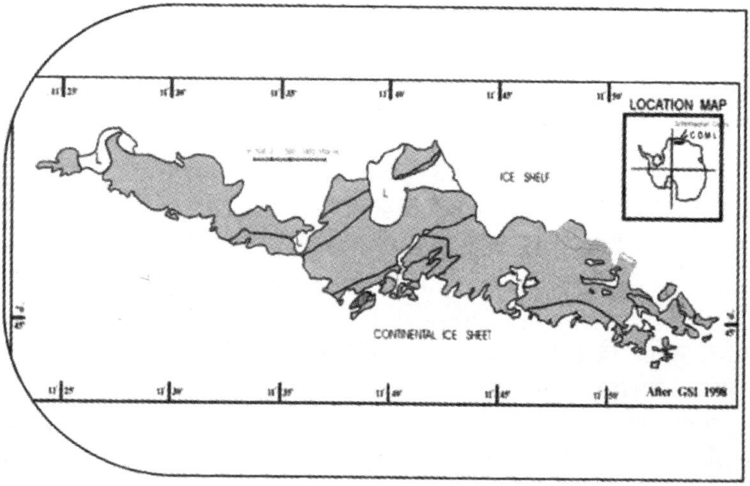

चित्र – **100.** भू वैज्ञानिक मानचित्र

8. हिमनद वैज्ञानिक अध्ययन

अंटार्कटिक महाद्वीप पृथ्वी की भूमि सतह का लगभग 10% भाग बनाता है इसमें 70% अलवणीय जल से युक्त विश्व के स्थायी हिम का लगभग 90% भाग समाहित है। अंटार्कटिका की हिम चादरें वर्तमान में पृथ्वी पर सबसे विस्तृत व दीर्घायु वाले हिम द्रव्यमान हैं। अंटार्कटिक महाद्वीप के चारों ओर के समुद्री हिम में कुछ 20 मिलियन वर्ग कि॰मी॰ का अधिकतम शीतकालीन विस्तार है, पृथ्वी पर सबसे बड़े मौसमीय संकेतों में से एक संकेत मौसमीय शीतकाल में गिरावट होना है।

अंटार्कटिका में और उसके चारों तरफ हिमांकमण्डल, जलमण्डल और वायुमंडल, भूमण्डलीय, क्षेत्रीय व स्थानीय प्रभावों वाले जटिल जलवायु तंत्र के निकटस्थ घटक हैं। इस पृष्ठभूमि के विरुद्ध भारतीय हिमनद वैज्ञानिकों द्वारा सम्पादित अनुसंधान का केन्द्र मुख्यतया निम्नलिखित क्षेत्रों में है :

- हिमनदीय द्रव्यमान संतुलन अध्ययन
- हिमनद गत्यात्मक अध्ययन
- हिम संचयन अध्ययन एवम् हिमनद पश्चगमन का पर्यवेक्षण
- हिमांक जीव विज्ञान अध्ययन
- भू भौतिकीय अध्ययन

9. हिमकोर अध्ययन

एनसीओआर में हिमकोर अध्ययन हेतु हिमकोर प्रयोगशाला की स्थापना वर्ष 2005 में की गई। यह देश में एक मात्र ऐसी प्रयोगशाला है जिसका उद्देश्य वर्तमान तथा प्राचीन पर्यावरणीय परिवर्तनों के अध्ययनों के लिए ध्रुवीय क्षेत्रों से एकत्रित किए गए हिम व हिमकोरों के अभिलेखन, प्रक्रियण और विश्लेषण के लिए सुविधाएं उपलब्ध कराना है। अंटार्कटिका से प्राप्त हिमकोरों का दीर्घावधिक परिरक्षण हेतु व्यवस्थित अभिलेखन -20° सेन्टीग्रेट के स्थिर तापमान पर तैयार किए गए विशिष्ट शीतकक्षों में किया जाता है। प्रक्रियण सुविधा की व्यवस्था -15° सेन्टीग्रेड पर की जाती है। और इसमें पट्टीआरा मशीनों से संलग्नित विशिष्ट कार्य मेजें और प्रादर्शीकरण, विसंदूषण, विद्युत चालकता मापन (ईसीएम) और भौतिकीय गुणधर्मो के लिए सुविधाएं प्रदान की गई हैं।

उत्कृष्ट श्रेणी के विश्लेषणात्मक उपकरणों और सुविधाओं को हिमकोर प्रयोगशाला में एक विस्तृत क्रमविन्यास में व्यवस्थित करके रखा

जाता है। इसके अन्तर्गत आयन क्रोमेटोग्राफ, आईआर एम एस, आईसीपी एमएसए टीओसी विश्लेषक, कॉल्टर काउण्टर तथा साथ ही साथ ध्रुवीय हिम व बर्फ के संदूषण मुक्त रासायनिक एवं आइसोटोपिक विश्लेषणों के लिए विविध सुविधाएं उपलब्ध हैं (चित्र – 101)।

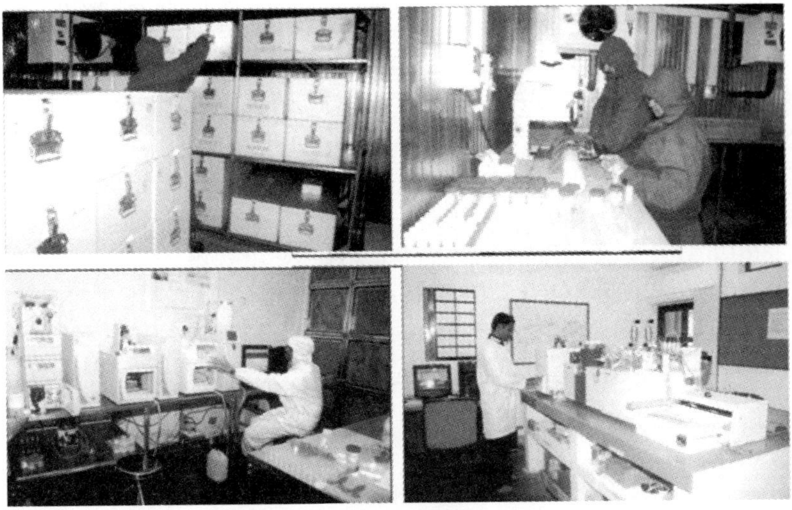

चित्र – 101. हिमकोर प्रयोगशाला

10. शीत क्षेत्र अभियांत्रिकी एवं संचार

अंटार्कटिक विज्ञान कार्यक्रम शीत क्षेत्र अभियांत्रिकी, विशेषरूप से उन क्षेत्रों में जहाँ परामृदा और चरम जलवायु सीमेण्ट आदि के त्वरित जमने में बाधा पैदा करते हैं, के लिए एक उत्कृष्ट अवसर प्रदान करते हैं। दक्षिण गंगोत्री और मैत्री में शीत व वायु रोधी इमारतों के निर्माण ने अभियंताओं के ज्ञान को समृद्ध किया कि कैसे हिमालय में शीत क्षेत्रों में इसका उपयोग किया जा सकता है। सुवाह्य जलतंत्र के लिए पाइपलाइन बिछाना, विद्युत् आपूर्ति का उत्पादन एवम् रखरखाव तथा विदरों द्वारा आच्छादित खाई वाले हिम क्षेत्र के ऊपर स्नो मोबाइलों के माध्यम से हिम पर प्रचालित यात्राओं से मिले विशेष अनुभवों को ध्रुवीय कार्यक्रम में भागीदारी बिना अनुभव नहीं किया जा सकता है।

प्रथम भारतीय दक्षिण ध्रुव वैज्ञानिक अध्ययन

भारतीय अंटार्कटिक वैज्ञानिकों का दल संस्थान के पूर्व निदेशक डॉ॰ रसिक रवीन्द्र के नेतृत्व में 13 नवम्बर 2010 को भारतीय अनुसंधान

आधार "मैत्री" से विशेषरूप से रूक्ष व विदरीय अंटार्कटिक क्षेत्र के लिए निर्मित चार आर्कटिक ट्रकों (चित्र 102) पर सवार होकर दक्षिण ध्रुव के लिए रवाना हुआ था।

चित्र – 102. प्रथम भारतीय दक्षिण ध्रुव वैज्ञानिक अध्ययन

अन्वेषण करते हुए बर्फ पर दस दिनों की यात्रा के पश्चात्, दल 2000 कि॰मी॰ की दूरी तय कर 20 नवम्बर, 2010 को दक्षिण ध्रुव पहुँचा। दक्षिण ध्रुव के लिए प्रथम भारतीय वैज्ञानिक मार्ग, अंटार्कटिक महाद्वीप के रहस्य और भूमण्डलीय जलवायु के नियमन में इसकी भूमिका को समझने के लिए किए गए हमारे वैज्ञानिक उद्यम एक मील के पत्थर साबित हुए हैं।

अभियान के वैज्ञानिक घटकों के अन्तर्गत शामिल थे –

- हिम संचयन की परिवर्तनशीलता एवं इसके गुणधर्मों के अध्ययन के लिए मैत्री दक्षिण ध्रुव मार्ग पर एक डिग्री अक्षांश के नियमित अंतरालों पर उथले हिमकोरों को निकाला गया।
- नितलस्थ शैल भूआकृति और उपसतही हिम संरचना को समझने के लिए दक्षिण ध्रुव मार्ग पर भूमिवेधन रेडार द्वारा लघु अनुप्रस्थों का अध्ययन।
- पठार पर हिमनदीय भूआकृतियों का अध्ययन।
- मार्ग पर मौसम विज्ञानीय व संबंधित आँकड़ों का एकत्रण।

एकीकृत महासागर उत्छेदन कार्यक्रम (आई ओ डी पी)

वस्तुतः एकीकृत महासागर उत्छेदन कार्यक्रम (आई ओ डी पी) महासागरीय तल के उत्छेदन व अन्वेषण के लिए 24 सदस्य राष्ट्रों का एक अनुसंधान संघ है। एनसीएओआर भारत में आईओडीपी गतिविधियों के लिए एक नोडल एजेंसी हैं। गहरे महासागर उत्छेदन के लिए निर्धारित भारत के चारों ओर के समुद्रों से सम्बद्ध वैज्ञानिक पहलुओं के लिए एक योजना तैयार की गई है।

आई ओ डी पी में भारत की सदस्यता बहुउत्छेदन मंचों, जैसे– जापानी गहरा जल उठाव उत्छेदन जलयान चिकयू, जो कि गहरे समुद्र तल के नीचे 7 कि॰मी॰ तक उत्छेदन करने की क्षमता रखता है, इसी प्रकार यूएस उठावरहित उत्छेदन जलयान जेओआईडीईएस रिजाल्यूशन पर कार्य करने के लिए हमारी सहायता करेगी। अब तक एनआईओ, एनसीएओआर, एनजीआरआई और जीएसआई के पाँच वैज्ञानिक आईओडीपी समुद्री यात्राओं/तटीय गतिविधियों में भाग ले चुके हैं।

6. एकीकृत तटीय समुद्री क्षेत्र प्रबंधन (इकमाम) – चेन्नई

अमेरिका में वर्ष 1992 में पर्यावरण तथा विकास विषयक आयोजित संगोष्ठी के 21वें विचारणीय बिन्दु के तहत यह आवश्यकता प्रतिपादित की गई कि समुद्री पर्यावरण को अवकर्षण से बचाने एवं तटीय तथा समुद्री संसाधनों के संधारणीय या सतत उपयोग हेतु समन्वित तटीय परिक्षेत्र प्रबंधन (आईसीजेडएम) किया जाए। यह भी सोचा गया कि इस कार्य को भूमि, तटीय तथा समुद्री क्षेत्रों के कार्यक्रलापों के समन्वय से किया जा सकता है।

पृथ्वी विज्ञान मंत्रालय (तत्कालीन महासागर विकास विभाग), जो कि भारत के समुद्री पर्यावरण को सुरक्षित एवं संरक्षित करने हेतु उत्तरदायी है, ने 2 जनवरी 1998 को चैन्नई में इकमाम के परियोजना निदेशालय की स्थापना इन उद्देश्यों के साथ, यथा – (i) संयुक्त राष्ट्र अमेरिका में हुई पर्यावरण एवं विकास संबंधी संगोष्ठी के तटीय एवं महासागर संबंधित उद्देश्यों की पूर्ति करने एवं (ii) तटीय समुद्रीय क्षेत्रों की समस्याओं का वैज्ञानिक तरीके से समाधान निकालने हेतु अनुसंधान एवं विकास को बढ़ावा देने के लिए थी।

वर्तमान में यह परियोजना निदेशालय तटीय परिक्षेत्र के विकास की अनेक परियोजनाओं पर कार्य कर रहा है। तथा इसके परियोजना निदेशक डॉ॰ एम॰ए॰ आत्मानंद है। इस संस्थान ने कई उपलब्धियाँ अर्जित की हैं, यथा –

1. प्रवाल भित्ति (कोरल भित्ति) तथा मैंग्रोव के लिए जी आई एस आधारित सूचना तंत्र तैयार किया गया जिससे उनके आवास प्रबंधन में बहुत लाभ प्राप्त हुआ।
2. कच्छ की खाड़ी में तेल छलकन के मॉडल विकसित होने पर, दुर्घटना के समय तेल छलकन की गतिविधियों का पूर्वानुमान किया गया।
3. तटीय क्षेत्रों के अपरदन से बचाव हेतु संरक्षण के तरीकों की डिजाइन तैयार की गई।
4. समुद्री जल की गुणवत्तानुसार देश के तटीय क्षेत्रों का 10 अनुक्षेत्रों में वर्गीकरण किया गया।
5. इस केन्द्र ने नूतन वैज्ञानिक तकनीकों यथा – जीआईएस, सुदूर संवेदन तथा गणितीय मॉडल के आधार पर क्रांतिक आवास, तटीय क्षेत्र एवं तट रेखा प्रबंधन हेतु कई प्रशिक्षण कार्यक्रमों का आयोजन कर नवीन प्रौद्योगिकियों के प्रति जागरूकता उत्पन्न की है।

7. समुद्री सजीव संसाधन एवं पारिस्थितिकी केन्द्र – कोच्चि

समुद्री सजीव संसाधन एवं पारिस्थितिकी केन्द्र की स्थापना सन् 1998 में कोच्चि में तत्कालीन सागर संपदा प्रकोष्ठ के उन्नयन हेतु विशेषतः समुद्री सजीव संसाधनों के लिए विशिष्ट सुविधाएं प्रदान करने के लिए की गई थी। पृथ्वी विज्ञान मंत्रालय के अन्तर्गत समुद्री सजीव संसाधन एवं पारिस्थितिकी केन्द्र, कोच्चि, देश में समुद्री विकास की गतिविधियों के आयोजन, समन्वयन एवं उन्नयन तथा इससे जुड़े हुए अन्य विषयों यथा – सजीव संसाधनों के मानचित्रण, व्यापारिक दृष्टि से दोहित सजीव संसाधनों का विस्तृत सूचीकरण एवं उनका पारिस्थितिक प्रबंधन द्वारा अनुकूलतम उपयोग का कार्य करता है। इसके अतिरिक्त यह केन्द्र समुद्री सजीव संसाधनों एवं पारितंत्र के आधारभूत विज्ञान पर अनुसंधान एवं विकास का भी कार्य करता है।

समुद्री सजीव संसाधन कार्यक्रम के अन्तर्गत समुद्री सजीव संसाधनों का सर्वेक्षण, मूल्यांकन तथा दोहन और भौत पर्यावरण के परिवर्तन में समुद्री सजीव संसाधनों की अनुक्रिया का अध्ययन, जिससे भारतीय अनन्य आर्थिक क्षेत्र (ईईजेड) में सजीव संसाधनों के प्रबंधन में पारिस्थितिकीय मॉडल विकसित किया जा सके, का कार्य सम्मिलित है।

अधिदेशः इस केन्द्र के निम्नांकित अधिदेश है, यथा –

- पारितंत्रीय मॉनीटरन एवं मॉडलीकरण के प्रयासों द्वारा समुद्री सजीव संसाधनों के प्रबंधन हेतु युक्तिसंगत नीति विकसित करना। मत्स्य एवं सामुद्रिक अनुसंधान पोत सागर सम्पदा का प्रभावी उपयोग करते हुए निश्चित अवधि के लक्ष्योंनुरूप राष्ट्रीय/आंचलिक समुद्री सजीव संसाधनों एवं पारिस्थितिकी के अनुसंधान एवं विकास के कार्यक्रमों में समन्वयन प्रदान करना।
- समुद्री सजीव संसाधनों तथा पारिस्थितिकी से संबंधित शोध कार्यों की क्षमता बढ़ाना तथा आंकडा (डाटा) केन्द्रों की संचयन एवं अंतिम उपयोगकर्ताओं तक सूचना पहुँचाने हेतु स्थापना करना।
- दक्षिणी महासागर सजीव संसाधनों (अंकार्टटिक समुद्र सजीव संसाधनों) से संबंधित राष्ट्रीय कार्यक्रमों में समन्यवन प्रदान करना।

बारहवीं पंचवर्षीय योजना के तहत समुद्री सजीव ससांधन एवं पारिस्थितिकी केन्द्र (सीएमएलआरई) कोच्चि में निम्नांकित पाँच परियोजनाओं पर शोध कार्याधीन है–

1. समुद्री पारितंत्र का मॉनीटरन एवं मॉडलीकरण (एमएमएमई)
2. संसाधन मानिचत्रण : गहरे समुद्र तथ दूरवर्ती जलीय मत्स्य क्षेत्र (डीएस एवं डी डब्ल्यू एफ)
3. एकीकृत वर्गीकीय सूचना तंत्र (आई टी आई एस)
4. दक्षिणी समुद्र एमएलआर (एस ओ आर)
5. एमएलआर प्रौद्योगिकी विकास (एमएलआर – टी डी)

1. समुद्री पारितंत्र का मॉनीटरन एवं मॉडलीकरण

बारहवीं पंचवर्षीय योजना में भारतीय अनन्य आर्थिक क्षेत्र में समुद्री पारितंत्र का मॉडलीकरण एवं मॉनीटरन समुद्री सजीव संसाधन कार्यक्रम की प्रमुख गतिविधि है। इसके अन्तगर्त (i) पर्यावरण एवं उत्पादकता पेटर्न (ii) हानिकारक शैवाल की निगरानी एवं पूर्वानुमान (iii) समुद्री नितलक (बेन्थॉस) (iv) पेलैजिक मात्स्यिकी के पूर्वानुमान हेतु जीव खाद्य–वेब मॉडल, (v) कोच्चि के अपतटों की जैव–भू रासायनिकी का कालश्रेणी अध्ययन। वस्तुतः सम्पूर्ण भारतीय अनन्य आर्थिक क्षेत्र में समुद्री पारितंत्र का मॉनीटरन एवं मॉडलीकरण (एमएमएमई) एक बहुसंस्थानिक एवं बहुटास्क (मल्टीटास्क) प्रक्रियात्मक तंत्र है जिसमें सीएमएलआरई

अरब सागर पर केन्द्रित है, जबकि शेष परिक्षेत्र का कार्यान्वयन साझेदारी के साथ देश के अन्य राष्ट्रीय शोध संस्थानों एवं विश्वविद्यालयों, यथा – इंकाइस, भारतीय समुद्र विज्ञान संस्थान, गोवा, कोचीन विज्ञान और प्रौद्योगिकी विश्वविद्यालय कोचीन, केन्द्रीय समुद्री मास्त्यिकी अनुसंधन संस्थान, केरल, मत्स्यिकी एवं समुद्री विज्ञान विश्वविद्यालय एवं पाँडिचेरी विश्वविद्यालय द्वारा किया जाता है। उनके विभिन्न प्रक्रमों तथा परिवर्तनीय रासायनिक एवं जैविक अनुक्रिया के आधार पर भारतीय अनन्य आर्थिक क्षेत्रों को 6 पारितंत्रों में अंकन किया गया है – उत्तरपूर्वी अरबसागर, दक्षिण–पूर्वी अरबसागर, लक्षद्वीप सागर, उत्तरपूर्वी बंगाल की खाड़ी, दक्षिण–पश्चिमी बंगाल की खाड़ी तथा अंडमान सागर।

2.संसाधन मानचित्रणः गहरे समुद्र तथा दूरवर्ती जलीय मत्स्य क्षेत्र

वर्तमान में गहरे समुद्र तथा दूरस्थ जलीय मछलियों की मत्स्य संसाधनों के रूप में संभाव्यता तथा महत्व बढ़ गया है। क्योंकि अकेले उपतट मत्स्य क्षेत्र से मछलियों की मांग की पूर्ति संभव नहीं है। गहरे जल अनन्य आर्थिक क्षेत्र (ईईजेड) के गहरे जल में किए गए खोजपूर्ण सर्वेक्षण से विदित हुआ है कि शैल्फ क्षेत्र के बाहर गहरे समुद्र में अदोहित मत्स्य संसाधन विद्यमान है, जो कि व्यापारिक दृष्टि से महत्वपूर्ण है। अतः तलमज्जी (demersal) प्राणिजात के बारे में व्यापक सूचना प्राप्त होने पर भारतीय अनन्य आर्थिक क्षेत्र से 19 नई प्रकार की मछलियों तथा एक केकड़े के बारे में जानकारी प्राप्त की जा चुकी है।

3. एकीकृत वर्गीकीय सूचना तंत्र

समुद्री सजीव संसाधन के तहत एकीकृत समुद्री सजीव वर्गीकीय सूचना तंत्र एक निरन्तर कार्यक्रम है जिसके अन्तर्गत विभिन्न समुद्री सजीव संसाधन परियोजनाओं, यथा – पर्यावरण एवं उत्पादकता पैटर्न, हानिकारक शैवाल प्रस्फुटन, नितलक उत्पादकता, गहरे समुद्र और तलमज्जी मत्स्य एवं समुद्री स्तनधारी से प्राप्त वर्गीकीय सूचनाओं को समेकित किया जाता है। इस कार्यक्रम की योजना हिन्द महासागर की जीव भौगोलिक सूचना तंत्र के प्रकाशन में, समुद्री जीवों की गणना में तथा समुद्रविज्ञानीय आंकड़ों के अभिलेखन में बहुत उपयोगी होती है।

4. दक्षिणी महासागर एमएलआर

सीएमएलआरई, पृथ्वी विज्ञान मंत्रालय का कमीशन फॉर अटांर्कटिक मेरिन लिविंग रिर्सोसेज (सीसीएएमएलआर) का प्रतिनिधि सदस्य है। इस कमीशन का मुख्य उद्देश्य अंटार्कटिका के सजीव संसाधनों का संरक्षण है, जिसके अन्तर्गत प्लवंक संघटनों, मछलियों के अंडों, लार्वो, खाद्य

जालगतिकी, समुद्री पक्षियों, व्हेल, आदि का प्रलेखन तथा गणना विषयक जानकारी प्राप्त करना है। इस कार्य हेतु इस संस्थान ने कई उपलब्धियाँ अर्जित की है।

5. एमएलआर प्रौद्योगिकी विकास

इस परियोजना के तहत समाज की आवश्यकता के अनुरूप, विशेषतः द्वीप क्षेत्रों के समुदाय को विभिन्न सजावटी मछलियों के व्यापारीकरण हेतु प्रौद्योगिकी हस्तानांतरण करना है। इसके अतिरिक्त समुद्रीजीवों से जैव सक्रिय उत्पादों का विकास एवं समुद्री संसाधनों का ध्वानिक मापन करना है। इस संस्थान ने समुद्री सजावटी मछलियों के लिए अगात्ती द्वीप, लक्षद्वीप में स्फुटनशाला की स्थापना की है तथा उनके प्रजनन की प्रौद्योगिकी का भी द्वीप समुदाय के लोगों को हस्तानांतरण किया है। संस्थान की उपलब्धियों को निम्न चित्रों में दर्शाया गया है।

सीएमएलआरई की उपलब्धियां

वर्तमान में इस संस्थान के निदेशक डॉ॰ एम॰ सुधाकर (चित्र 103) है।

चित्र – **103.** डॉ॰ एम॰ सुधाकर

8. राष्ट्रीय मध्यम अवधि मौसम पूर्वानुमान केन्द्र (रा॰म॰अ॰मौ॰पू॰के॰), नोएडा

राष्ट्रीय मध्यम अवधि मौसम पूर्वानुमान केन्द्र सन् 1988 में सरकार के एक मिशन पद्धति परियोजना के रूप में गठित किया गया था और यह किसानों के लिए अति उपयोगी स्थिति, विशिष्ट मध्यम अवधि पूर्वानुमान प्रदान करता है। इस केन्द्र ने समय–समय पर मध्यम अवधि मौसम पूर्वानुमान के निर्माण और प्रसार के लिए वैश्विक संख्यात्मक मौसम भविष्यवाणी का कार्यान्वयन तथा उन्नयन किया है। इसमें स्थूल वैश्विक वायुमंडलीय तथा समुद्री प्रेक्षण, प्रारंभिक स्थिति प्रदान करने के लिए उनके समावेशन, संख्यात्मक मॉडल, उच्च स्तरीय कम्प्यूटर संसाधन की आवश्यकता होती है। केन्द्र ने देश के कृषि जलवायु क्षेत्र में कृषि मौसम क्षेत्र इकाइयों के नेटवर्क की स्थापना की जिसके द्वारा कृषक समुदाय को कृषि सम्बन्धी परामर्शी सेवाएं प्राप्त हो सके। कृषि क्षेत्र के अलावा रा॰म॰अ॰मौ॰पू॰के॰ देश के विभिन्न अन्य सामाजिक क्षेत्रों, जैसे – ऊर्जा, खेल, तथा पर्यटन क्षेत्रों के लिए विशेष निवेदन पर अनुकूलित मौसम पूर्वानुमान प्रदान करता हैं। कृषि सलाहकार सेवा के सफल प्रदर्शन के बाद यह सब परिचालन उपयोग के लिए भारत मौसम विभाग को सौंप दिया गया है। वर्तमान में इस संस्थान के निदेशक डॉ॰ ई॰एन॰ राजगोपाल है (चित्र – 104)।

चित्र – 104. डॉ॰ ई॰एन॰ राजगोपाल

कंप्यूटिंग संसाधन –

भारत की प्रथम सुपर कंप्यूटर प्रणाली (Cray XMP/14,1 प्रोसेसर तथा 4 MB मेमोरी) सन् 1989 में देश के तत्कालीन प्रधानमंत्री द्वारा रा॰म॰अ॰मौ॰पू॰के॰ को देश के लिए समर्पित की गई। मौसम पूर्वानुमान में परिचालन तथा अनुसंधान की गतिविधियों को कार्यान्वित करने के लिए रा॰म॰अ॰मौ॰पू॰के॰ सदैव देश में मौसम वैज्ञानिक समुदाय को उच्चतम तीव्र कंप्यूटर सुविधा उपलब्ध कराता है। क्रे XMP/14 के सफल कार्यान्वयन के पश्चात् रा॰म॰अ॰मौ॰पू॰के॰ की कंप्यूटर सुविधा को समय–समय पर अद्यतन किया गया है। रा॰म॰अ॰ मौ॰पू॰के॰ ने विविध वितरित मेमोरी प्रणाली प्राप्त किया जिसमें भारत की स्वदेशी तीव्र कम्प्यूटर प्रणाली शामिल हैं। तथा रा॰म॰अ॰मौ॰पू॰के॰ मौसम पूर्वानुमान संकुल को इन समानांतर प्रसंस्करण कंप्यूटर पर रखा गया है। हाल ही में एक 350 टेरा फ्लॉप निष्पादन कंप्यूटर प्रणाली और 3 पेटा बाइट संचयन को रा॰म॰अ॰मौ॰पू॰के॰ पर स्थापित किया गया है।

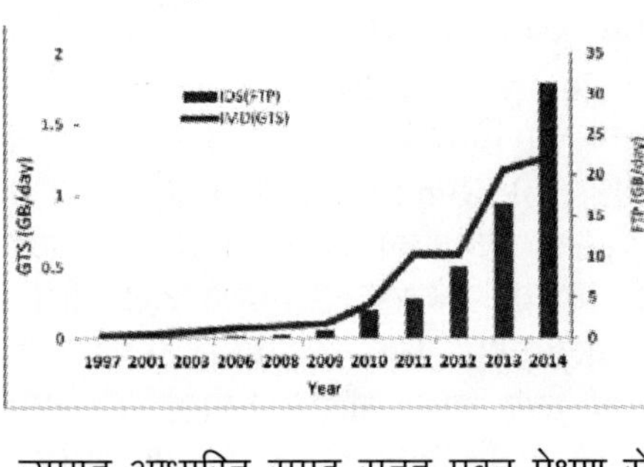

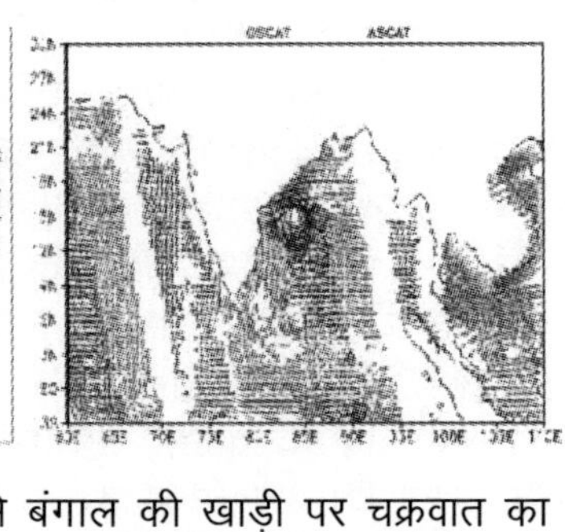

उपग्रह आधारित समुद्र सतह पवन प्रेक्षण से बंगाल की खाड़ी पर चक्रवात का चित्रण

मौसम पूर्वानुमान प्रणाली –

रा॰म॰अ॰मौ॰पू॰के॰ की मौसम पूर्वानुमान प्रणाली संख्यात्मक मौसम भविष्यवाणी पर निर्भर हैं जो वर्तमान मौसम की स्थिति के आधार पर वायुमंडल तथा समुद्र के गणितीय मॉडल को मौसम की भविष्यवाणी के लिए प्रयोग करता है। विश्व के सभी वायुमंडलीय प्रेक्षण रा॰म॰अ॰मौ॰पू॰के॰ पर विश्व मौसम संगठन के वैश्विक दूरसंचार प्रणाली से भारत मौसम विभाग के द्वारा प्राप्त किये जा रहे हैं।

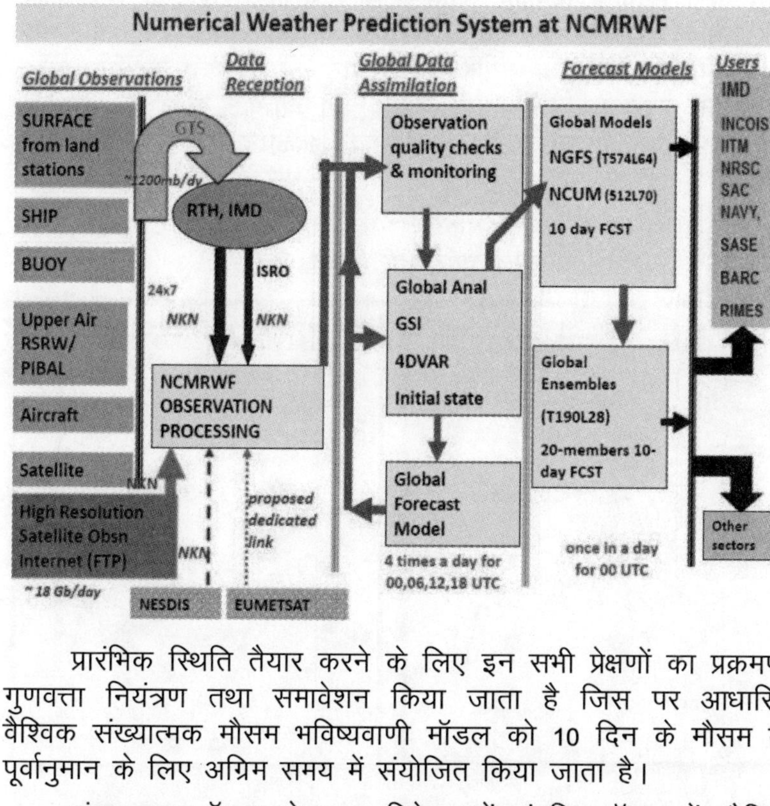

प्रारंभिक स्थिति तैयार करने के लिए इन सभी प्रेक्षणों का प्रक्रमण, गुणवत्ता नियंत्रण तथा समावेशन किया जाता है जिस पर आधारित वैश्विक संख्यात्मक मौसम भविष्यवाणी मॉडल को 10 दिन के मौसम के पूर्वानुमान के लिए अग्रिम समय में संयोजित किया जाता है।

संख्यात्मक मॉडल के उच्च विभेदन में संवृद्धि, मॉडल में भौतिक प्रक्रियाओं के निरुपण में सुधार, समावेशन में उपग्रह तथा अन्य आंकड़ों के बेहतर प्रयोग, व्यापक सत्यापन तथा पुष्टि द्वारा पूर्वानुमान की सीमा और विश्वसनीयता की वृद्धि में सतत प्रयास किया जा रहा है। वर्तमान में केन्द्र 23 किमी॰ के क्षितिज विभेदन के साथ वैश्विक मॉडल चलाता है तथा भारतीय रेडार तथा उपग्रहों के स्वस्थाने तथा दूरस्थ सभी प्रेक्षणीय आंकड़ों का समावेशन करता है।

समेकित पूर्वानुमान प्रणाली

मौसम पूर्वानुमान में प्रायः प्रारंभिक स्थितिओं तथा मॉडल अनुमानों में लघु त्रुटिओं के कारण अनिश्चिताएं आ जाती हैं। जो आगे मिलकर नियतात्मक पूर्वानुमान की प्रवीणता को सीमित कर देती है। समेकित पूर्वानुमान, पूर्वानुमान की अनिश्चितताओं को आंकलित करने तथा संभाव्य पूर्वानुमान को बनाने के प्रयोगात्मक तरीके की तरह विकसित हुआ है। समेकित पूर्वानुमान विविध क्षुब्ध प्रारंभिक स्थितिओं के आधार पर उत्पन्न किये जाते हैं जो प्रारंभिक स्थितिओं में उत्पन्न त्रुटिओं को छांटता है। जब समेकित औसत मान को अल्प काल के लिए नियतात्मक पूर्वानुमान से मिलाया जाता है तब समेकित पूर्वानुमान की प्रवीणता का नियतात्मक पूर्वानुमान पर उत्कृष्ट प्रभाव पड़ता है। रा॰म॰अ॰मौ॰पू॰के॰, समेकित भविष्यवाणी प्रणाली को सम्भाव्य मात्रात्मक अवक्षेपण पूर्वानुमान तथा उष्ण कटिबंधिय चक्रवात पथ के पूर्वानुमान के लिए करता है।

हाल ही के अति तीव्र चक्रवात ''फैलिन'' (4–14 अक्टूबर 2013) के लिए पथ (बाएं) तथा टकराव प्रायिकता (दाएं)।

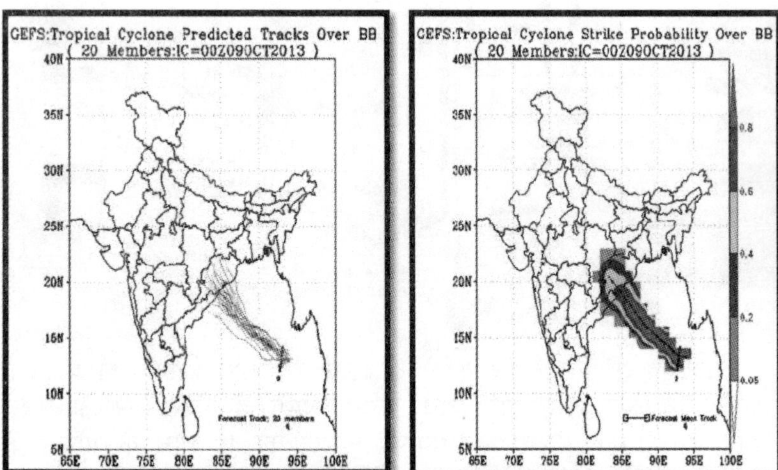

रा॰म॰अ॰मौ॰पू॰के॰ मौसम तथा जलवायु मॉडलों के लिए पृथ्वी विज्ञान मंत्रालय के द्वारा उत्कृष्ट केन्द्र के रूप में पहचाना गया है। तथा यह केन्द्र आकाशीय तथा कालीक समयमानों को लेते हुए मौसम तथा जलवायु के क्षेत्र में उच्चतम अनुसंधान और विकास करेगा। इस केन्द्र का मिशन उच्च स्तरीय ज्ञान, प्रवीणता तथा तकनीक को बनाये रखते हुए अग्रिम संख्यात्मक मौसम पूर्वानुमान की विश्वसनीयता तथा शुद्धता को निरन्तर विकसित करते रहना है।

9. राष्ट्रीय पृथ्वी विज्ञान अध्ययन केन्द्र (एनसीईएसएस) तिरुवनंतपुरम्

राष्ट्रीय पृथ्वी विज्ञान अध्ययन केन्द्र तिरुवनंतपुरम् (एनसीईएसएस) जो पूर्व में पृथ्वी विज्ञान अध्ययन केन्द्र (सीईएसएस) के नाम से जाना जाता था, की स्थापना वर्ष 1978 में पृथ्वी विज्ञान तंत्र के संबंध में एक उत्कृष्ट केन्द्र के रूप में की गई थी। यह केन्द्र पृथ्वी के विषय में सम्पूर्ण जानकारी, इसकी उत्पत्ति से लेकर वर्तमान में इसके संसाधनों के अतिदोहन तक विभिन्न बहुआयामी कार्यक्रमों द्वारा विगत 38 वर्षों से तथ्य परक प्रदान कर रहा है। कई दशकों से, यह संस्थान सक्रिय रूप से भू गतिक प्रक्रमों द्वारा प्राकृतिक संसाधनों के प्रबंधन विषयक समाजोपयोगी आवश्यकताओं हेतु जो कि पर्यावरण एवं आपदा प्रबंधन हेतु उपादेय होती है, तकनीकी जानकारी प्रदान करता है।

भारत सरकार के पृथ्वी विज्ञान मंत्रालय द्वारा 1 जनवरी 2014 को इस केन्द्र का अधिग्रहण किया गया था। इस संस्थान को पृथ्वी के पिंड विषयक उच्च स्तरीय अनुसंधान एवं अनुप्रयोग केन्द्र के रूप में विकसित किया गया है। एनसीईएसएस का अधिदेश है कि पृथ्वी के पिंड एवं पृथ्वी विज्ञान के अनुप्रयोग हेतु बहुआयागी अनुसंधान करे। इसमें हो रहे उच्च कोटि के पृथ्वी विषयक शोध कार्यों से पृथ्वी विज्ञान मंत्रालय को अपने उद्देश्यों एवं लक्ष्यों की पूर्ति हेतु विशेषज्ञों का एक संगठित समूह उपलब्ध हो गया है। यह संस्थान देश के कई विश्वविद्यालयों से डॉक्टरेट उपाधि प्राप्त करने का मान्यता प्राप्त अनुसंधान केन्द्र भी है। वर्तमान में इस संस्थान के निदेशक डॉ॰ एम॰ समसुद्दीन हैं।

डॉ॰ एम॰ समसुद्दीन

मिशन – भारतीय एवं वैश्विक परिप्रेक्ष्य में पृथ्वी के गतिकी प्रक्रम का अन्वेषण एवं आंकलन करना जिससे राष्ट्रीय स्तर पर पृथ्वी विज्ञान संबंधी आवश्यकताओं एवं इस विज्ञान विषयक मौलिक समस्याओं का वैज्ञानिक एवं प्रौद्योगिकीय समाधान प्राप्त हो सके।

अभिदृष्टि – भारतीय उपमहाद्वीप में पृथ्वी के पिंड की भूगतिकी के अध्ययन हेतु विशेषतः पर्यावरणीय एवं प्राकृतिक परिवर्तन के परिप्रेक्ष्य में समन्वित पृथ्वी तंत्र विषयक अनुसंधान का अभिप्रेरण करना।

प्रमुख क्षेत्र

(अ) पृथ्वी पिंड विज्ञान – भूपर्पटी विकास एवं भूगतिकी, चतुर्थ महाकल्प विकास प्रक्रम, अपक्षयण तथा सतही प्रक्रम।

(ब) तटीय सागर विज्ञान – तटीय तथा ज्वारनदमुखीय प्रक्रम, तटीय गतिकी, तटीय प्रदूषण, तटीय क्षेत्र प्रबंधन।

(स) प्राकृतिक संसाधन मूल्यांकन – भू भाग मानचित्रण, भू उपयोग तथा नदी बेसिन विश्लेषण।

मुख्य उद्‌देश्य –

1. पृथ्वी के पिंड के संबंध में बहुविषयी नोडल केन्द्र के रूप में विकास करना।
2. पृथ्वी की विभिन्न भू–गतिकी के बारे में ज्ञान प्राप्त करना, विशेषतः भारत के क्रेटॉनी ब्लॉक के परिप्रेक्ष्य में। तथा प्रोटीरोजोइक महाकल्प, गतिशील मेखलाओं के परिप्रेक्ष्य में।
3. भारत के चतुष्क महाकल्प शैल समूह की उत्पत्ति के बारे में जानकारी प्राप्त कर उनके जलवायु और सागर स्तर पर हो रहे परिवर्तन के बारे में अध्ययन करना।
4. तटीय प्रक्रमों तथा समुद्री किनारों के समीप क्षेत्र की गतिकी का अध्ययन करना।
5. ज्वारनदमुखों के प्रक्रमों तथा अवसादी प्रक्रमों का अध्ययन करना।
6. भारतीय तटीय क्षेत्रों के तटीय रेखा पर हो रहे लघु और दीर्घकालीन परिवर्तन को स्वस्थाने सुदूर संवेदन तकनीक तथा मॉडल तैयार करके उनका मॉनीटरन करना।
7. प्राकृतिक संकटों (भूस्खलन, तटीय अपरदन, बाढ़ आदि) का अध्ययन कर उनके बारे में जानकारी प्राप्त करना।
8. प्राकृतिक संसाधनों का मूल्यांकन और पर्यावरण प्रभाव का विश्लेषण करना।

9. संधारणीय (सतत) उपयोग हेतु पृथ्वी के प्राकृतिक संसाधनों (जल, खनिज, ईंधन) के प्रक्रमों के बारे में ज्ञान की अभिवृद्धि एवं उनमें सुधार करना।

क्रेटॉन की उत्पत्ति एवं भू–गतिकी :

पृथ्वी तंत्र गतिकी तथा संसाधन मूल्यांकन शीर्षक के अन्तर्गत क्रेटॉन प्रक्रमों के कार्यक्रम के तहत प्राथमिक तौर पर इसका फोकस दक्षिणी शैलविज्ञान के ग्रेनुलाइट मेखला के अध्ययन, भू–रासायनिकी, मैफिक डाइक के पुराचुम्बकत्व, पेट्रोलियमधारी बेसिन में पुरा तरल (Paleofluid) के निर्माण में तथा चतुष्क भूविज्ञान एवं भूसंकट का अध्ययन किया जाता है। केरल के खोंडेलाइट के ग्रेनुलाइटों के शैलविज्ञान, भू रसायन तथा समस्थानिक अध्ययन से क्रेटॉन वृद्धि के एपिसोडिक प्रमाण की पुष्टि होती है। संस्थान की भू तरल अनुसंधान प्रयोगशाला में अवसादी बेसिनों में तरल के अंतर्वेशन का अध्ययन किया जाता है। केरल राज्य में, जहाँ भू–स्खलन की संभाव्यता रहती है, इस केन्द्र ने संवेदनशील जिलों के मानचित्र तैयार किए हैं और भू–स्खलन के कारकों को चिन्हित किया है।

पृथ्वी विज्ञान अध्ययन केन्द्र द्वारा प्राकृतिक संकटों, यथा – भूस्खलन, भूकम्प, रजत प्रदीप्ति, सुनामी तथा तटीय अपरदन के क्षेत्र में किए गए अध्ययनों से आपदा प्रबंधन में दिशा निर्देश प्राप्त हुए हैं।

वायुमंडलीय गतिकी : राष्ट्रीय पृथ्वी विज्ञान अध्ययन केन्द्र ने वायुमंडलीय गतिकी का जलवायु एवं जलवायु परिवर्तन के संबंध में अध्ययन करने हेतु सूत्रपात किया है। वायुमंडलीय प्रक्रमों के कार्यक्रम के तहत सौर पराबैंगनी विकिरण का मॉनीटरन तथा वायुमंडल के लघु अवयव, यथा – मेघों का अध्ययन, उनकी उपस्थिति, तुंगता वितरण एवं संबंधित प्रांचलों के बारे में जानकारी प्रदान की गई है।

पृथ्वी विज्ञान अध्ययन केन्द्र ने जरडीयरन कन्डेन्सर का मध्य वायुमंडल के अध्ययन हेतु सफलता से डिजाइन, निर्माण तथा रॉकेट पर ऊँचाई के बेलून पर सफलता से उपयोग किया है जिससे वायुमंडलीय दाब परिवर्तन एवं चालकता के मध्य संयोजन स्थापित हुआ है। इस संस्थान ने पृथ्वी पर पहुँचने वाले सौर पराबैंगनी विकिरण का एक दशक तक स्वदेश में विकसित पराबैंगनी फोटोमीटर द्वारा मॉनीटरन किया है। वायुमंडल के लघु संघटक, जैसे – मीथेन, कार्बन डाइ ऑक्साइड तथा सतही ओजोन का नियमित मॉनीटरन भी दैनिक परिवर्तन तथा उनके प्रादेशिक जलवायु परिवर्तन पर पड़ने वाले प्रभाव हेतु किया गया है।

तटीय प्रक्रम एवं प्रबंधन – इस कार्यक्रम के तहत तलछट मापन, समुद्र जल स्तर उत्थान तथा इसके प्रभाव का अध्ययन, तटीय उत्पत्ति, तटीय क्षेत्र प्रबंधन, तरंग मॉनीटरन, महासागरीय पूर्वानुमान तथा तटीय क्षेत्र नियंत्रण मानचित्रण आदि तैयार किए जाते हैं। इस प्रक्रम में महासागर तरंग मापन, वेलांचली पर्यावरण प्रेक्षण तथा समुद्र तट प्रोफाइल मापन का जलावतरण चारों तटीय प्रयोगशालाओं द्वारा किया जा चुका है।

पृथ्वी विज्ञान अध्ययन केन्द्र द्वारा स्थानीय एवं राज्य स्तर पर समन्वित तटीय क्षेत्र प्रबंधन योजना (आईसीजेडएमपी) भी तैयार की गई है। इसके अतिरिक्त उच्च एवं न्यून ज्वारीय लाइनों की पहचान तथा सीमांकन एवं निरूपण हेतु प्रायोगिक कार्याविधि भी विकसित की गई है। इस प्रकार पृथ्वी विज्ञान अध्ययन केन्द्र एचटीएल/एलटीएल के सीमांकन हेतु देश की सात विधिक एजेंसियों में से एक है। तटीय अपरदन का जलगतिकी एवं वेलांचल पर्यावरणीय प्रांचलों के द्वारा अध्ययन किया गया है।

प्राकृतिक संसाधन एवं पर्यावरणीय प्रबंधन :

प्रारंभ से ही, पृथ्वी विज्ञान अध्ययन केन्द्र का प्राकृतिक संसाधन प्रबंधन एवं पर्यावरण अध्ययन, एक प्रमुख शोध का क्षेत्र रहा है। वर्ष 1984 में पृथ्वी विज्ञान अध्ययन केन्द्र ने केरल का प्रथम स्रोत एटलस (रिसोर्स एटलस) प्रकाशित किया, जो कि केरल राज्य के संसाधनों के लिए एक संदर्भित ग्रंथ बना। इस संस्थान के शोध कार्यों के फलस्वरूप केरल राज्य के विकास में विवेकपूर्ण तरीके से परियोजनाओं का कार्यान्वयन संभव हुआ। इस कार्यक्रम के तहत जिला स्तर पर भूभाग मूल्यांकन एवं नदी बेसिन का कार्य आरंभ किया गया एवं डिजिटल सड़क मानचित्र तैयार किए गए। आयोजना प्रक्रमों की सहायतार्थ अलवणजल झीलों का अध्ययन, नगरीय स्थानों का प्रबंधन, सिंचाई परियोजनाओं के प्रभाव, अवसंरचना विकास आदि कार्यों को किया गया है। पृथ्वी विज्ञान अध्ययन केन्द्र ने जिला, पंचायत समिति तथा अनेक आवश्यकतानुरूप थिमैटिक मानचित्र तैयार किए। और सूक्ष्म स्तर पर पर्यावरणीय संसाधनों हेतु पंचायत स्तर पर संसाधन मानचित्रण कार्यक्रम का सफल कार्यान्वयन किया है। इस कार्य पद्धति का बहुतायत से देश के अन्य प्रदेशों में भी अनुसरण किया गया। इस संस्थान के शोध क्षेत्र में पृथ्वी विज्ञान से संबंधित समस्त शाखाओं, यथा – भू–विज्ञान, भूभौतिकी, समुद्री विज्ञान, भूगोल, वायुमंडलीय विज्ञान तथा पर्यावरण विज्ञान आदि सम्मिलित हैं। राष्ट्रीय पृथ्वी विज्ञान अध्ययन केन्द्र में आधारभूत अनुसंधान प्रयोगशाला

की भी सुविधा प्राप्त है जिससे पृथ्वी विज्ञान से संबंधित मौलिक अनुसंधान कार्य हो सके।

इस संस्थान में हो रहे प्रमुख अनुसंधान कार्यों का संक्षिप्त विवरण चित्र 105 से 109 में दर्शाया गया है।

चित्र 105

चित्र 106

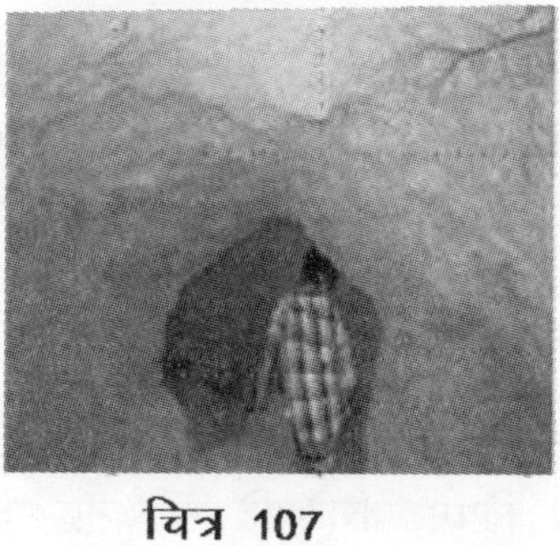

चित्र 107

चित्र 108

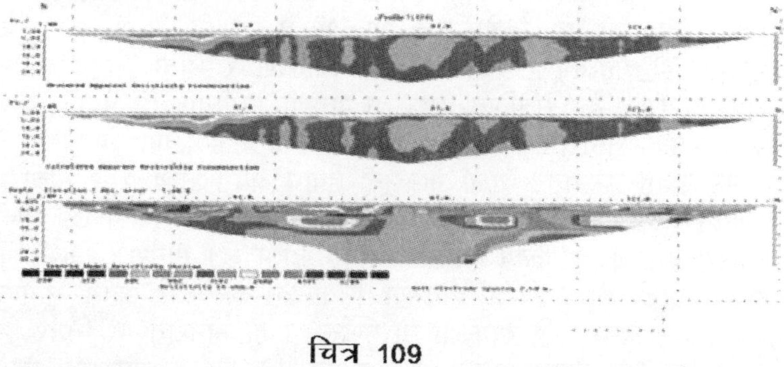

चित्र 109

चित्र – 105–109. एनसीईएसएस में हो रहे अनुसंधान कार्यों की झलक

अतः पृथ्वी विज्ञान मंत्रालय के अधीनस्थ समस्त अनुसंधान संस्थानों ने धरा और उदधि अर्थात् पृथ्वी और सागर विषयक अपनी अनवरत शोध दक्षता के कारण देश के सामार्थिक एवं वैज्ञानिक प्रोन्नति में उत्कृष्ट अवदान प्रदान किया है।

समुद्र एवं मानव समाज का नैसर्गिक संबंध

समुद्र का हमारे पर्यावरण और समाज से एक शाश्वत बहुआयामी संबंध है। समुद्र के गर्भ में छिपे अपार संसाधनों का उचित दोहन और उनका संरक्षण एक अति महत्वपूर्ण कार्य है। वस्तुतः अब सागर ही हमारे लिए एक शेष स्रोत है जिस पर हम पूर्णतया निर्भर हो सकते हैं। पृथ्वी के अधिकांश भू–भाग पर महासागरीय जल होने के कारण ही मानव जीवन एवं उनसे निर्मित समाज समुद्र से एक नैसर्गिक सम्बन्ध स्थापित किए हुए हैं।

आज मानव समाज के समक्ष कई महत्वपूर्ण समस्याओं में से एक हैं – भूमि पर तेजी से लुप्त होते खनिज भंडार, जो कि समस्त मानव जाति को समुद्र की ओर आशान्वित तथा अग्रसित होने पर बाध्य कर रहा है। समुद्र की मानव जीवन में उपयोगिता न केवल खाद्य, खनिज एवं पेट्रोलियम पदार्थों इत्यादि मात्र से संबंधित है, वरन् समुद्र विभिन्न औषधियों एवं भेषज पदार्थों इत्यादि का विशाल स्रोत भी हैं। रासायनिक अध्ययन से यह तथ्य उजागर हुआ है कि विभिन्न समुद्री जीवों से एस्टेराइड्स, वसीय अम्ल तथा उनके एस्टर, हैलो – यौगिक लैक्टोन, एल्कोहाल तथा उनके उत्पाद इत्यादि का निष्कर्षण संभव है। वैज्ञानिक शोधों से यह भी स्पष्ट है कि असीमित भू–जल दोहन के परिणामस्वरूप मानव के समक्ष पीने के स्वच्छ पानी की समस्या भी वर्तमान में दिन–प्रतिदिन विभत्स होती जा रही है। ऐसी विषम परिस्थिति में समुद्र के लवणीय जल का परिशोधन ही एकमात्र मानव समाज का सहारा बन गया है। समुद्र की एक विशेष बात और भी है जो कि सामाजिक दृष्टि से अत्यन्त ही महत्वपूर्ण है, वह है – पर्यावरण साम्यता, समुद्र हमारी पर्यावरण व्यवस्था को संतुलित रखने में अग्रणी भागीदार तो है ही, साथ ही साथ इसका मानसूनी वर्षा से भी गहरा सम्बन्ध है। वर्षा के मौसम में समुद्र की सतह पर बहने वाली मानसूनी हवायें अपने साथ प्रचुर मात्रा में नमी लेकर आती हैं और भू सतह पर वर्षा की बूंदों के रूप में छा जाती हैं, जिससे समाज की कृषि व्यवस्था सुदृढ़ होती है। मानसून किसी भी सम्बन्धित राष्ट्र की आर्थिक व्यवस्था निर्धारित करने में अहम भूमिका निभाता है। भारतीय कृषि व्यवस्था तो पूर्णरूपेण ही मानसून पर निर्भर है। अतएव समुद्र का मानव समाज के आर्थिक विकास में योगदान स्वतः प्रमाणित है।

मानव समाज के लिए समुद्र का महत्त्व

i. **समुद्री परिवहन एवं व्यापार** : समुद्र जल की सतह पर घर्षण कम होने के कारण यह सबसे सस्ता परिवहन है, जिसके फलस्वरूप विभिन्न दूरस्थ देशों के मध्य व्यापार आदि सुगम हो जाता है। महासागरीय जलधाराएँ अपनी गति के कारण जलयानों को आसानी से चलने में मदद करती हैं। आज विश्व की वार्षिक आय में समुद्री परिवहन एवं व्यापार क्षेत्र का योगदान सर्वाधिक है।

खाद्यान्न सम्पदा :

समुद्र के गर्भ में खाद्य पदार्थों की अपार सम्पदा है, जिसका उपयोग मनुष्य समाज के उत्थान के लिए सदैव करता रहा है। अथाह समुद्र में निम्न दो प्रकार के खाद्य प्लवक मुख्यतः प्रचुर मात्रा में पाये जाते हैं – पादप प्लवक एवं प्राणी प्लवक। पादप प्लवक के उदाहरण शैवाल, समुद्री घास एवं फाइटोप्लवक इत्यादि हैं, जबकि प्राणी प्लवक के उदाहरण मछलियाँ (मत्स्य), केकड़ा, प्रान्स (झींगा) एवं जूप्लवक इत्यादि हैं। इन प्लवकों में मत्स्य उत्पादन अत्यन्त महत्वपूर्ण खाद्यान्न है, जो किसी भी देश की आर्थिक व्यवस्था सुदृढ़ करने में अग्रणी है। आज के परिप्रेक्ष्य में हमारे समाज का एक बड़ा तबका कुछ हद तक मत्स्य खाद्यान्न पर ही निर्भर है, इस प्रकार समाज की आर्थिक व्यवस्था में मत्स्य उत्पादन का योगदान स्वतः प्रमाणित है। मत्स्य उत्पादन का सबसे वृहद् स्रोत समुद्र ही है जो हमारे समाज में मत्स्य खाद्यान्न खपत की भरपाई करता है। अर्थात्, समुद्र जहाँ समाज में खाद्य पदार्थ की आपूर्ति कराता है, वहीं उस समाज के आर्थिक विकास को गतिशील भी बनाता है।

समुद्र में लगभग 25000 जाति–वर्ग की मछलियाँ पायी जाती हैं। इन मछलियों का प्रमुख आहार विभिन्न प्लवक ही हैं, जो कि समुद्री धाराओं द्वारा बहा कर लाये जाते हैं। स्पष्टतः समुद्र के जिन स्थानों पर प्लवकों की उत्पादकता अधिक होगी, वहां पर मत्स्य उत्पादन भी प्रचुर होगा। वैज्ञानिक शोध से यह ज्ञात हुआ है कि जिन स्थानों पर समुद्र की ठंडी जलधाराएँ आकर गर्म जल धाराओं से मिलती हैं, वे स्थान प्लवकों के उत्पादन के लिए एक आदर्श क्षेत्र बन जाते है। इस प्रकार इन स्थानों पर मत्स्य उत्पादन की प्रचुरता पायी जाती है। उदाहरणार्थ, उत्तरी अटलांटिक महासागर में गल्फ की गर्म जलधारा लैब्राडोर की ठंडी जलधारा से 'यूफाइण्डलैण्ड' नामक स्थान पर मिलती है, जिसके फलस्वरूप यह स्थान मत्स्य उत्पादन के लिए एक आदर्श क्षेत्र बन जाता है। गर्म एवं ठण्डी जलधाराओं के संगम स्थान का पता सुदूर संवेदी

तकनीक के माध्यम से लगाया जाता है। भारतीय परिप्रेक्ष्य में पश्चिमी तटीय क्षेत्र मत्स्य उत्पादन के लिए पूर्वी तटीय क्षेत्रों से ज्यादा अनुकूल पाया गया है। इसका कारण यह है कि पश्चिमी तटीय क्षेत्र में गहरे समुद्र की गर्म जल धारा 'अपव्हेलिंग' प्रक्रिया के माध्यम से समुद्र की सतह पर आती हैं जहाँ वह ठण्डी जल धारा से मिलकर एक महत्वपूर्ण आदर्श मत्स्य उत्पादन क्षेत्र का निर्माण करती हैं। विश्व पटल पर मत्स्य उत्पादकता विभिन्न राष्ट्रों में, जो कि विभिन्न महासागरों के तट पर बसे हुए हैं, बहुतायत में पायी गयी हैं। प्रशान्त महासागर के उत्तर–पूर्व में चीन, जापान, दक्षिण कोरिया आदि देशों से लेकर फिलिपीन्स तक एवं दक्षिण अमेरिका के पश्चिमी तट पर (मुख्यतः पेरु एवं चिली) मत्स्य उत्पादन की प्रचुरता है। इसी प्रकार, अटलांटिक महासागर में मुख्य मत्स्य उत्पादक राष्ट्र नार्वे, ब्रिटेन, डेनमार्क, कनाडा एवं अमेरिका आदि हैं। गणनानुसार विश्व की वार्षिक आय में द्वितीय सर्वोच्च योगदान मत्स्य उत्पादन का ही है, जो कि वर्तमान परिदृश्य में मानव समाज के आर्थिक विकास को सुदृढ़ बनाने में सहायक सिद्ध होता है।

खनिज पदार्थ एवं बहुधात्विक पिण्डिकाएँ

समुद्र में धात्विक एवं अधात्विक खनिज पदार्थ मुख्यतः दो रूपों में विद्यमान होते हैं – (i) समुद्री जल में घुलकर विलयन के समान, तथा (ii) समुद्र तल के अवसादों में मिश्रित होकर। समुद्री जल में मिश्रित खनिज पदार्थों में प्रमुखतः नमक, ब्रोमीन, मैग्नीशियम, सोना, जस्ता, यूरेनियम तथा थोरियम इत्यादि हैं। गणनानुसार, एक घन किलोमीटर समुद्री जल में घुले ठोस पदार्थों की मात्रा 41.25 मिलियन टन आंकी गयी है। अवसादों में मिश्रित खनिज पदार्थों में प्रमुखतः जिर्कान, मोनाजाइट, मैग्नेटाइट, सोना, हीरा, प्लेटिनम, सल्फर तथा बिल्डिंग पदार्थ, जैसे – बालू, कंकर एवं प्रस्तर खण्ड इत्यादि हैं जो कि समुद्र के भूखण्डीय शेल्फ एवं भूखण्डीय ढ़लान क्षेत्रों में प्रचुर मात्रा में विद्यमान रहते हैं।

भूखण्डीय शेल्फ एवं ढ़लान क्षेत्रों के अलावा समुद्र के गहरे तल में भी औसतन 4000 मीटर की गहराई पर मैंगनीज की बहुधात्विक पिण्डिकाएँ पायी जाती हैं। ये पिण्डिकाएँ विभिन्न खनिज पदार्थों, जैसे निकिल, तांबा, कोबाल्ट, लेड, जस्ता, लोहा तथा सिलिकॉन इत्यादि से मिलकर बनी होती हैं। इन पिण्डिकाओं में लोहे एवं मैंगनीज की प्रतिशत मात्रा सर्वाधिक होती है। अनेक मूल्यवान धातुओं की उपस्थिति के कारण ही इन्हें बहुधात्विक पिण्डिका कहा जाता है। ये पिण्डिकाएँ समुद्र तल पर एक चादर की भांति बिछी होती हैं (चित्र–110)। इनका आकार प्रायशः 2

से 90 सेन्टीमीटर तक होता है, जो कि लगभग 13 विभिन्न आकृतियों में विद्यमान होती है। सर्वेक्षण से लगभग 300,000 वर्ग किलोमीटर का क्षेत्रफल अन्वेषित हुआ है जिसमें इन पिण्डिकाओं की बहुतायत मात्रा प्रमाणित है। इन पिण्डों की मात्रा प्रति वर्ग किलोमीटर में लगभग 5 किलोग्राम या इससे अधिक पायी गयी है। अंतरराष्ट्रीय समुद्र तल प्राधिकरण ने 17 अगस्त 1987 में भारत को लगभग 150,000 वर्ग किलोमीटर क्षेत्र का स्वामित्व प्रदान किया है, जिसके तहत भारत कालान्तर में इस क्षेत्र का 50% भाग छोड़कर शेष भाग का उत्खनन कर सकता है।

चित्र – 110. बहुधात्विक पिण्डिकाएँ

हाइड्रोकार्बन एवं पेट्रोलियम पदार्थ

समुद्र अपने गर्भ में पेट्रोलियम तेल भण्डार का एक वृहद् हिस्सा समाहित रखता है। वास्तव में समुद्र तल के नीचे उपसतह में महाद्वीपीय शेल्फ एवं ढलान की कड़ी परत (क्रस्ट) में हाइड्रोकार्बन, पेट्रोलियम तेल एवं प्राकृतिक गैस इत्यादि उत्पन्न एवं एकत्रित होते हैं। निश्चित ताप एवं दाब पर समुद्र के तल में लगभग 65 मिलियन वर्ष पुराने अवसादी चट्टानों में दबे जन्तु एवं पादप जीवाश्म हाइड्रोकार्बन में परिवर्तित हो जाते हैं। ये उत्पन्न हाइड्रोकार्बन तत्पश्चात् विभिन्न दिशाओं में पलायित होने लगते हैं और कुछ विशेष प्रकार की भू–भौमिक संरचनाओं में

एकत्रित होते हैं (चित्र – 111)। ये संरचनाएं मुख्यतः अंश एवं अपनति संरचना हैं जो कि हाइड्रोकार्बन एवं प्राकृतिक गैसों को अपारगम्य कवच प्रदान करते हैं, जिसके फलस्वरूप इन बहुमूल्य पदार्थों का इन संरचनाओं में आने के बाद पुनः पलायन रुक जाता है। उच्च तकनीक का उपयोग कर ये पेट्रो–पदार्थ समुद्र के गर्भ से दोहित किये जाते हैं। वर्तमान परिप्रेक्ष्य में ये बहुमूल्य पदार्थ मानव समाज के लिए एक अत्यन्त आवश्यक अंग बन चुके हैं। हमारे समाज का हर वर्ग, बड़े तबके से लेकर छोटे तबके तक, आज पेट्रोलियम पदार्थों पर पूर्ण रूपेण आश्रित है। चाहे बात रसोई गैस की हो या सड़कों पर तेज गति से दौड़ते वाहनों की और या फिर कल–कारखानों की शोर मचाती मशीनों की, समाज के हर क्षेत्र में समुद्र से दोहित पेट्रोलियम तेल एवं प्राकृतिक गैस इत्यादि का विशेष स्थान है।

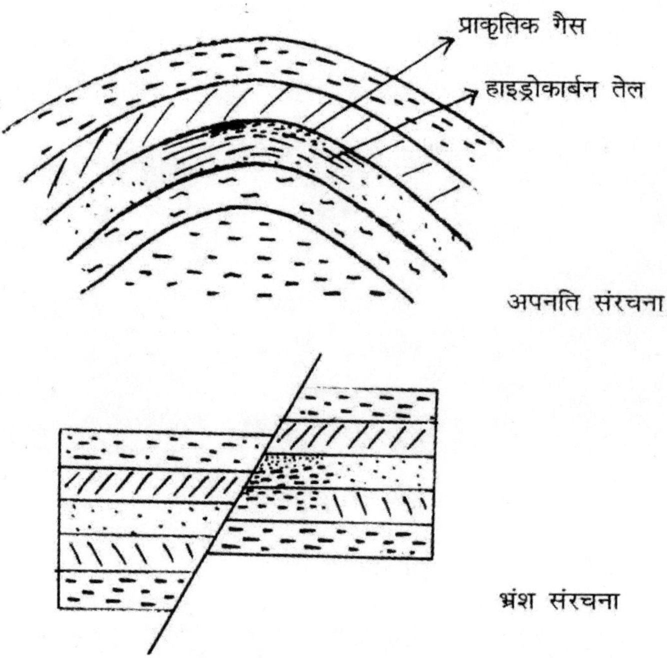

चित्र – 111. भूभौमिक संरचनाएं एवं हाईड्रोकार्बन

समुद्र में निहित सम्पूर्ण खनिज स्रोतों के कुल भाग का लगभग 90 प्रतिशत योगदान अकेले खनिज हाइड्रोकार्बन तेल एवं प्राकृतिक गैस का है। भारत में इन खनिज पदार्थों का प्रमुख उत्पादन क्षेत्र (समुद्र अथवा भू–भाग) बॉम्बे हाई, डिगबोई, कैम्बे बेसिन तथा अंकेलश्वर इत्यादि हैं। इन क्षेत्रों में बॉम्बे हाई ही एक मात्र ऐसा क्षेत्र है जहाँ हाइड्रोकार्बन का

दोहन समुद्र तल से होता है जिसका कुल उत्पादन में प्रतिशत योगदान अन्य भू–क्षेत्रों की तुलना में सर्वाधिक है।

गैस (मीथेन) हाइड्रेट

ऊर्जा के क्षेत्र में गैस हाइड्रेट एक अत्यन्त ही नवीन खोज है। वर्तमान में समाज के सम्मुख उत्पन्न ऊर्जा संकट को एक हद तक दूर करने में इसकी अहम भूमिका है। गैस हाइड्रेट एक बर्फ के समान क्रिस्टलीय ठोस है जो कि पानी एवं प्राकृतिक गैस (प्रायः मीथेन) के मिश्रण से बनती है। ये हाइड्रेट अवसादी चट्टानों के संरन्ध्रों में सीमेंट, अथवा परत के रूप में विद्यमान रहते हैं। इन हाइड्रेट्स के निर्माण के लिए कई विभिन्न प्राकृतिक गैसें जैसे – कार्बन डाइ ऑक्साइड, हाइड्रोजन सल्फाइड एवं अन्य कम कार्बन युक्त हाइड्रोकार्बन इत्यादि उपयुक्त हैं। परन्तु इन सब गैसों में मीथेन का स्थान प्रमुख हैं। गैस हाइड्रेट का निर्माण एक निश्चित ताप एवं दाब पर ही सुनिश्चित है, जो कि गहरे समुद्र तल में ही संभव है। ताप एवं दाब का यह विशेष क्रान्तिक स्तर समुद्र के भूखण्डीय ढलान क्षेत्र में ही विद्यमान रहता है, जो कि समुद्र की गहराई में पाया जाता है। सामान्यतः गैस हाइड्रेट उन अवसादी चट्टानों में पाया जाता है जो कि समुद्र के तल में लगभग 500 मीटर से अधिक गहराई पर उपस्थित रहते हैं (चित्र – 112अ)। इन हाइड्रेट्स की रोचकता और भी प्रभावशाली हो जाती है जब वैज्ञानिक शोध से यह उजागर होता है कि इनका निर्माण यहाँ तक कि ध्रुवों पर बर्फ की चादरों के गर्त में भी संभव है। अनुसंधानों से यह स्पष्ट है कि हाइड्रेट के इकाई आयतन से लगभग 160 इकाई आयतन मीथेन गैस प्राप्त होती है। इस प्रकार यह अनुमान है कि पूरे विश्व में मीथेन की मात्रा (हाइड्रेट द्वारा उत्पन्न), संपूर्ण जीवाश्म ईंधनों में उपस्थित कुल कार्बन की मात्रा के लगभग दोगुने के बराबर है। अतः गैस हाइड्रेट बहुत ही विशाल ऊर्जा का स्रोत है जो कि मानव समाज के लिए समुद्र द्वारा नैसर्गिक उपहार स्वरूप भेंट ही है (चित्र –112ब)।

चित्र – 112अ. गैस हाइड्रेट

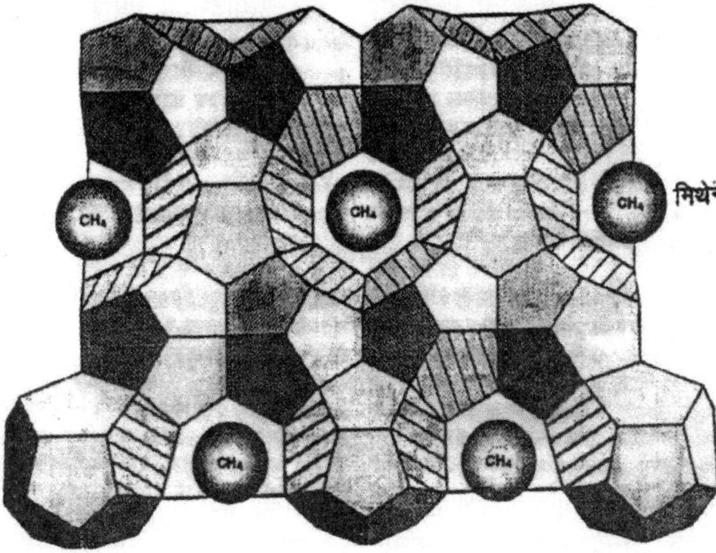

चित्र – 112ब. गैस हाइड्रेट

मानसून एवं कृषि

समाज के लिए समुद्र का सर्वाधिक उपयोगी और श्रेष्ठ कार्य है – वर्षा अर्थात् मानसून। पृथ्वी के जिस भू–भाग पर समुचित मात्रा में वर्षा होगी, उस क्षेत्र विशेष की कृषि प्रणाली अत्यन्त सक्षम तथा सशक्त होगी और फलस्वरूप उस समाज की आर्थिक व्यवस्था अति सुदृढ़ होगी। चित्र – 113 अ एवं ब में समुद्र की सतह पर वायु प्रवाह को क्रमशः गर्मियों (जुलाई महीने में) एवं सर्दियों (जनवरी महीने) में दर्शाया गया है। जुलाई के दिनों में दक्षिणी गोलार्द्ध से आती हुई दक्षिणी–पूर्वी व्यापारिक हवायें जब उत्तरी गोलार्द्ध में प्रवेश करती हैं, तो कोरियॉलिस (coriolis) बल के कारण वे दाहिनी ओर 90° के कोण पर मुड़ कर दक्षिण–पश्चिमी हवाओं के रूप में समुद्र की सतह पर बहने लगती हैं उत्तरी गोलार्द्ध के भू–भाग पर पहुँचने से पूर्व ये दक्षिण–पश्चिमी हवायें समुद्र की सतह पर एक लम्बी दूरी तय करती हैं जिसके फलस्वरूप ये नमी से भरपूर लद जाती हैं। जब ये नम समुद्री हवायें भूसतह पर पहुंचती हैं तब ये बारिश की बूँदों के रूप में छा जाती हैं। इस प्रक्रिया को दक्षिण–पश्चिमी मानसून कहते हैं। ये मानसून मुख्यतः भारत, दक्षिण–पूर्वी एशियाई देशों एवं अफ्रीका आदि के लिए वरदान हैं।

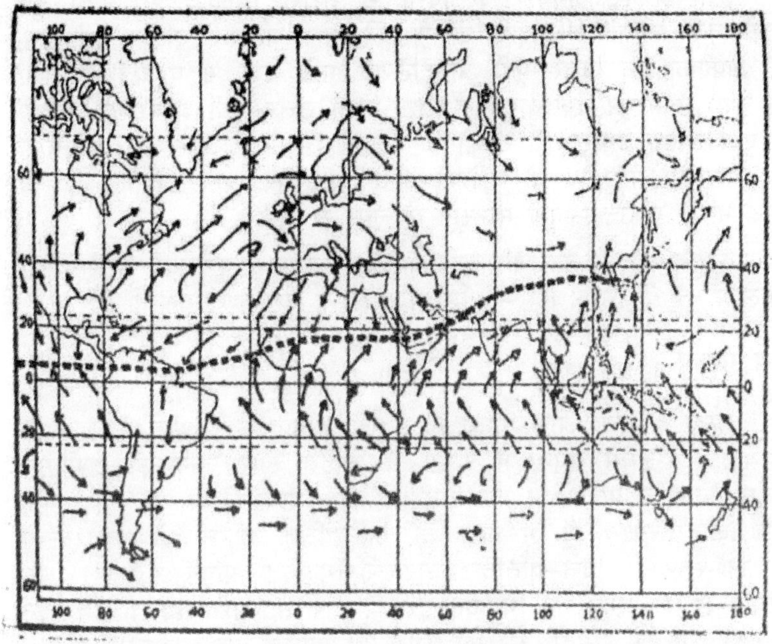

चित्र – 113अ. समुद्र की सतह पर गर्मियों में वायु प्रवाह

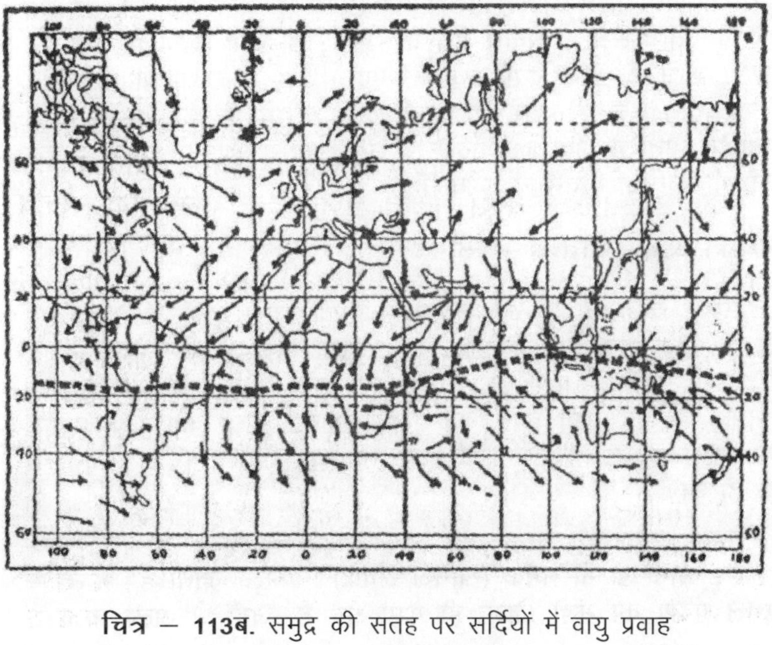

चित्र – 113ब. समुद्र की सतह पर सर्दियों में वायु प्रवाह

इसी प्रकार जनवरी के दिनों में उत्तरी गोलार्द्ध से आती हुई उत्तरी–पूर्वी व्यापारिक हवायें दक्षिण की ओर चलकर दक्षिण–अमेरिका, पूर्वी अफ्रीका एवं उत्तर–पूर्वी आस्ट्रेलिया आदि देशों में पहुंचती हैं तथा उन देशों में भरपूर वर्षा करती हैं। इन दिनों उत्तर–पूर्वी व्यापारिक हवाओं की एक शाखा बंगाल की खाड़ी के दक्षिणी हिस्से के पार आ पहुंचती है और भारतीय प्रायद्वीप के दक्षिणी आधे भाग पर जल बरसाती हैं। ये हवायें भारत में उत्तर–पूर्वी मानसून के नाम से प्रसिद्ध हैं।

वस्तुतः किसी देश की कृषि आर्थिक व्यवस्था पूर्णतया मानसून की सफलता पर ही निर्भर है। भारतीय परिप्रेक्ष्य में यह तथ्य यथार्थ है।

अन्य महत्व

समुद्र के कुछ अन्य महत्व भी हैं जो समाज के उत्थान में बहुत ही सहायक हैं। इनमें प्रमुख हैं समुद्र में निहित खारे जल का असीमित भण्डार, जिसका परिशोधन कर शुद्ध पेय जल प्राप्त किया जा सकता है। आज के परिप्रेक्ष्य में भू–जल के अनियंत्रित दोहन के फलस्वरूप भू–जल–स्तर में दिन–प्रतिदिन निरन्तर गिरावट आँकी गई है, ऐसा अनुमान है कि अगर यह गिरावट इसी रफ्तार से जारी रही तो वह दिन दूर नहीं जब हमें समुद्री जल पर पूर्णरूपेण आश्रित होना पड़ेगा।

समुद्र की दूसरी अत्यन्त महत्वपूर्ण विशेषता समाज के पर्यावरण को संतुलित रखना भी है। जिस प्रकार महाद्वीपीय भू–भाग पर गर्म वायु का प्रवाह विषुवतीय क्षेत्र से ध्रुवीय क्षेत्र की ओर ठंडी वायु का प्रवाह विपरीत दिशा में होता है, ठीक उसी प्रकार समुद्र में गर्म जल धारायें विषुवतीय क्षेत्र से ध्रुवीय क्षेत्र की ओर एवं ठण्डी जल धारायें उसके विपरीत दिशा में प्रवाहित होती हैं जो कि पर्यावरणीय ऊष्मा साम्य स्थापित करने में एक अग्रणी भूमिका का निर्वनहन करती हैं।

नमक का अपार स्रोत है – सागर

सागर के पानी में जो लवण सर्वाधिक घुला हुआ हैं वह है – साधारण नमक (सोडियम क्लोराइड)। वस्तुतः नमक के बिना हमें भोजन स्वादिष्ट भी नहीं लगता है तथा नमक की कमी से कई रोग भी हो जाते हैं। नमक ही वह वस्तु है जिसके लिए महात्मा गांधी को भी सत्याग्रह करना पड़ा था। कदाचित मानव द्वारा सर्वप्रथम खोजा गया रसायन भी नमक ही था।

नमक, प्रमुखतया समुद्र जल और लवणयुक्त झीलों से प्राप्त किया जाता है। खानों से भी नमक (खनिज लवण) निकाला जाता है। भारत में हिमाचल प्रदेश का मंडी जिला ही ऐसा क्षेत्र है, जहाँ से अल्प मात्रा में

खनिज लवण प्राप्त किया जाता है। हमारे देश में अधिकांश नमक लगभग 75 प्रतिशत समुद्री जल के सौर वाष्पन द्वारा ही प्राप्त किया जाता है। समुद्री जल नमक का सबसे प्रचुर एवं अनंत स्रोत हैं। लगभग साठ देशों में समुद्री नमक का उत्पादन किया जाता है तथा तीस देशों में स्थानीय उपयोग के लिए कम मात्रा में नमक का उत्पादन किया जाता है। यद्यपि नमक आहार संबंधी एक आवश्यकता है तथापि इसके उत्पादन का प्रायः बहुत कम भाग ही खाद्यों में उपयोग किया जाता है। सोडियम मिश्रणों का अधिकांश भाग हमारे द्वारा प्रत्यक्ष एवं अप्रत्यक्ष रूप से कई उद्योगों में उपयोग किया जाता है।

नमक प्राप्ति के लिए समुद्री जल को उच्च ज्वार के समय या पंप करके नजदीक के जलाशयों में भर दिया जाता है। सौर ऊष्मा के प्रभाव से यह लवण जल धीरे–धीरे सांद्रित होता रहता है। लवण जल का घनत्व 10° बॉमे हो जाने पर कैल्सियम कार्बोनेट पृथक् होने लगता है और 17° बॉमे हो जाने पर कैल्सियम सल्फेट (जिप्सम) भी अलग होने लगता है। उस अवस्था में लवण जल का आयतन मूल आयतन का लगभग 20 प्रतिशत रह जाता है।

जब समुद्री जल का सांद्रण धीरे–धीरे 25° बॉमे पर पहुँचता है, तब उसका आयतन मूल आयतन के 12 प्रतिशत तक रह जाता है। उस समय सांद्रित जल को दूसरी क्यारियों में पहुँचाया जाता है। तब उन क्यारियों के जलाशयों की तली में नमक के स्फटिक बनने लग जाते हैं। तली में नमक की एक समुचित परत जमा हो जाने पर लकड़ी की फावड़ियों से उसे एकत्र कर लिया जाता है। नमक निकलने के बाद जो द्रव बचता है उसका घनत्व लगभग 30° बॉमे होता है। उस द्रव में मैग्नीशियम सल्फेट, मैग्नीशियम क्लोराइड तथा मैग्नीशियम ब्रोमाइड जैसे लवण होने के कारण यह कड़वा होता है। इसलिए अंग्रेजी में उसे ''बिटर्न'' नाम दिया गया है। बिटर्न से पोटाश, मैग्नीशियम और ब्रोमीन जैसे उपयोगी रसायन प्राप्त किए जाते हैं।

सौर वाष्पन द्वारा समुद्री जल से मात्रा व गुणवत्ता की दृष्टि से बेहतर नमक का उत्पादन करने के लिए अनुकूल वातावरण तथा व्यवस्था की आवश्यकता होती है। नमक उत्पादन के लिए अनुकूल मौसमी परिस्थितियाँ निम्नवत् हैं –

धूप वाले दिन	–	वर्ष में 150 दिन
परिवेशी तापमान	–	20° से 45° सें॰
वायु का वेग	–	10 से 15 किलोमीटर प्रतिघंटा
सापेक्ष आर्द्रता	–	30 से 40 प्रतिशत

समुद्री जल से नमक (सोडियम क्लोराइड) प्राप्त होने से पहले जिप्सम (कैल्सियम सल्फेट) के बड़े–बड़े स्फटिक प्राप्त होते हैं। इनमें मिट्टी तथा कैल्सियम कार्बोनेट होने के कारण ये मटमैले होते हैं। फिर भी इनसे सामान्य किस्म का प्लास्टर ऑफ पेरिस बनाया जाता है। केन्द्रीय नमक एवं समुद्री रसायन अनुसंधान संस्थान (सी०एस०एम०सी० आर०आई०), भावनगर ने एक ऐसी विधि विकसित की है जिसके द्वारा इसी जिप्सम को "अल्फा प्लास्टर ऑफ पेरिस" में रुपान्तरित किया जा सकता है। इस प्रकार जो शक्तिशाली प्लास्टर बनता है उसका उपयोग कृत्रिम दाँतों और धातुओं के सांचों को बनाने में होता है। भावनगर स्थित इस संस्थान ने समुद्री जल से नमक उत्पादन की विधि में कई सुधार किए हैं तथा संस्थान की तकनीक से नमक की गुणवत्ता (चित्र – 114) में बहुत वृद्धि हुई है।

चित्र – 114. भावनगर के सीएसएमआरआई द्वारा उत्पादित नमक

समुद्री जल से नमक उत्पादन कर लेने के बाद बचे हुए द्रव (बिटर्न) से जो रसायन प्राप्त किए जाते हैं। उनमें एक प्रमुख रसायन हैं – ब्रोमीन। ब्रोमीन का उपयोग दवाओं, रंगों, फोटोग्राफी के रसायनों, कीटनाशकों तथा अग्निशामकों आदि में होता है।

समुद्र से औषधियाँ – विगत कुछ वर्षों के शोध से विदित हुआ है कि समुद्री जीव–जंतुओं से विभिन्न प्रकार के रासायनिक पदार्थ प्राप्त किए जा सकते हैं, जिनका उपयोग अंततः औषधियों के संश्लेषण में किया जा सकता है।

सर्वप्रथम रोमन वैज्ञानिक लिनियस स्कुन्डस ने समुद्री मछली, 'स्टिंग रे' की पूंछ से एक औषधि का निर्माण किया था, जो दाँतों के दर्द और प्रसव संबंधी रोगों के लिए अत्यन्त उपयोगी सिद्ध हुई। समुद्री जीवों

में हैलोजनी मिश्रण बहुत अधिक मात्रा में विद्यमान होता है। इन मिश्रणों में प्रतिजैविक सक्रियता (Antibiotic activity) होती है। औषधि उद्योग में प्रयोग होने वाले समुद्री मत्स्य समूह में सील ऑयल का विशेष तौर पर उपयोग किया जाता है। क्योंकि सील ऑयल में मानव स्वास्थ्य के लिए उपयोगी बहुत से तत्व, जैसे – ओमेगा – 3 पॉली अनसेचुरेटेड वसाअम्ल, डोकोसेपेन टेनोइक एसिड (डीपीए), एसिड (ईपीए), इसोस्बेलीन तथा विटामिन ई उपस्थित होते हैं। वर्तमान में मत्स्य तेल द्वारा डीपीए, डीएचए, ईपीए, के कैप्सूल भी तैयार किए जा रहे हैं। डीएचए कैप्सूल तंत्रिकातंत्र संबंधी रोगों विशेषकर अल्जीमर तथा डेमेन्टिया के उपचार में भी उपयोग किए जाते हैं। डीपीए कैप्सूल का उपयोग रक्त संबंधी रोगों जैसे – एथीरोस्कलीरोसिस तथा थ्राम्बोसिस में किया जाता है। ईपीए का उपयोग आंत्र संबंधी बीमारी, अस्थमा, त्वचा संबंधी रोगों के उपचार में किया जाता है।

इसके अतिरिक्त समुद्री शैवाल, मूंगा, मुक्ता एवं शुक्ति, घोंघा, शंख आदि से भी विभिन्न प्रकार की औषधियां प्राप्त होती हैं।

सागर की विभिन्न संपदाओं से प्राप्त औषधियां

सागर की विभिन्न संपदाओं, यथा – जीव, वनस्पति एवं खनिज से प्राप्त औषधियों का विवरण सारणी – 8 में, सामुद्रिक द्रव्यों के चिकित्सकीय स्वरूपों को सारणी – 9 में एवं औषधिय सामुद्रिक द्रव्यों के अंग्रेजी नामों को सारणी – 10 में दर्शाया गया है।

सारणी –8. सागर की विभिन्न संपदाओं से प्राप्त औषधियाँ

क्र०सं०	अंग्रेजी नाम	वैज्ञानिक नाम	अरबी नाम
(अ) जीवों से उत्पन्न औषधियाँ			
1	अंबरग्रीस	अंब्रागेसी	अंबर
2	कास्टोरियम	लूट्रा–लूट्रा	जुंदबीदस्तार
3	कोरल	कोरलियम रुबम	बूसाद / मरजान
4	काउरी	साइप्रिय मोनिटा	वादा
5	क्रोकोडायल	क्रोकोडिलस पाल्लुसट्रिस	टिम्सह
6	कटल फिश बॉस	सीपिया आफीसीनालीस	जष्ठ जाबाद अल–बाहर
7	ईल	एनक्वीला प्रजाति	मरमाहीज

क्र॰सं॰	अंग्रेजी नाम	वैज्ञानिक नाम	अरबी नाम
8	इंसिगलस	एसीपेंसर हूसो	घारा अल समक
9	नरव्हाल	मोनोडोन मोनासीरोस	क्यूगा
10	ऑएस्टर शेल	ओस्ट्री इडूलिस	सदफ
11	पर्ल	पिंकटाडा प्रजाति	लूलू
12	स्किरापिअन फिश	पिट्रोइश रूसेली	अकरब बहरी
13	सीक्रेब	कैसर मैरिंड	सारतन बहरी
14	सी हेअर	लीपस मैरिंड	अरनाब बहरी
15	सी हेजहाग	मरीनस	कूनफूड बहरी
16	सी स्नेल	कलनकुलस डिपिक्टस	हालजुन बहरी
17	श्रिप	क्रेग्रान वल्गारिस	रूबियन
18	स्किंक	मायूबा क्रिनाटा	असकंकर / सकनकर
19	स्पंज	स्पांगिया आपीसीनालिस	इसफंज
20	टरटल	चिलोनिया मिडास	सुलहफत
21	अनुंजस	स्ट्रांबस प्रजाति	अजफार अल–तीब
(ब) वनस्पति से उत्पन्न औषधियाँ			
22	सी–मॉस (समुद्री किस्म)		कांड्रस क्रिस्पतसतुहलुब
(स) खनिज से उत्पन्न औषधियाँ			
23	ओटोलिथ फ्रामफिशिज	सिलिकेट ऑफ लाइम	हजर अल हवत
24	स्पंज स्टोन	लापिस स्पांगिया	हजर अल–इसफंज

सारणी – 9. सामुद्रिक द्रव्यों के चिकित्सकीय स्वरूप

क्र॰सं॰	औषध का नाम	उपयोग
1	प्रवाल	भस्म, पिष्टी, चूर्ण
2	मुक्ता	भस्म, पिष्टी
3	मुक्ता शुक्ति	भस्म, पिष्टी
4	वराटिका	भस्म

क्र॰सं॰	औषध का नाम	उपयोग
5	शंख	भस्म, चूर्ण
6	शंखनाभि	भस्म चूर्ण
7	शुक्ति	भस्म
8	अकलारि (दरियाई नारियल)	आसव, चूर्ण, क्वाथ
9	समुद्र फेन	चूर्ण
10	समुद्र लवण	चूर्ण
11	कूर्मपृष्ठ	भस्म
12	शंबुक (घोंघा)	भस्म

सारणी –10. औषधीय सामुद्रिक द्रव्यों के अंग्रेजी नाम

क्र॰सं॰	संस्कृत नाम	अंग्रेजी नाम
1	प्रवाल	Coral
2	मुक्ता	Pearl
3	मुक्ता शुक्ति	Shell of the Oyster Pearl
4	वरादिका	Shell (Cowric)
5	शंख	Conch
6	शंखनाभि	Spiral part of the conch
7	शुक्ति	Shell of the oyster
8	समुद्र फेन	
9	समुद्र लवण	Sea Salt
10	अकलारि (दरियाई नारियल)	Sea Coconut
11	कूर्मपृष्ठ	Tortoise Shield
12	मत्स्यपित्त (रोहित)	Bile of Fish
13	अंबर	Physter Catode
14	नख	Operculm of a Nil
15	कच्छप (कूर्म)	Tortoise

क्र०सं०	संस्कृत नाम	अंग्रेजी नाम
16	मगर	Crocodile
17	मत्स्य मांस	Fish Meat
18	कर्कट मांस	Octopus Meat
19	कर्कट (घोंघा)	Octopus

समुद्र में मानवीय कार्यकलापों का लाभांश –समुद्री प्रदूषण

वस्तुतः समुद्री प्रदूषण अब कोई नया शब्द नहीं है। क्योंकि विगत कुछ दशकों से समुद्र में प्रदूषण की समस्या अधिक सुनने में आ रही है। यूनेस्को की अंतरराष्ट्रीय समिति के अनुसार "समुद्री प्रदूषण से तात्पर्य प्रत्यक्ष या परोक्ष रूप से समुद्री पर्यावरण में मनुष्य द्वारा ऐसे पदार्थों के प्रविष्ट कराने से है जिनके कारण जैव संसाधनों पर घातक प्रभाव पड़ता है, जो मानव स्वास्थ्य के लिए हानिकारक हैं अथवा समुद्री प्रक्रियाओं में रुकावट, उत्पन्न करते हों और समुद्री रमणीयता का ह्रास करते हों।" समुद्री प्रदूषण के महत्वपूर्ण कारणों में मुख्यतया निरन्तर बढ़ रहा है वैश्विक औद्योगिकीकरण, मानव जनित अनुसंधान, समुद्री पर्यटन स्थलों की अव्यवस्था, पोत परिवहनों का अतिवैज्ञानिकीकरण, प्रदूषित कचरों के बेतरतीब फैलाव और समुद्री संसाधनों को अतिदोहन सम्मिलित हैं।

यद्यपि समुद्र हमारे पृथ्वी ग्रह के लिए जीवनदाता है। परन्तु हम इनका इस्तेमाल अपना कचरा फेंकने के स्थान के रूप में कर रहे हैं। समुद्र काफी मात्रा में कार्बन डाइ ऑक्साइड और प्रदूषकों का अवशोषण कर लेते हैं। परन्तु महासागरों का प्रदूषण इनकी वहन क्षमता से अधिक हो चुका है। तटीय क्षेत्रों का प्रदूषण इन समुद्रों में गिरता है जिससे समुद्री जीव मर रहे हैं और शैवाल पुंज विकसित हो रहे हैं। समुद्र के प्रदूषण से पृथ्वी की पारिस्थितिक स्थिरता भी संकटग्रस्त हो गई है। समुद्र के किनारे मनोरंजन स्थल बनाने और पर्यटन से भी इस समस्या में और अधिक वृद्धि हो रही है।

मानव द्वारा विसर्जित कूड़े–कचरे से वन्यजीवों का विनाश हो रहा है। यह कचरा नदियों के रास्ते नीचे की ओर गिरता है जिससे तटीय जीवन संकटग्रस्त हो गया है। समुद्री जीव भोजन के रूप में इस मलबे को निगल लेते हैं और मर जाते हैं। मछली पकड़ने के लिए डाले गए लापता जाल से भी समुद्री जीवों को गहरे घाव और घुटन का भी सामना करना पड़ता है।

तेल उद्योग का समुद्र से गहरा संबंध होता है। यह प्रदूषण तेल रिसाव, समुद्र पर तेल यातायात से और भू–आधारित प्रदूषण से होता है। तेल प्रदूषण समुद्र सम्पदा के लिए एक ज्वलंत समस्या है। ऑफशोर ड्रिलिंग प्लेटफार्म से क्रूड ऑयल का बिखरना या फिर आकस्मिक घटना के रूप में जलयानों के टैंकरों के फटने से तेल का फैलाव समुद्र में तेल प्रदूषण के कारण है। तेल प्रदूषण के कारण जैविक विनाश के साथ–साथ पारितंत्रीय असंतुलन की भी संभावना रहती है। जल की सतह के तेल की महीन चादर से ढक जाने के कारण वायुमंडल से वायु विनिमय रुक जाता है जिससे जल में ऑक्सीजन की कमी हो जाती है। यह कमी 20 से 30 प्रतिशत तक आंकी गई है। इससे पूरी रोशनी भी पानी तक नहीं पहुँच पाती है। और जलीय वनस्पतियों में प्रकाश संश्लेषण भी नहीं हो पाता है, फलतः जलीय वनस्पतियों के लिए भोजन की कमी हो जाती है। तेल प्रदूषित क्षेत्रों में समस्त जैव शृंखला अस्त–व्यस्त हो जाती है। मछलियों के शिकार हेतु आए पक्षी भी इस प्रदूषण से नहीं बचते हैं। उनके पंखों में तेल चिपक जाने के कारण वे उड़ नहीं पाते हैं और तत्काल मृत्यु के ग्रास बनते हैं।

तेल तथा कचरे के अलावा कुछ हानिकारक रसायनों को भी औद्योगिक देशों द्वारा समुद्र में डाला जाता है जो समुद्री पारिस्थितिकी को बुरी तरह प्रभावित कर रहे हैं। समुद्री जीव अपनी जैव संचयन की क्षमता के कारण अनेक रसायनों के घातक प्रभावों को बढ़ा देते हैं, उनके इस गुण का प्रभाव पूरी खाद्य शृंखला पर पड़ता है। घातक धातुओं, जैसे – मरकरी, कैडमियम, सिलिकॉन आदि एवं डीडीटी जैसे रसायन समुद्री प्रदूषण के प्रमुख जिम्मेदार हैं।

समुद्री प्रदूषण जैसी विनाशक प्रक्रिया का प्रत्यक्ष प्रभाव समुद्र के आस–पास निवास करने वाले मनुष्यों तथा समुद्रतटीय स्थलों पर आये पर्यटकों पर भी पड़ रहा है। समुद्री आवासों में विषाणुओं, जीवाणुओं तथा प्रोटोजोआ का वितरण समुद्री प्रवाहों, ज्वारभाटों तथा मानवीय क्रियाओं पर आधारित होता है। प्रदूषित समुद्री खाद्य पदार्थों का सेवन मानव स्वास्थ्य को प्रभावित करने की प्रथम सीढ़ी है। परन्तु समुद्र के कारण होने वाली विभिन्न बीमारियाँ मुख्य रूप से मनोरंजन और व्यावसायिक क्रियाओं के दौरान समुद्री जल तथा घातक प्रदूषकों से युक्त एरोसोलों से सीधे संपर्क के कारण हो सकती हैं।

एक सर्वेक्षण के अनुसार अनुमानतः लगभग 250 मिलियन मामले गेस्ट्रोएक्टर तथा ऊपरी श्वसन तंत्र (अपर रेस्पीरेटरी सिस्टम) की बीमारियों के देखने में आये हैं। ये रोग मात्र प्रदूषित समुद्र में स्नान के कारण हुए। समुद्र की मल संदूषित शेल्फिश के सेवन करने से श्वसन जन्य तथा आंत्रीय कृमि रोग हो जाते हैं। रोगजनित जीवाणुओं के

साथ–साथ समुद्र में कुछ घातक विषैले रसायन और समुद्री जैवविष (बायोटॉक्सिन) भी उपस्थित होते हैं, जो मानव स्वास्थ्य को कुप्रभावित करते हैं। ये जैवविष तथा रसायन भी संदूषित समुद्री खाद्य पदार्थ से अथवा घातक शैवालों से उत्पन्न होते हैं। कुछ शैवाल ऐसे होते हैं जो समुद्री जल में इन बायोटॉक्सिन को स्रावित करते हैं जो मछलियों के लिए हानिकारक होता है। ऐसे शैवालों में हेटेरोसिग्मा अकेशिवों तथा प्राइमनेशियम पारवम प्रमुख प्रजातियाँ हैं जिनके कारण बड़ी संख्या में मछलियों की मृत्यु हो जाती हैं। इसी प्रकार घने शैवाल जाल के कारण समुद्री जल में ऑक्सीजन की कमी हो जाती है और मछलियाँ मर जाती है। कुछ डायेट्म तथा डायनोफ्लेजिलेट भी न्यूरोटॉक्सिन नामक जैवविष उत्पन्न करते हैं जिससे मछलियाँ संदूषित हो जाती हैं। और जब इन संदूषित मछलियों का सेवन मनुष्य द्वारा किया जाता हैं तो वह भोजन विषाक्त (फूड पायजनिंग) से ग्रस्त हो जाता है। सम्पूर्ण विश्व में समुद्र स्नानजन्य तथा समुद्री खाद्य पदार्थों के सेवन से तीन मिलियन से अधिक मनुष्य प्रतिवर्ष प्रभावित होते हैं।

हमारे देश में सर्वाधिक प्रदूषित क्षेत्रों में मुंबई के आस–पास के समुद्र का पानी हैं (चित्र – 115)। मुंबई महानगर से वर्ष में लगभग 3,650 लाख टन मलजल तथा बहिःस्राव समुद्र में विसर्जित किए जाते हैं। इस कारण मात्स्यिकी का अस्तित्व धीरे–धीरे यहाँ समाप्त हो गया है। अध्ययनों से विदित हुआ है कि कोलकाता महानगर के घरेलू सीवेज में भी भारी धातुओं की अधिकता पाई गई हैं। इन भारी धातुओं के दुष्प्रभाव सुंदरवन के मैंग्रोव वृक्षों पर भी दिखाई देने लगे हैं।

चित्र – 115. समुद्र में प्रदूषण

इससे यह सिद्ध होता है कि समुद्र और मानव स्वास्थ्य के मध्य अंतरसंबंध कितने व्यापक हैं। अतः संबंधों की संवेदना को ध्यान में रखते हुए मानव का यह कर्त्तव्य बनता है कि वह अपने व समुद्र के स्वास्थ्य और समृद्धता को दृष्टिगत रखते हुए उसे विनाश की ओर न ले जाए। अतएव हमारी जीवन शैली में बदलाव लाना जरूरी है। घरों और व्यवसायिक प्रतिष्ठानों से नदियों और समुद्रों में बहाए जाने वाले कूड़े–कचरे की मात्रा में कमी लाना और उसका समुचित निपटान करना आवश्यक हैं। अम्लीय वर्षा कम करने के लिए वायु प्रदूषण और कार्बन–डाइऑक्साइड उत्सर्जनों को न्यूनतम स्तर पर लाना होगा। घरों में प्रयोग होने वाले प्रदूषक जैसे शाकनाशी/पीड़कनाशी आदि का उपयोग कम से कम होना चाहिए। साथ ही समुद्र तट संबंधी जागरूकता बढ़ाने वाले कार्य–कलाप शुरु किए जाने चाहिए जिससे समुद्र तट स्वच्छ बने रहें। समुद्री जीवन के साथ खिलवाड़ नहीं करना चाहिए। नौका विहार, मछली पकड़ना, गोताखोरी तथा अन्य तटीय मनोरंजक गतिविधियों से होने वाले पर्यावरण संबंधी प्रतिकूल प्रभाव को कम करना चाहिए।

समुद्रों पर मानवीय कार्य कलापों के प्रत्यक्ष और अप्रत्यक्ष प्रभावों के बारे में जन–मानस को जानकारी देना और उन्हें इस बारे में जागरूक रखना आवश्यक है। इस दिशा में तटों और समुद्रों से संबंधित कानूनों को सख्ती से लागू करना और अनुपालना करना भी आवश्यक है। वस्तुतः समुद्र और मानव जीवन अन्योन्याश्रित हैं। अतः मानव जीवन के पूर्ण अस्तित्व के लिए समुद्री जीवों की सुरक्षा अनिवार्य हैं। यदि इस ओर शीघ्र ही ध्यान न दिया गया तो आने वाले समय में मानव जीवन खतरे में पड़ सकता हैं।

जलवायु परिवर्तन–खतरे की घंटी

वस्तुतः जलवायु परिवर्तन आज विश्व में सबसे चर्चित विषयों में से एक हैं। यह न केवल चर्चित विषयों में है बल्कि पर्यावरण विशेषज्ञों, प्रशासकों, शिक्षाविद्ों और आम लोगों को चिंतित भी कर रहा है। वर्तमान में जलवायु में सामान्य प्राकृतिक बदलाव नहीं है वरन् मनुष्य की जीवन शैली और विकास के तौर–तरीकों से उत्पन्न ऐसी स्थिति है जो मानवता के अस्तित्व के लिए ही घातक होती जा रही है। जलवायु परिवर्तन का प्रमुख कारण वैश्विक उष्णता है जो हरितगृह (ग्रीन हाउस) प्रभाव का परिणाम है। इसके परिणामस्वरूप पृथ्वी के तापमान में वृद्धि होती है।

वस्तुतः हरितगृह प्रभाव वह प्रक्रिया है जिसमें पृथ्वी से टकराकर लौटने वाली सूर्य की किरणों को वातावरण में उपस्थित कुछ गैसें अवशोषित कर लेती हैं। इस कारण पृथ्वी के तापमान में वृद्धि होती है।

कार्बनडाइऑक्साइड, मीथेन, क्लोरोफ्लोरोकार्बन, नाइट्रस ऑक्साइड तथा क्षोभ मंडलीय ओजोन मुख्य गैसें है, जो हरितगृह प्रभाव की कारक हैं। वायुमंडल में इनकी निरंतर बढ़ती मात्रा से वैश्विक जलवायु परिवर्तन का खतरा दिनों–दिन बढ़ता जा रहा है। सूर्य से आने वाली विकिरण का लगभग चालीस प्रतिशत भाग पृथ्वी के वातावरण तक पहुंचने से पहले ही अंतरिक्ष में लौट जाता है। इसके अतिरिक्त पंद्रह प्रतिशत वातावरण में अवशोषित हो जाता है तथा शेष पैंतालीस प्रतिशत विकिरण ही पृथ्वी के धरातल तक पहुंचता है। पृथ्वी की सतह तक ही पहुंचने के बाद यह विकिरण गरमी के रूप में पृथ्वी से परावर्तित होती है। वायुमंडल में उपस्थित कुछ प्रमुख गैस लघुतरंगी सौर विकिरण को पृथ्वी के धरातल तक तो आने देती हैं परंतु पृथ्वी से परावर्तित होने वाली दीर्घ तरंगी विकिरण को बाहर नहीं जाने देती और इसे अवशोषित कर लेती हैं। इस कारण से पृथ्वी का औसत तापमान पैंतीस डिग्री सेल्सियस के लगभग बना रहता है। इस प्रक्रिया के अंतर्गत गैसें ऊपरी वायुमंडल में एक ऐसी परत बना लेती हैं जिसका प्रभाव पौधों को बाहरी गरमी–सर्दी से बचाने के लिए बनाए गए ग्रीनहाउस की छत की तरह होता है। परंतु विगत कुछ दशकों से वायुमंडल में कार्बनडाइऑक्साइड की मात्रा लगातार बढ़ती जा रही है।

ग्रीन हाउस गैसों में हो रही इस वृद्धि से वायुमंडल में विकिरणों के अवशोषण करने की क्षमता निरंतर बढ़ रही है। इसी कारण से धरती का तापमान भी बढ़ रहा है और जलवायु में विनाशकारी परिवर्तन ने मानव के लिए विपत्ति को निमंत्रण दे दिया है।

शहरीकरण, औद्योगिकीकरण, कोयले पर आधारित विद्युत तापग्रह, तकनीकी एवं परिवहन क्षेत्र में क्रांतिकारी परिवर्तन, कोयला खनन, मानव जीवन के रहन–सहन में परिवर्तन, आधुनिक कृषि में रासायनिक उर्वरकों का अंधाधुंध उपयोग, शाकभक्षी पशुओं की जनसंख्या में वृद्धि आदि कुछ ऐसे प्रमुख कारण हैं जो हरितगृह गैसों के उत्सर्जन के लिए उत्तरदायी हैं।

परिवर्तन प्रकृति का नियम है और कई बार यह समाज के लिए लाभदायक भी होता है। बशर्ते कि इन परिवर्तनों पर नियंत्रण एवं इसके कारक मनुष्य की प्रकृति के अनुसार ही हों। किन्तु यह दुर्भाग्यपूर्ण स्थिति है कि मनुष्य का लगातार प्रकृति के साथ खिलवाड़ अब समाज के लिये परेशानी का कारण बन रहा है जिसे हम "जलवायु परिवर्तन" के रूप में अनुभव कर रहे हैं। यह जलवायु परिवर्तन एक लम्बे समय से हो रहे पर्यावरणीय, सामाजिक एवं आर्थिक बदलाव के फलस्वरूप पैदा हुई ऐसी प्रक्रिया है, जिसने आधुनिक मशीनीकरण, ईंधन की ज्यादा खपत, संसाधनों के अंधाधुंध दोहन एवं प्रदूषण के कारण विकराल रूप ले लिया

है। इस जलवायु परिवर्तन से उपजे खतरों को कम करने के लिए और मानव जाति एवं भावी पीढ़ियों को इसके दुष्प्रभावों से बचाने के लिए यूरोपीय संघ सक्रिय रूप से एक वैश्विक जलवायु परिवर्तन नियंत्रण समझौते के लिए प्रयासरत है।

आईपीसीसीसी की चौथी मूल्यांकन रिपोर्ट के अनुसार पृथ्वी की सतह का तापमान औसत से 0–76° सेल्सियस बढ़ा है। 1850 के बाद विगत 50 वर्षों में तापमान वृद्धि का मुख्य कारण अत्यधिक कार्बन डाइऑक्साइड (CO_2) एवं मानवजनित गतिविधियों द्वारा अधिक ग्रीन हाउस गैसों का उत्सर्जन माना गया है। यूरोपीय संघ ने अपने प्रयासों के चलते सन् 1992 में जलवायु परिवर्तन पर संयुक्त राष्ट्र फ्रेम वर्क कन्वेंशन (यू॰एन॰ एफ॰सी॰सी॰) एवं 1997 में क्योटो प्रोटोकाल बनाने में अहम भूमिका निभाई थी।

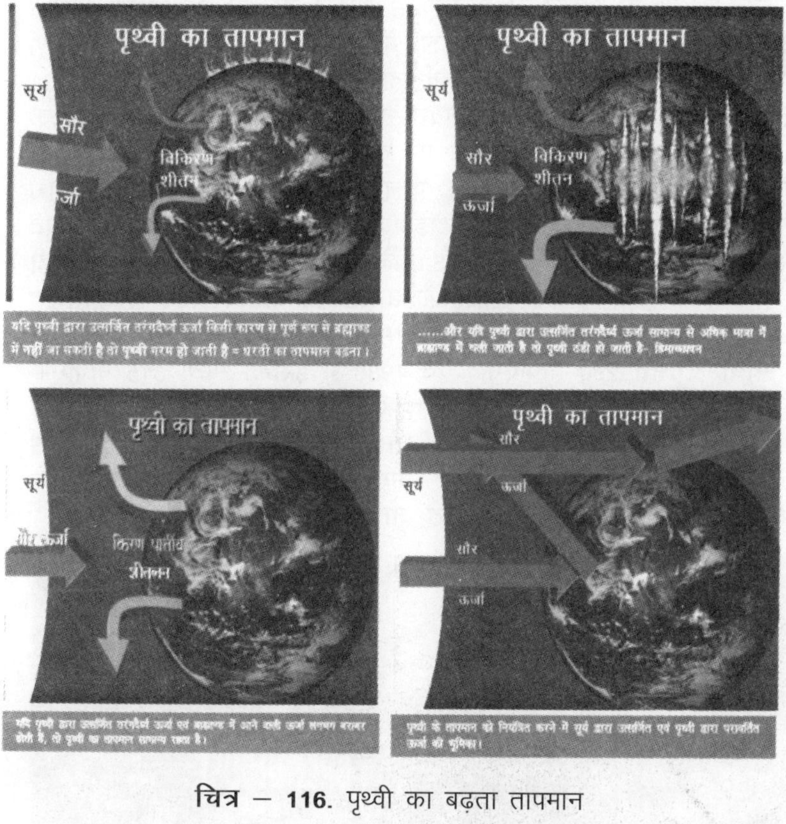

चित्र – 116. पृथ्वी का बढ़ता तापमान

पृथ्वी की जलवायु कई कारकों से प्रभावित होती है जिनमें प्रमुख है सूर्य से आने वाली कुल ऊर्जा की मात्रा। मोटे तौर पर यह माना जाता है

कि अगर सूर्य से आने वाली ऊर्जा पृथ्वी द्वारा परावर्तित ऊर्जा से कम होती है तो पृथ्वी का तापमान कम रहता है एवं यदि किन्हीं कारणों से आने वाली ऊर्जा परावर्तित ऊर्जा से ज्यादा हो जाती है तब पृथ्वी का तापमान बढ़ने लगता है। कुछ ऐसी ही स्थिति वर्तमान में पूरे विश्व की हो रही है। ईंधन की अधिक खपत और ग्रीन हाउस गैसों के उत्सर्जन के कारण वातावरण में एक परत बन गयी है जो सूर्य की ऊर्जा को अन्दर तो आने देती है किन्तु पृथ्वी के द्वारा परावर्तित ऊर्जा को बाहर नहीं जाने देती, जिसकी वजह से पृथ्वी का तापमान दिन प्रतिदिन बढ़ने लगा है (चित्र – 116)।

कार्बनडाइऑक्साइड सबसे प्रमुख हरितगृह गैस है जो आम तौर से जीवाश्म ईंधनों के जलने से उत्सर्जित होती है। यह गैस वातावरण में 0.5 प्रतिशत प्रतिवर्ष की दर से बढ़ रही है तथा इसकी तापवृद्धि क्षमता 1 है। जैव ईंधनों के जलने से प्रतिवर्ष 5 करोड़ टन से भी अधिक कार्बन डाइऑक्साइड का जुड़ाव वायुमंडल में होता है। पूर्व औद्योगिकीकरण काल की तुलना में वायु में कार्बनडाइऑक्साइड का स्तर आज 31 प्रतिशत बढ़ गया है चूंकि वन कार्बन डाइऑक्साइड के प्रमुख अवशोषक होते हैं, अतः वन विनाश इस गैस की वायुमंडल में निरंतर वृद्धि का एक प्रमुख कारण है। वन विनाश के फलस्वरूप 1850 से 1950 के बीच लगभग 1.20 अरब टन कार्बन डाइऑक्साइड का वायुमंडल में जुड़ाव हुआ है। वायुमंडल में यह गैस 0.5 प्रतिशत प्रतिवर्ष की दर से बढ़ रही है। पिछले सौ वर्षों में कार्बन डाइऑक्साइड की वातावरण में 20 प्रतिशत वृद्धि प्रेक्षित की गई है। वर्ष 1880 से 1890 के बीच कार्बन डाईऑक्साइड की मात्रा लगभग 290 पीपीएम, वर्ष 1980 में इसकी मात्रा 315 पीपीएम, वर्ष 1990 में 340 पीपीएम तथा वर्ष 2000 में 400 पीपीएम तक बढ़ गई है। ऐसा आकलन किया गया है कि वर्ष 2040 तक वातावरण में इस गैस की सांद्रता 450 पीपीएम तक बढ़ जाएगी। कार्बन डाइ ऑक्साइड का वैश्विक उष्णता बढ़ाने में 55 प्रतिशत का योगदान है (चित्र – 117)।

चित्र – 117. कार्बन डाइ ऑक्साइड का बढ़ता उत्सर्जन

क्र॰सं॰	गैस	स्रोत	प्रभाव
7.	क्लोरोफ्लोरो कार्बन	औद्योगिक उत्सर्जन	ओजोन क्षरण, तापमान में वृद्धि
8.	अन्य हाइड्रोकार्बन	औद्योगिक क्रियाओं के दौरान	तापमान मे वृद्धि, आँखों में जलन

वैश्विक जलवायु परिवर्तन (तापमान में वृद्धि) के परिणामस्वरूप समुद्री तापमान, बर्फ का पिघलना, हिमनदों का कम होना, प्राकृतिक आपदाओं का बार–बार आना, जैसी स्थितियाँ पैदा हो रही हैं। कई विशिष्ट प्रकार की प्रजातियाँ अपने अस्तित्व को खोने के कगार पर हैं। गरीब देशों के निवासी, इन दुष्प्रभावों से सर्वाधिक ग्रस्त हैं। क्योंकि इनके पास जलवायु अनुकूलता के लिए पर्याप्त मात्रा में धन संपदा नहीं है। जलवायु परिवर्तन से होने वाले प्रभावों का हम निम्नवत् वर्गीकरण कर सकते हैं (चित्र – 118)।

चित्र – 118. विश्व में ग्लेशियर का पिघलना

भौतिक प्रभाव : तापमान बढ़ने से अधिक वर्षा होने की संभावना कई गुना बढ़ जाती है। आईपीसीसी (2007) ने अपनी रिपोर्ट में उल्लेख किया गया है कि निकट भविष्य में धरती पर गर्म हवाएं ज्यादा चलेगी, सूखे से ज्यादा क्षेत्र प्रभावित होंगे। ज्यादा चक्रवात आने की संभावनाएं बढ़ेगी। साथ ही साथ समुद्र स्तर बढ़ने एवं सुनामी आने का खतरा भी बढ़ेगा।

स्थानीय जलवायु परिवर्तन

वैश्विक स्तर पर होने वाले परिवर्तन, जैसे तापमान का बढ़ना इत्यादि, स्थानीय स्तर पर कुछ प्रभाव डालेंगे, इनमें प्रमुख हैं, – बर्फ का

पिघलना, समुद्री धाराओं का बदलना एवं मौसम तंत्र में बदलाव आना, जल चक्र में बदलाव आना तथा वातावरण में हवाओं के चलने में बदलाव आना इत्यादि।

जीव रासायनिक चक्र

जलवायु परिवर्तन 'कार्बन चक्र'' में अपनी महत्वपूर्ण भूमिका निभाता है।

हिमनदों का घटना अथवा समापन

आईपीसीसी (2007) के प्रतिवेदन के अनुसार उत्तरी एवं दक्षिणी हेमोस्फेयर में पर्वतीय हिमनद एवं बर्फ काफी हद तक घट गये हैं। इनके पिघलने से उत्पन्न हुई स्थितियों के कारण विश्व के समुद्री जलस्तर के बढ़ने का खतरा पैदा हो गया है।

समुद्र पर प्रभाव

वैश्विक तापमान वृद्धि में समुद्र विशिष्ट भूमिका निभाते हैं। समुद्र अपने अन्दर कार्बन डाइ ऑक्साइड को घोल लेते हैं, जो कि अन्यथा वातावरण में रहकर तापमान बढ़ाने में सहयोग करती है। किन्तु वायुमंडलीय कार्बन डाइऑक्साइड में हुई वृद्धि के कारण समुद्री अम्लता बढ़ने लगी है। साथ ही साथ समुद्र जल का तापमान बढ़ने के कारण जल में कार्बन डाइऑक्साइड के घुलने की प्रक्रिया मन्द पड़ जाती है। परिणामस्वरूप ज्यादातर कार्बन डाइआक्साइड वायुमंडल में ही रह जायेगी। बढ़ते हुए तापमान से समुद्र पर विभिन्न प्रकार से प्रभाव पड़ता है, जैसे तापीय विस्तार के कारण समुद्र स्तर का बढ़ना, साथ ही साथ हिमनदों एवं हिमचादरों के पिघलने से समुद्र के अन्दर तापीय स्तरीकरण बढ़ जाता है। इसके अतिरिक्त समुद्री धाराओं की दिशा एवं परिमाण में भी बदलाव आने की संभावना रहती है। एक अनुमान के अनुसार कारखानों में वृद्धि के बाद समुद्र स्तर के जल की अम्लता (pH) 0.1 इकाई के आस–पास कम हो गई है। एवं सन् 2100 तक यह और भी कम (0.3 से 0.5 इकाई) हो सकती है।

समुद्र में ऑक्सीजन का घटना

उपरोक्त अम्लता (पीएच) बढ़ने के कारण समुद्र के जल में ऑक्सीजन की कमी होने की आशंका है जो कि समुद्री जीव जन्तुओं के लिए हानिकारक होगी।

समुद्र स्तर में वृद्धि

आईपीसीसी (2007) के प्रतिवेदन अनुसार वैश्विक समुद्री स्तर में औसतन 1.8 मिमी॰ प्रतिवर्ष की दर से वृद्धि हुई है।

सामाजिक प्रभाव

कृषि पर प्रभाव : जलवायु परिवर्तन कृषि एवं फसलों को निश्चित रूप से प्रभावित करेगा। ऐसा माना जाता है कि कम अक्षांश क्षेत्र (Low latitude) ऐसे प्रभावों की चपेट में ज्यादा है।

स्वास्थ्य – जलवायु परिवर्तन जनित कारकों, जैसे – तापमान वृद्धि, समुद्र स्तर का बढ़ना, पेयजल, खाद्य एवं प्राणवायु की गुणवत्ता में आने वाले बदलाव का मानव स्वास्थ्य पर सीधा प्रभाव पड़ेगा। इन प्रभावों में कुछ प्रमुख है, संक्रमित रोगों के फैलने में बदलाव एवं बढ़ोतरी, गरम हवाओं के प्रकोप से मृत्यु इत्यादि। आईपीसीसी (2007) ने अनुमान लगाया है कि विगत वर्षों में कुपोषण, डायरिया, हृदय एवं श्वसन संबंधी रोगों में बढ़ोतरी हुई है और इसके प्रमुख कारण संभवतः तापमान का बढ़ना एवं भू–स्तरीय ओजोन में वृद्धि हैं। इसी प्रकार डेंगू, मलेरिया, जैसे संक्रामक रोगों में भी बहुतायत से वृद्धि हुई है।

जलवायु परिवर्तन रोकने के उपाय

1. ग्रीनहाउस गैस उत्सर्जित करने वाले उद्योग धंधों पर प्रतिबंध लगाया जाये।
2. सभी देश विशेष तौर से विकसित देश 'क्योटो प्रोटोकॉल संधि' पर हस्ताक्षर करें ताकि प्रदूषण कम से कम हो।
3. पेट्रोल, डीजल, कोयला जैसे जीवाश्म ईंधनों का प्रयोग आवश्यकतानुसार विवेकपूर्ण तरीके से करें।
4. हमें अक्षय ऊर्जा के स्रोतों की और लौटना होगा, सौर ऊर्जा तथा पवन ऊर्जा का अधिक से अधिक उपयोग करना होगा। जर्मनी और डेनमार्क जैसे देश आज पवन ऊर्जा के क्षेत्र में उन्नत हैं (चित्र – 119)।
5. फ्रिज, कम्प्यूटर, एयरकंडीशन, चार पहिया वाहनों के इस्तेमाल के लिए स्पष्ट नीति निर्देश बने।
6. वृक्षारोपण किया जाय, इसको बढ़ावा दिया जाय तथा पेड़ों की कटाई रोकी जाय।

7. खेतों में प्राकृतिक खाद का इस्तेमाल किया जाय तथा कीटनाशकों का अधिकतम प्रयोग रोका जाय।
8. जनसंख्या पर नियंत्रण हेतु सामाजिक चेतना जागृत की जानी चाहिए।
9. प्लास्टिक के प्रयोग पर प्रतिबंध हो।
10. प्रदूषण रोकने के लिए बनाये गये कानूनों का कठोरता से पालन किया जाना चाहिए।
11. जन–जागृति अभियान व्यापक स्तर पर चलाये जाय। तथा इसमें सभी वर्ग कर्त्तव्यपरायणता, नैतिकता एवं निष्ठापूर्वक सहयोग करें।

चित्र – 119. सौर व पवन ऊर्जा

अतः निष्कर्ष के रूप में यह कहा जा सकता है कि जलवायु परिवर्तन एक ऐसी प्रक्रिया है जिससे सम्पूर्ण चराचर जगत प्रभावित हो रहा है। प्रकृति एवं भावी पीढ़ी को इसके खतरे से बचाने एवं सुरक्षित रखने के लिए हमें आज से ही सचेत होना होगा और जलवायु परिवर्तनों को कम करने की दिशा में व्यक्तिगत, सामुदायिक स्तर, प्रशासनिक एवं राजनैतिक स्तर पर सार्थक प्रयास करने होंगे।